"十三五"国家重点图书

海洋测绘丛书

海岛礁测量技术

党亚民　章传银　周一　卢秀山　薛树强　著

Oceanic
Surveying And Mapping

图书在版编目(CIP)数据

海岛礁测量技术/党亚民等著. —武汉：武汉大学出版社,2017.11
海洋测绘丛书
“十三五”国家重点图书　湖北省学术著作出版专项资金资助项目
ISBN 978-7-307-16615-8

Ⅰ.海…　Ⅱ.党…　Ⅲ.海洋测量　Ⅳ.P229

中国版本图书馆 CIP 数据核字(2017)第 259511 号

责任编辑:鲍　玲　　责任校对:汪欣怡　　版式设计:韩闻锦

出版发行：**武汉大学出版社**　(430072　武昌　珞珈山)
(电子邮件：cbs22@ whu. edu. cn　网址：www. wdp. com. cn)
印刷：湖北睿智印务有限公司
开本：787×1092　1/16　印张:11.75　字数:273 千字　插页:1
版次：2017 年 11 月第 1 版　2017 年 11 月第 1 次印刷
ISBN 978-7-307-16615-8　定价:30.00 元

序

现代科技发展水平已经具备了大规模开发利用海洋的基本条件；21世纪，是人类开发和利用海洋的世纪。在《全国海洋经济发展规划》中，全国海洋经济增长目标是：到2020年海洋产业增加值占国内生产总值的20%以上，并逐步形成6~8个海洋主体功能区域板块；未来10年，我国将大力培育海洋新兴和高端产业。

我国海洋战略的进程持续深入。为进一步深化中国与东盟以及亚非各国的合作关系，优化外部环境，2013年10月，习近平总书记提出建设“21世纪海上丝绸之路”。李克强总理在2014年政府工作报告中指出，抓紧规划建设“丝绸之路经济带”和“21世纪海上丝绸之路”；在2015年3月国务院常务会议上强调，要顺应“互联网+”的发展趋势，促进新一代信息技术与现代制造业、生产性服务业等的融合创新。海洋测绘地理信息技术，将培育海洋地理信息产业新的增长点，作为“互联网+”体系的重要组成部分，正在加速对接“一带一路”，为“一带一路”工程助力。

海洋测绘是提供海岸带、海底地形、海底底质、海面地形、海洋导航、海底地壳等海洋地理环境动态数据的主要手段，是研究、开发和利用海洋的基础性、过程性和保障性工作；是国家海洋经济发展的需要、海洋权益维护的需要、海洋环境保护的需要、海洋防灾减灾的需要、海洋科学研究的需要。

我国是海洋大国，海洋国土面积约300万平方千米，大陆海岸线长约1.8万千米，岛屿1万多个；海洋测绘历史欠账很多，未来海洋基础测绘工作任务繁重，对海洋测绘技术有巨大的需求。我国大陆水域辽阔，1平方千米以上的湖泊2700多个，面积9万多平方千米；截至2008年年底，全国有8.6万个水库；流域面积大于100平方千米的河流5万余条，内河航道通航里程达12万千米以上；随着我国地理国情监测工作的全面展开，对于海洋测绘科技的需求日趋显著。

与发达国家相比，我国海洋测绘技术存在一定的不足：(1)海洋测绘人才培养没有建制，科技研究机构稀少，各类研究人才匮乏；(2)海洋测绘基础设施比较薄弱，新型测绘技术广泛应用缓慢；(3)水下定位与导航精度不能满足深海资源开发的需要；(4)海洋专题制图技术落后；(5)海洋测绘软硬件装备依赖进口；(6)海洋测绘标准与检测体系不健全。

特别是海洋测绘科技著作严重缺乏，阻碍了我国海洋测绘科技水平的整体提升，加重了海洋测绘科学研究和工程技术人员在掌握专门系统知识方面的困难，从而延缓了海洋开发进程。海洋测绘科学著作的严重缺乏，对海洋测绘科学水平发展和高层次人才培养进程的影响已形成了恶性循环，改变这种不利现状已到了刻不容缓的地步。

与发达国家相比，我国海洋测绘方面的工作起步较晚；相对于陆地测绘来说，我国海洋测绘技术比较落后，缺少专业、系统的教育丛书，大多数相关书籍要么缺乏，要么已出版20年以上，远不能满足海洋测绘专门技术发展的需要。海洋测绘技术综合性强，它与陆地测绘学密切相关，还与水声学、物理海洋学、导航学、海洋制图、水文学、地质、地球物理、计算机、通信、电子等多学科交叉，学科内涵深厚、外延广阔，必须系统研究、阐述和总结，才能一窥全貌。

就海洋测绘著作的现状和社会需求，山东科技大学联合从事海洋测绘教育、科研和工程技术领域的专家学者，共同编著这套《海洋测绘丛书》。丛书定位为海洋测绘基础性和技术性专业著作，以期作为工程技术参考书、本科生和研究生教学参考书。丛书既有海洋测量基础理论与基础技术，又有海洋工程测量专门技术与方法；从实用性角度出发，丛书还涉及了海岸带测量、海岛礁测量等综合性技术。丛书的研究、编纂和出版，是国内外海洋测绘学科首创，深具学术价值和实用价值。丛书的出版，将提升我国海洋测绘发展水平，提高海洋测绘人才培养能力；为海洋资源利用、规划和监测提供强有力的基础性支撑，将有力促进国家海权掌控技术的发展；具有重大的社会效益和经济效益。

《海洋测绘丛书》学术委员会

2016年10月1日

前　　言

海洋约占整个地球表面积的70.8%，蕴藏着丰富的资源，海岛礁是人类开发海洋的重要基地。精确的海岛礁基础地理空间信息是海洋综合管理、海洋经济开发的重要依据。开展海岛礁测量与地理信息获取，需要构建与陆地一致的海岛礁测绘基准，并在此基础上利用航空航天技术开展海岛礁识别定位与地形图测绘，生产海岛礁矢量地形数据、数字高程模型、数字正射影像图、制图数据等数字产品。

本书共分为6章，涵盖了海岛礁坐标基准、高程基准与垂直基准、海岛礁识别定位、海岛滩涂与岸线测量、海岛遥感测图等内容。第1章为绪论，介绍了海岛礁测绘主要任务、技术进展以及海岛礁测量技术。第2章介绍了海岛礁大地控制网、坐标基准实现方法以及快速控制测量等内容。第3章简要介绍了海洋垂直基准有关概念，重点介绍了海岛礁高程基准、海洋深度基准构建基本理论与技术方法，介绍了高程基准与深度基准的相互转换技术。第4章介绍了海岛礁遥感识别定位的基本原理与方法，重点介绍了基于多源遥感的海岛礁识别与精确定位技术。第5章介绍了海岛滩涂与岸线测量技术和方法，着重阐述海岛滩涂与岸线测量的主要任务，在此基础上介绍海岛滩涂地形测量与基于遥感的海岛岸线测量技术和方法。第6章介绍了海岛遥感测图基础理论、航空航天遥感测图影像获取、像控布测和像片调绘等测图理论和技术方法，针对海岛礁分布零散、远离大陆的地理分布特性，重点介绍了IMU/GPS等辅助空中三角测量技术。

本书紧密结合国内外海岛礁测绘最新技术进展，突出海岛礁测量的技术特点，在叙述上力求清晰准确，以期读者对海岛礁测量有一个全面系统的了解。本书第1、第2章由党亚民、薛树强编写；第3章由章传银编写；第5章由章传银、党亚民和卢秀山编写；第4章由周一、党亚民和薛树强编写；第6章由周一编写；全书由党亚民统稿、卢秀山校审。陈俊勇院士、宁津生院士、杨元喜院士、李建成院士和周成虎院士对本书的编写给出了许多指导意见和建议；海军大连舰艇学院暴景阳教授和许军博士、国家海洋局第一海洋研究所周兴华研究员和马毅研究员、中测新图薛艳丽研究员和范凤云、山东科技大学阳凡林教授、广东国土测绘院茹仕高高工、海南测绘地理信息局胡兴树高工和李富强高工、中国测绘科学研究院王亮研究员、刘正军研究员、杨强博士、柯宝贵博士、蒋涛博士等对本书的编写提供了许多帮助；本书编写还得到了“927”工程项目办公室领导和专家的大力支持，在此一并表示感谢。本书出版得到了“863”重点项目(2009AA121405)、“863”科技支撑项目(2012BAB16B00)以及湖北省学术著作出版专项资金资助项目的支持。由于作者水平有限，书中错误与不当之处在所难免，诚恳欢迎读者批评指正。

作　者

2017年6月于北京

目　录

第1章　绪　　论

现代测绘正从陆地向广阔海洋、地球之外的深空发展。海洋面积占地球面积的70%以上，蕴藏着丰富的资源，已成为人类未来最有希望的资源空间。21世纪是加快开发利用海洋资源、扩大海洋产业、发展海洋经济的世纪。人类开发利用海洋的过程，是一个由海岸向近海，再向外海及大洋的推进过程。全面开展海岛礁测绘，构建海岛礁高精度测绘基准，测量海岛礁精确位置，测制大比例尺地形图，是发展海洋经济和开发利用海岛的前期性、基础性工作。

1.1　概述

精确的海岛礁地理空间信息是海岛海洋管理、经济开发、海防安全的重要依据。根据《联合国海洋法公约》，海岛是划分内水、领海和200海里专属经济区等管辖海域的重要标志，一些国家为此通过立法确立了海岛的重要地位，如日本制定了《孤岛振兴法》、韩国制定了《岛屿开发促进法》、我国制定了《海岛保护法》。我国主要海岛(礁)位于亚洲大陆东部，太平洋西部边缘，西部自北向南为我国的辽宁、河北、山东、江苏、上海、浙江、福建、台湾、广东、广西、海南等省、市、自治区，东部与朝鲜半岛、日本为邻，南部周边为菲律宾、马来西亚、文莱、印度尼西亚和越南等国环绕，共有约12000个。我国海岛具有以下4个特征：一是大部分海岛分布在沿海海域，距离大陆小于10千米的海岛占总数的70%左右。二是基岩岛的数量最多，占总数的93%；沙泥岛(冲积岛)占6.2%，主要分布在渤海和一些大河河口；珊瑚岛数量很少，仅占0.4%，主要分布在台湾海峡以南海区。三是海岛呈明显的链状或群状分布，大多数以列岛或群岛的形式出现。四是面积小于5平方千米的小岛数量最多，占总数的98%。

和传统的陆地测绘类似，海岛礁测绘的主要任务包括海岛礁测绘基准构建、地形测图、地图表达等。其中海岛礁测绘基准主要包括坐标基准、垂直基准(高程基准和深度基准)和重力基准。海岛礁地形测图主要利用航空和卫星影像资料进行地形图测绘，完成海岛礁矢量地形数据、数字高程模型、数字正射影像图、制图数据等数字产品。

1.1.1　海岛礁坐标基准

建立海岛礁坐标基准需要在大陆沿岸及岛礁布测大地控制网(CORS基准站和基准点等)，按照相关规范实施控制测量，通过对观测数据进行处理实现海岛礁坐标参考框架。为了维持海岛礁坐标基准的现势性，需要定期对大地控制网进行复测。可通过联测已有海岛礁大地控制点(如天文大地控制网点)，实现已有测绘成果的转化与应用。在我国建立海岛礁坐标基准需要充分考虑与CGCS2000坐标基准的有效衔接，并联测已有海岛礁三角点。

1.1.2 海岛礁垂直基准

垂直基准一般包括高程基准和深度基准。构建海岛礁垂直基准的主要任务是精化高程基准参考面——似大地水准面，确定深度基准面，建立高程基准与深度基准之间的转换模型，实现海岛礁高程及周边海域深度基准的传递。精化海域大地水准面需要获取海域及周边重力场数据；建立深度基准面模型需要采用验潮数据，确定高精度海洋潮汐模型；确定高程基准与深度基准之间的转换关系需要确定长期平均海面和海面地形模型，采用长期验潮站和CORS站并置技术，建立高程基准与深度基准之间的严密数值关系。

1.1.3 海岛礁遥感识别与精确定位

海岛礁遥感识别与精确定位主要是指精确确定哪些目标是海岛礁及其具体地理位置分布。海岛礁遥感识别的首要任务是利用遥感影像探测确定一个目标或特征目标的客观存在，进一步根据图像上的目标细微特征，识别这一实体的准确度，并规划海岛礁的类别，查清海岛数量。精确定位是利用高精度的海水潮汐预报与水位推算、高精度卫星静态定位基线测量、卫星静态定位、大范围稀少控制的高精度高分辨率卫星遥感测图等新技术，融合多种相对或绝对控制技术，解决海岛航空立体测图和非立体影像高精度纠正的控制布测及稀少特征的遥感控制传递技术，实现海岛礁遥感识别与精确定位。

1.1.4 海岛滩涂与岸线测量

海岛岸线是平均大潮高潮面与海岸的交接线，零米等深线是深度基准面与海岸的交接线。通常情况下，陆地地形测量注重平均大潮高潮面以上陆地部分的地形要素测量，水深测量注重零米等深线以下海域水下地形测量。海岛滩涂与岸线测量的目的，就是实现海岛及周边海域平均大潮高潮面与深度基准面之间的全要素测量。其主要任务包括：海岛滩涂(潮间带)地形测量；海岛周边海礁、干出滩、群礁及其他水面要素测量；海岛岸线(平均大潮高潮线)、平均水位线与零米等深线测量；为了精确测定平均水位线和零米等深线，还应进行海岛周边浅水水深测量。

1.1.5 海岛航空航天遥感测图

海岛测图产品主要包括矢量地形数据(DLG)、数字高程模型(DEM)、数字正射影像图(DOM)等。为全面掌握海岛地形地貌的基础性地理信息资料，采用传统全野外测图方式，存在登岛难度大，测图成本高，测图周期长等困难，而且，目前大多数海岛仍为地理盲区，无法获取海岛测图产品。随着遥感科学技术发展，采用航空航天遥感数据进行海岛测图，可实现海岛高效率、高精度非接触式测图，实现近海、远海以及不宜、不易到达的海岛测图工作。像片调绘是航空航天数据内业成图的一项重要工作，根据影像，借助相应的仪器设备，提供丰富的地面信息，为海岛测绘产品制图提供必要的地形要素。

1.2 海岛礁测量技术进展

1.2.1 海岛礁坐标基准现状

早在三国时期，魏国数学家刘徽的《海岛算经》(原名《重差》)是一部关于测高望远之术的专著，论述了海岛高程测量方法。经纬仪和测距仪的发展，使三角高程测量精度大幅度提高。精密跨海高程传递测量是一种三角高程传递技术，我国海南岛高程基准的传递就是利用这一方法以大地四边形图形结构观测实施的。静力水准法利用流体静力平衡原理，采用连通管实现跨海高程传递，是目前短距离高程传递精度最高的高程传递方法，但经费十分昂贵。

人造卫星相比于自然天体更靠近地球，这为更好地解决一些大地测量问题创造了得天独厚的条件(胡明城，1989)。卫星大地测量利用人造地球卫星测定地球上任何点(包括大陆和海岛上)的点位信息，以及测定地球重力场和地球形状、大小等。其精度比传统大地测量高 2~3 个数量级，长距离相对定位精度可达到 10^{-8} ~ 10^{-9}；点间不必通视，可测量几十、几百至数千公里的边长，用于海岛和洲际联测。基于卫星多普勒观测技术可在全球范围内建立一定精度的地面控制网，解决了传统地面三角测量技术相邻三角点之间必须互相通视的制约，可很好地解决陆岛及岛间坐标基准联测的难题。利用传统大地测量技术，很难在孤立且远离大陆的海岛上实现大陆坐标基准传递，一般只能建立地方参心坐标基准。随着空间大地测量的崛起，测定地面点水平位置的几何大地测量方法已被现代大地测量方法所取代。

1987 年，我国采用 MX-5102 型单频多普勒卫星导航仪对仙人礁、信义礁、舰长礁和半月礁进行了定位测量。1988 年，测量队员再次随同科考队赴南沙，登上了仙宾礁、美济礁、仙娥礁、牛车轮礁、半月礁、海口礁、信义礁、仁爱礁、舰长礁、半路礁、南通礁、南屏礁等 12 个礁采用 MX-1502 大地型多普勒卫星定位仪对海口礁、仁爱礁、信义礁进行了定位。

世界各国利用 GPS 技术优势，在短时间内建立了大量大地控制网。1990 年，国家测绘局委托武汉测绘科技大学组织实施南沙岛礁定位联测工作，中国地震局武汉地震研究所派员携带 3 台 WILD WM-102 GPS 双频接收机参加联测工作，联测了南海三个岛的大地坐标。为该地区 1：50 万海图测绘提供大地控制依据，推求适用于该地区的坐标转换参数。1994 年，国家测绘局委派中国测绘工程规划设计中心、武汉测绘科技大学、广东省国土厅等单位参加了南沙科学考察，在途中用 3 台 Trimble 4000sst GPS 接收机对永暑礁、浩碧礁、半月礁、信义礁、仁爱礁、三角礁、华阳礁、皇路礁等 8 个岛礁进行了联测。

1.2.2 高程基准现状

高程基准定义了陆地和海岛礁高程测量的起算点。我国高程基准采用黄海多年平均海面，验潮站是青岛大港验潮站，在其附近有“中华人民共和国水准原点”。1987 年以前，我国采用“1956 国家高程基准”，高程零点由 1950—1956 年青岛大港验潮站逐时平均海面计算确定，水准原点的高程为72.289m。1987年后，我国启用"1985国家高程基准"，它采用了青岛大港验潮站1952—1979年的资料，取19年的资料为一组，滑动步长为一年，得到10组以19年为一个周期的平均海面，然后取平均值确定了高程零点，水准原点高程为72.260m。

高程基准的建设包括高程基准点和高程控制网的建立，而高程基准参考面则用(似)大地水准面表示。21世纪初，利用已经建立的国家高精度GPS A级和B级网提供的GPS水准和42万实测重力点值，同时利用卫星测高数据，完成了中国新一代似大地水准面模型CQG2000的计算，覆盖了包括海域在内的我国全部领土范围，经内部和外部检核，总体精度达到了分米级水平。在我国海域，由于缺乏足够的实测重力数据，海域大地水准面主要根据卫星测高数据反演的重力异常来精化，并采用数据拟合方法将陆地大地水准面尽可能向海域延伸的方法实现拼接，该成果能满足国家基本比例尺(1∶5万)的测图要求。

近十年来，为满足大比例尺测图的需要，我国部分省区相继开展了厘米级似大地水准面精化工作，通过GPS、水准、重力测量，并利用现有重力场资料，获取2.5′×2.5′似大地水准面模型。国家测绘地理信息局组织完成了区域似大地水准面试点项目(浙江、福建、江西)确定的似大地水准面模型内符合精度为5.5cm，外部检验精度为6.2cm；华北地区大地水准面精化项目(北京、天津、河北、河南)确定的似大地水准面模型内符合精度为4.1cm，外部检验精度为5.2cm；华东华中区域大地水准面精化项目(上海、陕西、河南、安徽、山东、江苏、湖南、湖北)确定的似大地水准面模型内符合精度为3.7cm，外部检验精度为4.1cm；另外，广东、广西、海南、宁夏、青海、甘肃省份及自治区也相继完成了省级区域似大地水准面精化工作。精化后的区域似大地水准面模型可以满足大比例尺测图的需求，达到了用GPS技术代替低等级水准测量的目的。

1.2.3 深度基准现状

深度基准定义为计算水体深度的起算面，该起算面可以是某种特定条件下的水体层面，用深度基准面表示。特定条件可以是人为定义(内河或湖泊深度基准)，也可以用模型表示(海洋深度基准)。深度基准面是一相对量，其垂向位置未知。深度基准只有与高程基准建立了联系，才可确定水体深度和水体底面地形之间的关系。

与大地水准面的定义相比，海洋深度基准(本文简称深度基准)的定义并不严格，其确定一般应遵循两个共同原则，一要保证航行安全，二要充分利用航道，因此深度基准面应定得合理，不宜过高或过低。由于各地潮汐性质不同，采用的计算方法不同，许多国家和地区的深度基准面也不相同。有的采用理论深度基准面，有的采用平均低潮面、平均低低潮面、最低低潮面、印度大潮低潮面、大潮平均低潮面等，还有的由于海区受潮汐影响不大而采用平均海面。

与大地水准面一样，深度基准面一旦定义，其表示应是明确和唯一的，这是测绘学特别是制图学的基本要求。

我国在1956年以前主要采用最低低潮面(印度大潮低潮面)、大潮平均低潮面和实测最低潮面等为深度基准面。1956年起采用理论深度基准面，该面按前苏联弗拉基米尔方法以 8~13 个分潮调和常数计算的当地理论最低地潮面。1980 年国家规定港口工程零点采用理论深度基准面。深度基准面用当地平均海面下的距离值表示，通常称为深度基准值 L。

理论深度基准面的分布受潮差、气象和海洋形态(水深、地形、岸线形状)等因素的影响颇为明显，考虑不同因素计算得到的深度基准面会有所差异。目前，海军测绘部门采用弗拉基米尔方法加气象订正确定深度基准面，国家海洋局系统采用 BPF 法确定深度基准面；国家交通部 1987 年颁布的《港口工程技术规范》中规定，“我海区应尽量采用理论深度基准面”。这说明，在我国不同的部门采用不同的方法确定深度基准面，因此其计算结果是不尽相同的。另外，尚有专门为确定灯塔高和潮汐表中的潮高而设定的平均大潮高潮面和潮高基准面。

目前，深度基准面的实现只是验潮站相对于当地多年平均海面的数值形式，数据处理过程对该基准面未进行严格的标定与维持。历史数据和直接计算方法的差别，导致一些验潮站的深度基准面存在偏差。

由于缺乏实用的连续化海图深度基准模型，在陆海测量成果处理过程中，作业单位往往只是简单地根据水位控制的基本信息分析和比较滩涂区域陆海测量成果，无法有效实现两种观测手段成果的精确拼接。

美国等先进国家目前已基本实现了连续化深度基准面，我国也开展了前期论证研究工作，提出以长期平均海面作为基本海洋垂直基准的思想，讨论了现有基准定义的意义以及水深在椭球面基准、大地水准面基准、国家高程基准、平均海面基准、海图深度基准下的表示关系，给出了一种海洋测量深度的归算方案。此外，一些学者提出了理论深度基准的改进算法和模型，对中国沿岸主要验潮站海图深度基准面进行了计算和分析，结果表明中国沿岸不同验潮站海图深度基准面定义和算法存在较大差异。

1.2.4 重力基准现状

重力基准是标定一个国家或地区的(绝对)重力值和重力段差的标准。1957 年，我国在全国范围内建立了第一个国家重力控制网，它由 21 个基本点和 82 个一等点组成，称为 1957 年重力基本网。该网与前苏联的三个重力基本点联测，属波茨坦重力系统，后来发现该系统有+14mGal 的常差。1985 国家重力基本网的建立从 1981 年开始，重力基本网包括 6 个基准点、46 个基本点和 5 个引点，共计 57 个基本重力点。2000 国家重力基本网始建于 1998 年，由 21 个基准点、126 个基本点和 112 个基本点引点，共计 259 个点组成。同时，还建立了 1 个国家重力长基线网，复测了国家重力仪格值标定场 6 处(计 60 个重力点)，新建了国家重力短基线 2 处，以及附加联测了 1985 国家重力基本网、中国地壳运动观测网络重力网等重力点 66 个。2000 网重力点、短基线重力点和附加联测重力点共 389 点，重力平差值平均中误差为 $\pm 7.3\times10^{-8}m/s^2$。外部检核点(8 个)绝对重力值与平差值的不符值中误差为 $\pm 7.7\times10^{-8}m/s^2$。我国目前启用的重力基准为 2000 国家重力基本网。

1.2.5 海岛礁遥感识别定位与海岛测图

1.2.5.1 遥感识别定位

早期航海把经过的海区、岛屿和海岸的情况编结成各种航海图，对于潮汐、航线、航程、停泊港口和暗礁等通过目测等简单测量方法进行详细记载。传统的海岛礁定位技术需大量GCP和精确配准，海岛礁遥感识别定位还局限在利用TM、ETM+、局部地区SPOT5等卫星资料、航空遥感资料的手工、目视解译海岛礁边界，粗定位海岛位置。

近年来，随着遥感科学技术的发展，采用航空航天遥感技术在海域岛礁识别定位中取得了一定进展，如采用高分辨率IKONOS、Quickbird、CBERS-1 CCD等光学卫星影像、结合Radarsat-SAR、Geosat、ERS-1等雷达卫星数据定位技术，以及高分辨率的航空摄影测量等遥感技术，实现了对岛礁、浅海水深调查和海底地形测量，并建立了完整的遥感岛礁和水深调查技术方法；国家海洋局第一海洋研究所应用ETM+、SPOT5等高分辨率光学遥感数据以及高分辨率SAR数据联合，对南海海域岛礁进行了细致的构象规律分析。利用DGPS与INS惯导系统，可以获得航空航天影像传感器的位置与姿态，实现定点摄影和无地面控制的高精度定位，对海岛礁精确观测和三维模型重建具有重要作用；将DGPS、INS和LiDAR集成，可实现无地面控制的海岛礁识别定位。还可以利用GPS定位技术进行岛陆联测，利用卫星轨道外推技术精确定位海岛。LiDAR技术在海岛礁、滩涂测绘中亦有广泛应用。

1.2.5.2 海岛礁测图

海岛礁测图最早起源于航海所需的海图，海图以“海洋及其毗邻陆地的表面”为测绘对象，按一定的数学基础、特定的符号系统，以及综合取舍方法进行地物要素描述。随着海岛经济开发需要，人们开始侧重对海岛陆地部分进行全要素的基础地理信息测绘。海岛礁测图技术方法主要有摄影测量技术、LiDAR技术以及SAR技术。自1901年荷兰人Fourcade发明了摄影测量的立体观测技术，经过近一百多年科学技术的发展，摄影测量立体测图一直是大面积获取地面三维数据最精确和最可靠的技术，并且是国家基本比例尺地形图测绘的重要技术，已经历了20世纪30年代到70年代的模拟摄影测量、50年代末更新的解析摄影测量、80年代开创的数字摄影测量时代，以及随着计算机进一步发展正逐步掀起的网络化、集群化、自动化全数字摄影测量时代，为海岛礁测图提供了很好的软硬件平台。但摄影测量技术也有其缺点，在森林、沙漠或者沿海滩涂地区，传统光学的影像纹理及对比度比较弱，直接影响测图精度，甚至造成无法作业。

20世纪90年代初机载激光雷达技术(LiDAR，Light Detection and Ranging)的出现，可在一定程度上弥补摄影测量技术在上述技术领域和区域的缺陷和不足，已初步应用于海岛滩涂测绘以及DEM等产品生产中，但处理技术方法和工程化应用能力还有待进一步提高。同样，应用到海岛礁测绘相关的技术还有从20世纪60年代中期由军用转为民用的合成孔径雷达技术(SAR，Synthetic Aperture Radar)，SAR影像能够全天候、全天时、高分辨率地获取水下地形和水深信息，该技术具有较强的水陆分界功能，在海岛礁岸线测绘方面取得一定进展，但因其对不同地物的成像特点各异，再加上影像地物难以辨别、噪声比较严重等缺点，在海岛测图中鲜有应用。

1.3 海岛礁测量技术

1.3.1 海岛礁坐标基准建立

海岛礁坐标基准可分为与大陆一致的海岛礁坐标基准和海岛礁独立坐标基准两种。前者是通过将大陆大地控制网向海岛礁延伸，通过数据处理建立与大陆一致的海岛礁坐标基准，以保证大陆测绘成果与海岛礁测绘成果的一致性。海岛礁独立坐标基准一般是受限于历史条件或技术条件，无法实现大陆坐标基准向海岛礁传递，而引入的一种地方独立坐标基准。

随着空间大地测量技术的出现和成熟，参心坐标系统正被地心坐标系统所取代。目前，可使用 GNSS 定位技术，通过获取某一地区 3 个或 3 个以上大地控制点的站坐标集，建立地心坐标系统。与大陆一致的海岛礁坐标基准是大陆坐标基准向海域的延伸，建立与陆地一致的海岛礁坐标基准需要在现行大地坐标系统定义及其参考框架的基础上，通过在海岛礁上布测大地控制网，经数据处理得到这些大地控制点在现行大地坐标系统下的点位坐标，为维持该坐标基准，还需对这些大地控制点附加速度场信息。

建立与大陆一致的海岛礁地心坐标基准，可基于全球 ITRF 框架或区域 CORS 参考框架，在大陆沿岸及海岛上加密 CORS 站，在此基础上，进一步布测大地控制网，通过 GNSS 定位数据处理与分析，最终得到这些大地坐标框架点在现行大地坐标系统下的三维坐标。在选取周边或全球 ITRF 框架下具有精确站坐标和速度场的基准站时，利用测站的速度场模型进行历元归算后，通过对这些站施加强约束，与区域 CORS 站、海岛 CORS 站及海岛礁 GNSS 观测数据特定参考历元进行最小二乘估计，获得海岛礁大地控制网点在该参考历元的坐标集。

在海岛礁坐标基准建立早期，无法使用 GNSS 连续观测数据估计坐标框架点的速度场，可采用板块运动模型实现海岛礁坐标基准的维持。随着海岛礁 CORS 站连续观测和大地控制网复测的逐步开展，可利用 GNSS 观测资料分析建立坐标框架点的速度场模型，对海岛礁坐标基准进行维持。

1.3.2 海岛礁垂直基准构建

海岛礁垂直基准建立的基本方法是确定垂直基准参考面。垂直基准一般包括高程基准和深度基准，高程基准参考面为似大地水准面，主要采用物理大地测量方法，联合多源重力场探测数据按重力场边值方法计算；深度基准参考面为深度基准面，相对于平均海面的高度(称为深度基准值)由海潮模型(潮汐调和常数)按公式计算，其中海潮模型可通过同化验潮站、卫星测高调和参数与潮波流体动力学方程来建立。

以平均海面为中介面，确定平均海面大地高(称为平均海面高)和海面地形(即平均海面的正常高)数值模型，实现深度基准面的垂向定位，从而得到高程基准与深度基准之间的转换模型。通过长期验潮站和 CORS 站并置技术，建立高程和深度基准之间及其与大地坐标框架的严密关系。

1.3.3 海岛滩涂与岸线测量技术

海岛地形、岸线、滩涂及周边海域环境是不可分割的整体，因此，海岛滩涂与岸线测量是海岛地形测图的重要组成部分。海岛滩涂是海洋与海岛相互接触、相互作用和相互影响的狭长地带，兼有陆海两种环境特征。通常将海岛滩涂以半潮线为界分为陆部和海部。陆部可采用陆地地形测量方法，海部一般需要水深探测技术配合。陆部地形测量方法较多，主要包括常规测量方法和遥感地形测图方法，浅海水深探测方法主要有声呐测深、双波段机载激光测深和遥感水深探测。发展机载、船载水上水下一体化无缝地形测量技术，是解决海岸线与滩涂测绘难题的根本途径。

为保持海岛岸线空间形态特征，提高岸线测量精度，需要充分利用潮位、痕迹岸线信息，以及遥感测图中的影像水边线、数字高程模型等数据，建立完备的海岛岸线测量作业流程。为充分表示海水与滩涂的作用关系，满足社会公共需求，海岛岸线测量还应包括平均水位线和零米等深线的测量。

1.3.4 海岛礁精确定位与海岛测图

海岛礁遥感精确定位是基于卫星遥感技术识别出海岛礁并进行精确地理定位。卫星遥感技术发展至今，拥有不同传感器、不同波段、不同空间分辨率等丰富数据种类。在海岛礁遥感识别定位中，为达到一定的定位精度要求，应综合考虑卫星影像的不断提升的空间分辨率和轨道定位精度，采用高分辨率卫星遥感影像对海洋中的要素信息进行识别，并去除船只、海浪等伪目标，提取出海岛礁地理信息。

航空遥感海岛测图主要采用 GNSS/IMU 航空摄影测量技术方法，利用中低空航摄飞机按照一定的航摄规格获取海岛影像，通过少量的海岛地面控制点布测，进行稀少(无)控制的空中三角测量，获取每张影像的外方位元素恢复立体模型，实现海岛 DLG、DEM 和 DOM 地形要素采集并制作生成海岛测图产品。

航天遥感海岛地形图测图主要采用卫星立体影像，基于高精度的轨道和姿态参数，外推和反演出高精度遥感卫星数据预处理所需要的高频度、高精度的轨道和姿态信息，利用包括高精度的瞬时海水水位，相邻海岛礁间基线长度等相对控制信息，建立超控轨道外推技术，解决稀少(无)控制条件下的大范围多源遥感影像联合平差方法，实现海岛测图。

LiDAR 测图通过海岛激光点云数据获取，经过内业数据处理，获得海岛的 DEM、DOM、DLG 等测图产品；集成激光测距技术、计算机技术、惯性测量单元 IMU /DGPS 差分定位技术于一体，与其他遥感技术相比具有自动化程度高、受天气影响小、数据生产周期短、精度高等技术特点，是目前最先进的能实时获取地球表面三维空间信息和影像的航空遥感系统。

第2章　海岛礁坐标基准

海洋面积占整个地球面积的70%以上，在海岛礁上建立大地坐标框架点，对改善全球坐标参考框架和区域参考框架具有重要意义。此外，海岛礁坐标基准也是大范围开展岛礁精确定位、海岛测图等海岛礁测绘工作的基础控制。

本章主要介绍海岛礁大地控制网布测、海岛礁坐标基准实现以及海岛礁快速控制测量等内容。

2.1　概述

坐标基准是坐标系统和坐标参考框架的总称。根据坐标原点不同可分为参心坐标基准和地心坐标基准。参心坐标系统是基于参考椭球所建立的一种大地坐标系统。在空间大地测量技术出现前，一般基于参心坐标基准开展海岛礁测绘工作。

随着空间大地测量技术的出现和成熟，参心坐标基准目前已被地心坐标基准所取代。为保持陆地测绘成果与海岛礁测绘成果的一致性，大地控制网需要向海岛礁进行延伸，建立与陆地一致的海岛礁坐标基准。海岛礁坐标基准需有效衔接现行全球或区域坐标基准成果，就我国而言，需建立与2000国家大地坐标系统(CGCS2000)一致的海岛礁地心坐标基准，并联测一定数量的海岛礁天文大地控制网点，实现海岛礁天文大地控制网进行联合平差，将海岛礁天文大地控制网纳入海岛礁地心坐标基准。

建立海岛礁地心坐标基准需要利用卫星定位技术在海岛礁上布测一定密度的大地控制网，并对大地控制观测进行数据处理，获取这些控制点的坐标和运动速度等信息。当前，我国海岛礁坐标基准建设需考虑以下几方面内容：

- 采用三维、地心坐标基准，与国家现行坐标系统保持一致；
- 充分利用国际/区域地心坐标基准成果，提高坐标基准的传递精度；
- 覆盖我国主要海域，并联测一定数量的已有海岛礁大地控制点；
- 兼顾地球科学研究和应用服务，并置观测验潮、水准和重力；
- 考虑综合实时应用服务需求。

海岛礁坐标基准的建立方法与大陆坐标基准实现方法类似，但海岛礁大地控制网布设受限于海岛礁的复杂自然条件和观测条件，需要尽量保证海岛礁大地控制网均匀分布。

2.2　海岛礁大地控制网

2.2.1　海岛礁大地控制测量

为保证海岛礁大地控制网具有足够的精度和密度，可采用GNSS基准站(CORS站)网和基准网(定期复测的高精度标石点)相结合的方式。海岛礁大地控制网一般可分为三个层次，即海岛礁 CORS 站网、基准网以及已有海岛礁天文大地控制网。在上述三个层次的基础上，可考虑布测一定数量的人工设施基准点，弥补海岛礁自然分布条件的不足。

如图 2. 1 所示，考虑海岛礁及周边海域各种测量及导航定位应用，可在海岛礁大地控制网的基础上进一步加密布测海面动态控制网(由固定 GNSS 浮标组成)，用于海平面变化监测和水下导航定位。海岛礁大地控制网和海底控制网构成了海洋大地测量控制网，为海洋测绘提供了基本参考框架。海岛礁大地控制的作业流程大致为：

①专业技术设计；

②外业踏勘、图上设计和作业计划；

③土建施工、造标埋石或测区准备；

④设备安装调试或仪器准备；

⑤试运行或外业测量作业；

⑥数据整理，绘制测量标志示意图或竣工图；

⑦质量检查与评估；

⑧办理委托保管书；

⑨成果检查验收，成果上报；

⑩编写技术报告，文本验收。

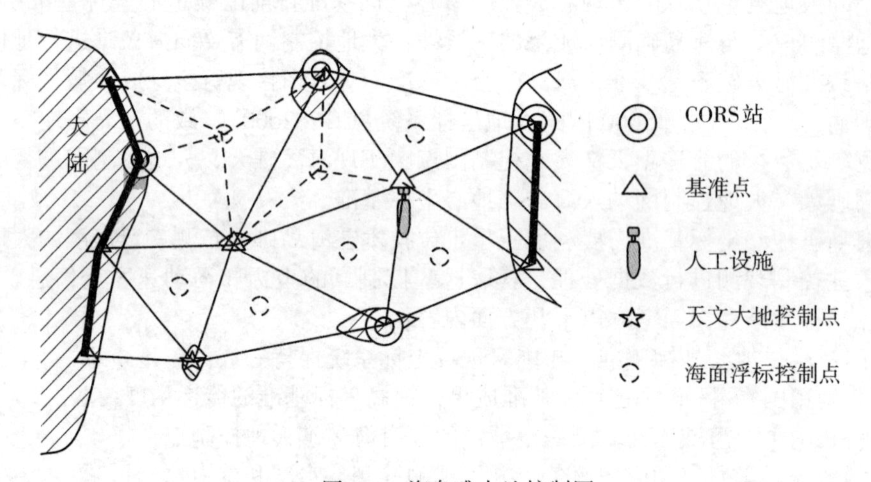

图 2. 1　海岛礁大地控制网

(1)海岛礁 CORS 站网

海岛礁 CORS 站网建设应遵循的原则有：① 确保一定点位密度覆盖大陆沿岸和主要海域(为降低海岛礁 CORS 站的建设和维护成本，可在大陆沿岸均匀选择一定密度的 CORS 站，作为大陆坐标基准向海岛礁坐标基准延伸的首级控制，在此基础上，在海岛礁外围再布设一定数量的 CORS 站)，以便为整个海岛礁大地控制网提供首级控制。②CORS 站应选建在地质环境相对稳定的基岩岩体上，在顾及主要地质构造块体的基础上，力求 CORS 站的点位均匀分布。③充分利用地方和行业已有的 CORS 站，通过改造升级纳入海岛礁 CORS 站网。④CORS 站网具有通信网络管理、数据采集、处理和服务等功能，边远海岛 CORS 站网还可考虑基于太阳能的自动观测运行系统，具体包括：

a. 观测系统配置 GNSS 接收机，能接收多频多码信号，包括 BDS、GPS、GLONASS 和 Galileo 卫星信号。

b. 数据通信应优先保证与我国已有 CORS 站网数据通信的匹配和兼容，可采用 ADSL 数据传输方式。无地面通信环境的海岛可采用 CDMA、数传电台中转或卫星通信方式，数据通信系统应有良好的扩展性能，方便升级更新。

c. CORS 站的观测系统结构如图 2.2 所示。

d. CORS 站采用 GNSS 接收机，设备技术先进、自动化程度高、模块化设计、集成度高、可实现无人值守。

e. 数据传输实时性强、功能齐全。

f. 设备应进行充分的调试与测试，确保正常运行，调试内容主要包括：数据采集，观测的技术要求及数据记录参数的设定，数据下载，数据下载软件、下载文件、下载方式、数据的转换与存储，数据传输，数据通信手段、数据传输方式。

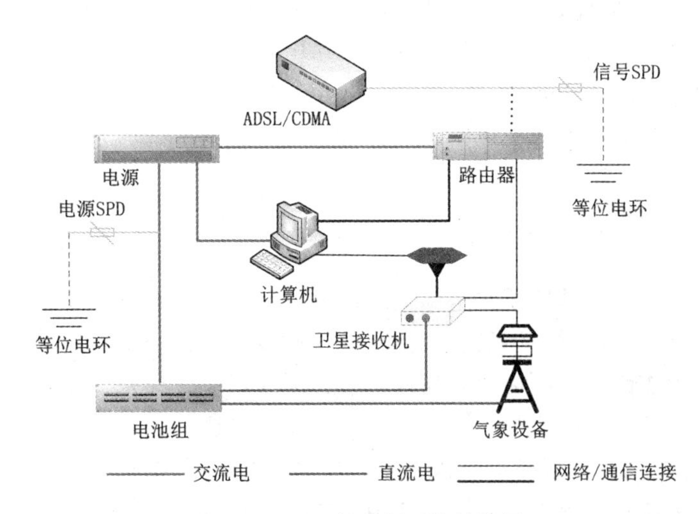

图 2.2　CORS 站观测系统结构图

综合考虑海岛礁测绘、海洋导航与位置服务等需求，沿岸陆地 CORS 站网平均间距可根据情况控制在 80km 到 200km，海岛 CORS 站建设受限于海岛自然地理分布条件，当具备条件时，平均间距可以是 80km 到 1000km 不等。CORS 站采样间隔 1 分钟(数据可分流)，气象参数采样间隔 15 分钟。兼顾地球科学研究、灾害预报、天气降水预报和电离层监测、GNSS 实时定位和导航等实时应用服务，海岛礁 CORS 站网可提供多种采样率数据。

(2)海岛礁基准网

海岛礁基准网由定期复测的高精度基准点构成，其点位间距根据需要可取 5~50km 不等，大致可分为三个层次布测，第一层次是在大陆沿岸 20km 内考虑均匀布测一定数量基准点，作为大陆坐标基准向海域延伸的过渡传递基准点；第二层次是在海岛礁上布设一定数量基准点，其点位密度应满足海岛礁测绘需求；第三层次考虑海洋测绘和水下地形测绘需求，建立一定数量的人工设施基准点。

GNSS基准网设计和观测可根据相应基准网等级(如GPS B级网)参照相关规范执行。基准点卫星定位观测可基于CORS站的静态观测模式或同步观测模式。GNSS B级网点连续静态观测一般不少于3个观测时段，1个完整观测时段为UTC00：15~23：45，具体要求主要包括：

①观测工作在埋石工作结束后，间隔一个雨季后进行。

②观测采用连续运行基准站联测的作业模式进行，观测3个有效时间段。制订观测计划时，尽可能使各观测小组的观测同步，各测站也可以按照时间段的要求独立观测，但是务必注意在UTC时间零点后开机，次日UTC时间的零点前关机。

③观测注意事项：GNSS天线要整平、对中，天线定向线应指向磁北。根据天线电缆的长度在合适的地方平稳安放仪器，将天线与接收机用电缆连接并固紧。检查仪器、天线及电源的连接情况，确认无误后方可开机观测。在每时段的观测前后各量测一次天线高，读数精度一般要求达到1mm。当一个时段中观测时间小于16小时，需连续补测一个时段；利用TEQC检查数据质量，若观测数据可利用率小于80%或L1、L2频率的多路径效应影响MP1、MP2大于0.5m时，需至少补测一个时段。

已有海岛礁三角点的卫星定位联测可按不低于国家C级点的精度要求连续静态观测不少于8小时。

2.2.2 平面、高程与重力并置测量

大地测量基准可根据其性质将坐标基准称为几何基准，将高程基准、深度基准和重力基准统称为物理基准。通过在海岛礁坐标基准基础设施上并置观测一定数量高程控制点、长期验潮站、重力控制点，可为建立高程基准、深度基准等有关参考面的关系提供数据条件，也可为地球科学、海洋科学研究提供更为丰富的信息。

GNSS大地控制网并置观测水准和重力为大地水准面精化提供了重要数据源，在建立和维持全球或区域垂直基准中具有重要作用。大地控制网、高程控制网、重力控制网等观测资料都可用于地壳垂直形变监测，且不同技术的监测水平及其影响因素不同，例如，重力测量变化耦合了长期非潮汐变化特征、局部气压和水储量变化以及地壳垂直运动等多种信号。

1. 观测标墩设计

对于海岛礁大地基准网，在建立大地控制点标墩时，需要考虑提高标墩高度(且配有对中杆)和密封容器(安置接收机)，确保GNSS天线和接收机的安全。图2.3给出了GNSS基岩基准点与水准公用测量标志的一种设计。

2. 观测方案

海岛礁大地控制网并置高程观测，理论上可从高等级水准点联测水准路线以获得控制点的高程，但由于沿岸高程控制网往往受沿岸复杂地质和水文条件影响，部分高程基准框架点的起算数据并不可靠，因此一般需首先对高等级水准路网进行复测。海岛礁大地控制

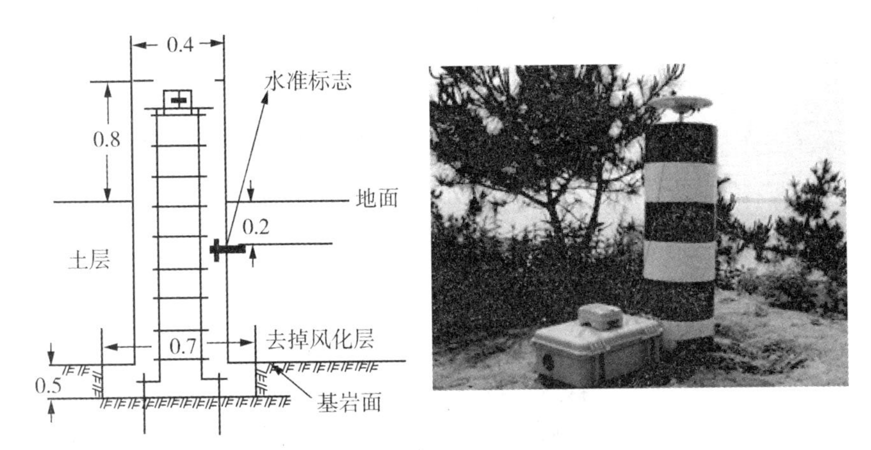

图 2.3　GNSS 基岩基准点与水准公用测量标志(单位：m)

点并置高程观测需考虑以下因素：

①对于沉降严重的测区，考虑复测已有高等级水准路线；

②在联测大地控制点水准前，进行水准路线检测；

③利用跨海高程传递方法，获取一定数量海岛礁大地控制点的高程；

④考虑在海岛礁 CORS 站上并置(连续)重力观测，在海岛礁大地控制点上并置绝对或相对重力测量。

3. 原理与应用

(1)高程控制网维持

沿岸陆地水准标志和水准测量易受不稳定地质条件、工程施工及地下水等因素影响，会出现标志沉降或损毁现象。采用大地控制网与高程控制网并置观测技术，可在原来点位附近通过卫星定位技术获取一定精度的水准高程，以达到恢复破坏点位的目的。

(2)大地水准面精化

GNSS 并置水准和重力观测是大地水准面精化的重要观测数据，在建立和维持国家高程基准中具有重要作用。充分利用地球重力场信息，可提高水准测量粗差探测能力，控制粗差向水准网其他水准点的传播，提高水准控制网的整体精度水平，还可提高大地水准面精度和陆海大地水准面的拼接精度。

(3)地壳垂直形变监测

随着 GNSS 观测技术的不断发展和观测资料的逐渐积累，GNSS 观测技术已广泛用于研究地壳的水平运动和垂直运动。利用 GNSS 技术确定一点的垂直地壳形变，关键问题是高精度地获得该点的大地高。目前，GNSS 观测时段一般以 1 天为一个观测时段，进一步将验潮站观测的 GNSS 数据与已知站的 GNSS 观测数据联合处理，可得到验潮站水准点的大地高。确定验潮站水准点的垂直运动主要有两种方案：第一种方法是进行多期 GNSS 联测，然后将这几期的结果进行线性拟合，即可得到点位的高程变化，这时通过平滑点位高程的周期性变化可实现参数估计；第二种方法是基于多年连续观测，进而得到高程的时间序列，采用合适的时间序列分析方法分离出高程变化的周期项和线性项，线性项就是需要解算的地壳垂直运动速度 $\Delta\dot{H}_0$。

$$H(t) = H(t_0) + \Delta\dot{H}_0(t - t_0) + \sum A_i\cos\left(\frac{2\pi}{T_i}(t - t_0) + \varphi_i\right) \tag{2-1}$$

式中，$H(t_0)$ 为参考历元 t_0 时刻的验潮站高程；$H(t)$ 为 t 时刻的验潮站高程；第三项为高程变化的周期信号，其中，A_i 为振幅；T_i 为周期；φ_i 为周期变化的初相位。根据式(2-1)，对于定期观测或连续观测资料，采用最小二乘平差估计即可获得验潮站的地壳垂直运动速度。

(4)物质迁移信号提取

重力测量变化往往伴随着局部地壳运动的重力变化与高程变化。研究表明，在地壳垂直运动过程中往往伴随着物质迁移或质量调整，研究其动力学机制具有重要价值。地球表面观测的重力长期变化综合反映了局部地壳的垂直运动和内部物质质量(密度)调整过程。此外，水循环和海平面变化是目前国际地学界非常关注的前沿问题，全球水循环和海平面变化涉及大量的物质迁移和能量交换，这些信息往往蕴含在地球高精度重力观测中。

2.2.3　GNSS 并置长期验潮观测

GNSS 卫星定位基准站(CORS 站)作为陆海坐标基准的首级控制，CORS 站连续观测反映了大陆的垂直运动，而长期验潮站观测可反映海平面相对陆地地壳的垂直运动。长期验潮站观测资料可用于确定平均海面、深度基准面、全海域及局部海域潮汐变化规律等。因此，CORS 站与长期验潮站并置观测可以确定海平面在地球参考系统中的运动，进一步联合 CORS 站和长期验潮站水准点观测资料，进而可建立高程基准和深度基准之间的转换关系。我国海域海面地形波长在 100~200km 之间，为有效控制海面地形影响，应合理布局长期验潮站，以利于分离地壳垂直运动信号。

1. 并置站要求与观测方案

如图 2.4 所示，GNSS 卫星定位基准站与长期验潮站尽量并址建设在同一地质结构稳定的块体上；GNSS 卫星定位基准站与长期验潮站的站间距离尽量便于水准联测和复测。GNSS 卫星定位基准站正式运行前，可采用二等水准测量方式与国家一等水准网联测。GNSS 卫星定位基准站与国家一等水准基本点间，布设二等水准支线，每间隔 3~4km 埋设水准标石一座。当已有支线满足上述要求时，可利用；否则应重新布设。新埋设的水准点，应测定重力值。GNSS 卫星定位基准站观测墩上设置的基本水准点，按二等水准测量精度要求与国家水准网二等以上点联测。

按二等水准测量精度要求联测基本水准点与验潮站内、外水尺零点之间的高差，固定基本水准点与水尺零点的关系。可按二等水准测量作业要求，联测基本水准点与其他辅助水准点，并对验潮站水准点网进行平差计算。当按照水准联测方式海岛高程基准传递时，可按照 GNSS 结合大地水准面方式进行高程传递。若验潮井距 GNSS 卫星定位基准站 1km 以上，且不能进行 GNSS 联测，可由验潮站大地高和正常高观测拟合确定验潮井处的高程异常，根据验潮站水尺零点的正常高，确定其大地高。

采用二等水准测量方式，每年施测 GNSS 观测墩四周的水准点，监测观测墩是否倾斜。按二等水准测量精度要求，每年对验潮站水准网和验潮站水尺零点实施联测，检查长

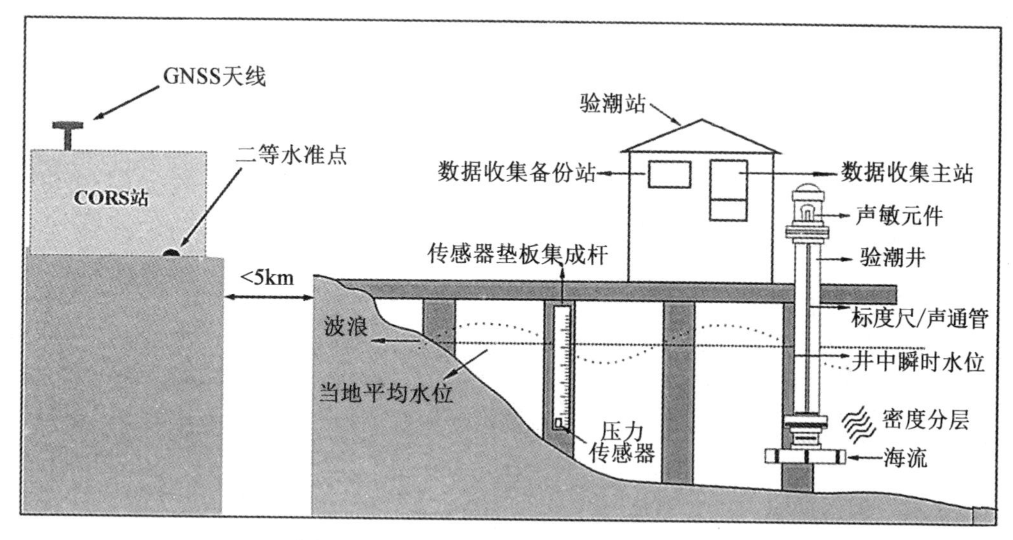

图 2.4 CORS 站与长期验潮站并置示意图

期验潮站水尺零点和水准网是否发生变化。每年进行辅助水准点与基本水准点之间的 GNSS 联测，检查长期验潮站的水准网点的相对变化。

2. 原理与应用

(1)确定相对海平面变化

海平面变化受许多因素影响，如受半日潮和全日潮、半月潮和全月潮、半年潮和全年潮以及月球近点轨道周期(约 8.85 年)和月球轨道升交点运动周期(约 18.6 年)等影响。海面的垂直运动可分为平均海面、线性变化和周期性变化三部分，具体可表示为：

$$\zeta(t) = \zeta(t_0) + \Delta\dot{\zeta}_0(t - t_0) + \sum B_i\cos\left(\frac{2\pi}{T_i}(t - t_0) + \phi_i\right) \tag{2-2}$$

式中，$\zeta(t_0)$ 为历元 t_0 时刻的平均海面；$\Delta\dot{\zeta}_0$ 为海平面相对变化速度；第三项为周期变化部分，其中，B_i 为周期变化的振幅；T_i 为各潮波的周期；t 为时间变量；ϕ_i 为周期变化的初相位。在式(2-2)中，若固定各潮波的周期，则可采用线性最小二乘估计确定海平面的相对变化速度 $\Delta\dot{\zeta}_0$ 等参数。长期观测有利于平滑为模型化的高频潮汐影响，提高模型参数估计精度。

(2)确定绝对海平面变化

并置 GNSS 和验潮观测确定海平面的绝对变化，其实质是以参考椭球面为验潮站水准点变化的参考基准，利用 GNSS 技术确定验潮站水准点的垂直运动，进一步利用验潮数据确定海平面相对验潮站水尺零点的变化，若进一步假定验潮站水准点和验潮站水尺零点处的地壳垂直运动相同，则可间接获得验潮站处绝对海平面变化。高精度 GNSS 数据与验潮数据联合确定海平面绝对变化的模型为：

$$\Delta H' = \Delta H_0 + \Delta\zeta \tag{2-3}$$

式中，$\Delta H'$ 为验潮站处海平面的绝对变化，ΔH_0 为验潮站水准点的垂直地壳运动，$\Delta\zeta$

为验潮观测得出的相对平均海面变化。计算式(2-3)关于时间的导数可得到平均海面的绝对变化速度：

$$\dot{H}' = \dot{H}_0 + \dot{\zeta} \tag{2-4}$$

由上式可知，绝对平均海面变化速度等于验潮站地壳垂直形变与相对海平面变化速度的代数和。

2.2.4　海岛礁坐标基准建立

长距离坐标基准精密传递是建立远海岛礁坐标基准的关键技术之一。GNSS 技术进行坐标基准传递时受到多种测量误差的影响，特别是在中长基线测量中，这种影响更加明显。卫星位置误差、电离层延迟和对流层延迟经差分后被削弱，但其残余误差与基线长度有关，基线越长，残余误差越大，是中长基线中的主要误差源，包括电离层延迟误差、对流层延迟误差以及海洋负荷潮影响等。对流层延迟受空间和时间的影响较大，基线长度大于 500km 时，对流层延迟误差很难通过对流层模型来消除。

2.2.4.1　海岛礁坐标基准影响因素

1. 大气影响

空间大地测量技术通过地面站接收来自天体、卫星发射或反射的电磁波信号，从而实现绝对或相对定位观测。电磁波信号穿过大气层会因大气折射产生延迟，从而影响地面点定位精度。大气延迟改正一般分为对流层改正和电离层改正。对流层延迟高精度改正需要使用测站附近测定的气象参数，包括气温、气压、湿度等，它们是建立对流层延迟模型的主要物理量。高精度的卫星激光测距(如 SLR 和 LLR)需要考虑光学电磁波对流层折射的影响。

电离层是离地面 50km 到 1000km 的大气层。由于受太阳辐射作用，电离层中的气体大多处于部分电离或全部电离的状态，含有密度较高的自由电子。电离层对通过的 GPS 信号会产生折射作用，使相位的传播速度加快(相速度)，而使伪距的传播速度(群速度)减慢。利用双频观测值解算中短基线，在电离层相对活跃的情况下，特别是南海低纬度地区，目前电离层二阶项往往也不可忽视。随着 GLONASS/Galileo/北斗二代的不断完善，多频应用将使传统的双频导航定位模式发生改变。电离层等大气误差可通过空间相关性，对于短基线可考虑 GNSS 差分观测予以消除。此外，将多频应用于电离层折射误差，可对高阶项进行改正，多频组合定位精度将有利于解算高精度的超长基线，三频及三频以上组合可有效消除电离层高阶项。

GNSS 多个频率观测值、多频组合观测值在整周模糊度解算、电离层折射误差消除等方面具有优势。低纬度复杂多变的低层大气和电离层对 GNSS 精密定位产生很大影响，采用消除电离层的双频组合观测值进行数据处理，一般只能消除电离层一阶项，而对于超长基线，尤其是电离层比较活跃的低纬度海岛礁地区，电离层二阶项改正也是不可忽视的模型误差。GNSS 接收机一般提供三种观测值：伪距、载波相位和多普勒频移(每种观测值对应多种频率)，它们的原始观测值的观测方程分别为：

$$
\begin{aligned}
P &= \rho(t_s, t_r) + c(\mathrm{d}t_r - \mathrm{d}t_s) + T_{\text{trop}} + I/f^2 + d_{SA} + M_P + \varepsilon_P \\
\varphi\lambda &= \rho(t_s, t_r) + c(\mathrm{d}t_r - \mathrm{d}t_s) + \lambda N + T_{\text{trop}} - I/f^2 + M_\varphi + \varepsilon_\varphi \\
\dot{\varphi}\lambda &= \dot{\rho}(t_s, t_r) + c(\mathrm{d}\dot{t}_r - \mathrm{d}\dot{t}_s) + \dot{T}_{\text{trop}} - \dot{I}/f^2 + \dot{d}_{SA} + \dot{M}_\varphi + \dot{\varepsilon}_\varphi
\end{aligned} \tag{2-5}
$$

式中，符号“ . ”表示相应变量对时间的变化率。P 为伪距观测值；φ 为载波相位观测值；$\dot{\varphi}$ 为多普勒频移观测值；λ 为载波波长；N 为整周模糊度；t_s为卫星发射信号时刻；t_r为接收机接受信号时刻；$\mathrm{d}t_s$ 和 $\mathrm{d}t_r$ 分别为卫星和接收机的钟差；c 为光速；I 为电离层延迟参数；f 为载波频率；T_{trop}为对流层的延迟量，M_φ 和 M_P 分别为伪距和载波相位多路径效应；ε_φ 和 ε_P 分别为伪距、载波相位的观测噪声；$\rho(t_s, t_r)$ 为 t_s时刻的卫星到 t_r时刻的接收机天线之间的几何距离，是测站坐标、卫星轨道和地球自转参数的函数。

伪距的观测噪声小于码元长的1%（C/A 码噪声小于 3m，P 码噪声小于 0.3m），其多路径效应最大可达 10~20m。载波相位一般应用于高精度测量，通过载波间的相关性进行线性组合来有效消除各种测量误差，以达到高精度定位的目的。电离层高阶项影响可通过多频组合消除，例如，GNSS 三频组合可消除电离层二阶项，下面直接给出相关公式：

①双频组合消除电离层一阶项：

$$
\rho_p^{(1)}(a, b) = \frac{f_a^{\,2}\rho_p^{(a)} - f_b^{\,2}\rho_p^{(b)}}{f_a^{\,2} - f_b^{\,2}} \tag{2-6}
$$

式中，$\rho_p^{(a)}$，$\rho_p^{(b)}$ 为同时对两个频率f_a，f_b 进行观测所得相位观测值。在多频应用中，上述组合称为一阶无电离层组合，残留电离层延迟可表示为：

$$
\delta\rho_{I,p}^{(1)} = \frac{f_a^{\,2}\delta\rho_{I,p}^{(a)} - f_b^{\,2}\delta\rho_{I,p}^{(b)}}{f_a^{\,2} - f_b^{\,2}} = \frac{s_2}{f_a f_b(f_a + f_b)} + \frac{s_3}{f_a^{\,2} f_b^{\,2}} \tag{2-7}
$$

对于码观测值也有类似的公式。

②三频组合消除电离层二阶项：

$$
\rho_p^{(2)} = \frac{f_a f_b(f_a + f_b)\rho_p^{(1)}(a, b) - f_b f_c(f_b + f_c)\rho_p^{(1)}(b, c)}{f_a f_b(f_a + f_b) - f_b f_c(f_b + f_c)} \tag{2-8}
$$

式中，$\rho_p^{(1)}(a, b)$，$\rho_p^{(1)}(b, c)$ 为两种双频一阶无电离层组合。根据一阶无电离层组合式(2-7)可得

$$
\rho_p^{(2)} = \frac{1}{(f_a + f_b + f_c)} \cdot \frac{f_a^{\,3}\rho_p^{(a)}}{(f_a - f_b)(f_a - f_c)} + \frac{f_b^{\,3}\rho_p^{(b)}}{(f_b - f_a)(f_b - f_c)} + \frac{f_c^{\,3}\rho_p^{(c)}}{(f_c - f_a)(f_c - f_b)} \tag{2-9}
$$

该组合残留电离层延迟可表示为：

$$
\delta\rho_{I,p}^{(2)} == \frac{s_3}{f_a f_c(f_b^{\,2} + f_b[f_a + f_c])} \tag{2-10}
$$

对于码观测值也有类似公式。

采用消除电离层的双频组合观测值进行数据处理，一般只能消除电离层一阶项，而对于超长基线，尤其是电离层比较活跃的低纬度地区，电离层二阶项改正是不可忽视的模型误差，将多频应用于电离层折射误差可实现高阶项消除，多频组合定位可提高超长基线的解算精度。

2. 潮汐与地表负荷影响

在地球参考系统下，地球表面有两种类型的运动，一种是由于板块构造活动、断层滑动。冰期后回跳、潮汐运动等引起的地表变形。另一种是由于大气、海洋、地表水、地球内固体物质质量迁移、平衡所引起的地面位移。

地球周围的引力位包括外部物体的潮汐引力位和地球位。潮汐位(外部)既包含与时间无关的部分(永久性潮汐)，也包含随时间周期变化部分(周期性潮汐)。永久性潮汐是整个潮汐的一个部分，由日月的存在及其运动所引起，其由长周期、日周期和半日周期等潮汐的叠加而形成，其特征是永久性地在地球赤道带形成高潮，在地球极区形成低潮。

地球表面质量迁移或重分布会引起地球的引力位变化，从而导致海岛礁大地控制点产生垂直运动，例如海潮负荷潮、海平面变化等影响。由于地球不是刚体，在受力作用下将会发生形变，因此日月对地球的引力作用将使固体地球和海洋产生潮汐形变，海洋的潮汐形变使海底的负载发生变化，同样也会使固体地球产生形变，这就是海潮负荷效应。它引起的位移要比固体潮的影响小，约几厘米。海洋负荷对精密单点定位的影响结果与固体潮一致，但比固体潮小一个量级。

高精度GNSS定位需顾及海洋负荷的影响。IERS Standards (1992)给出了Schwiderski海潮模型计算海洋负荷潮的结果。研究表明，在沿海地区海潮负荷产生的垂直形变可达到厘米量级，对GNSS基线的影响也有几毫米的幅度影响。在GNSS观测中有明显的海潮负荷的信号，并且与FES99全球海潮模型模拟的结果非常一致。海潮位移改正计算需要高精度的全球海潮模型。目前较新的几种全球海潮模型都是基于卫星测高数据得到的，如NAO99b、CSR4.0等。另外，海潮位移改正取决于地球模型所对应的格林函数。格林函数是地球对单位质量点负荷的响应，通常用一组无量纲的参数-负荷勒夫数来表示。这些参数依赖于地球内部结构，地壳和上地幔的结构对这些参数的影响很大。

随着卫星测高技术的发展，可较精确地给出大洋区域海潮特征，但是由于海岸线附近特殊的地理构造和海底地形的复杂性，在近海区域用卫星测高技术得到的全球海潮模型是不够准确的，这将对高精度的GNSS测量结果产生一定的影响，特别是对沿海地区的观测。在GNSS资料处理中，通常使用海潮负荷矢量文件参加解算，以此来消除海潮负荷效应，而海潮负荷矢量基本采用全球海潮模型来计算。由于近区的海潮负荷影响较大，因此相对于内陆台站，沿海台站的GNSS观测资料的处理更有必要顾及近海潮汐效应，因此可以用顾及近海潮汐资料计算的海潮负荷矢量替换GNSS数据处理软件包中给出的值。由于沿海潮汐资料的高空间分辨率和长期的验潮站观测的约束更能反映局部海水的潮汐变化特征，用由近海验潮站资料获得的模型替换全球海潮模型的相应区域对于研究负荷效应可以取得较好的效果。当考虑近海潮汐效应时，可考虑将全球海潮模型中的相应区域用近海潮汐模型代替。

2.2.4.2　海岛礁坐标基准的建立

利用空间大地测量技术联测国际地球参考框架(ITRF)或IGS参考框架，可建立区域地心坐标基准。但SLR、VLBI和DORIS观测设备和运维观测成本较高，观测台站数目相对有限且分布不均匀，在特定国家/区域内很难联测形成有效控制图形。相比之下，GNSS观测设备低廉，观测和构网效率高，已成为建立国家/区域地心坐标基准的主要技术手段。

1. GNSS 双差观测值

GNSS 差分观测值可有效削弱或消除各类测量误差的影响，获得地面基线向量。由于双差相位观测值可消除卫星和接收机钟差等误差，GNSS 高精度数据处理一般采用双差观测模型。如图 2.5 所示，站间单差是两个台站 i 和 j 在同一历元对同一卫星的单程相位求差，对于第一个 GNSS 载波，其站间单差观测值为：

$$\Delta\phi_{ij}^{p} = \phi_{i}^{p} - \phi_{j}^{p} \tag{2-11}$$

对上述站间载波相位一次差继续求差，可形成双差观测值。如图 2.5 所示，对于卫星 p 和 q，其双差相位观测是对站间单差观测值求差，即

$$\Delta\nabla\phi_{ij}^{pq} = \Delta\phi_{ij}^{p} - \Delta\phi_{ij}^{q} \tag{2-12}$$

进一步对不同历元的双差观测值求解，可获得三差观测值。GNSS 基线平差解算主要采用站星双差观测值。

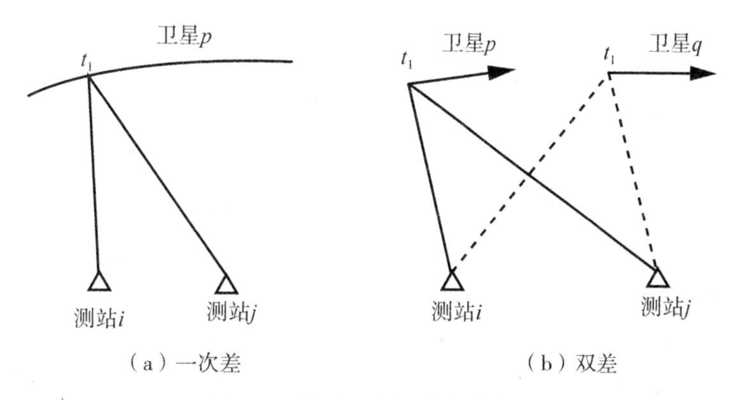

图 2.5　站星双差基线差分模型

2. 独立基线选取

采用双差观测模型解算基线时，若忽略基线之间的相关性，可导致平差模型不严密。同步环基线相关性分为两个层次：一是几何相关，二是随机相关。几何相关即图形相关，对此可选用独立基线的方法来解决；对于随机相关，表现在协方差阵为非对角矩阵。

当有 m 台 GNSS 接收机进行了一个时段的同步观测后，任意两台接收机间就形成一条基线向量，同步观测的基线向量总数为 $m(m-1)/2$。其中最多可以选出相互独立的同步观测基线数为 $(m-1)$ 条。独立基线的选择通常有三种方案：散射式、传递式、相邻最短边式。例如，假设 GNSS 网中包含 5 个观测点，基线总数为 10，三种方法所构造的不同基线网如图 2.6 所示。

双差观测量精度取决于站间距离的长短，测站间距离越短，差分效果越好，基线精度越高。在该意义下，最优独立基线网应满足平均路径长度最短，若考虑观测权比，则该问题可化为加权平均路径最短问题，可依照最小生成树原则建立独立基线网。

3. 基线处理流程

GNSS 基线处理主要包括观测数据准备、数据检查、参数设置、数据预处理、基线解算等。

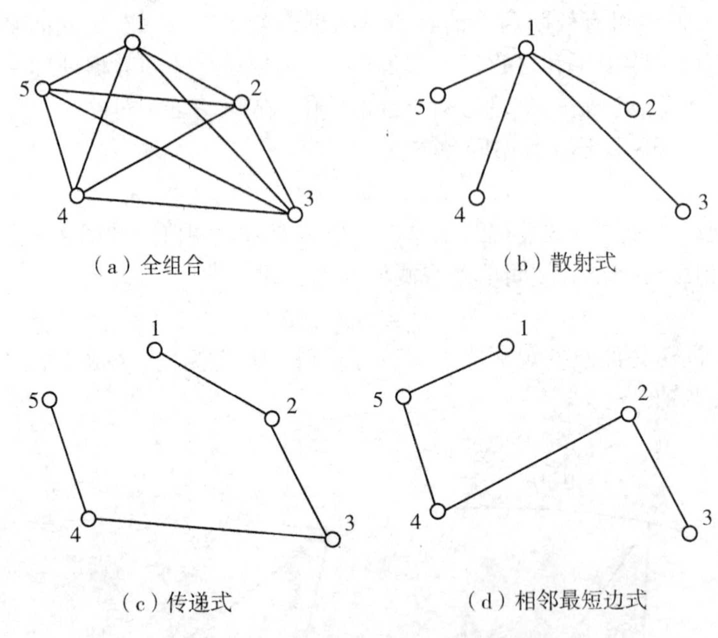

图 2.6　基线全组合与独立基线选取

(1)观测数据准备

在 GNSS 外业观测后，将原始观测数据进行归档整理。在进行基线处理时，读取上述 GNSS 原始观测数据。当原始观测数据格式不统一时，首先需要进行格式转换，目前常用标准数据格式为 RINEX 格式。测站信息包括接收机与天线型号和天线高。

外部数据文件主要包括精密星历文件、电离层参数文件、码差分偏差文件和全球参考框架文件等。

(2)数据检查

在数据处理前，需要对原始观测数据进行数据检查，检查内容主要有测站名、测站坐标、天线高、天线罩类型等，如有错误应进行核对校正。

(3)参数设置

参数设置是基线处理的一个重要环节，主要包括单基线解与多基线解、卫星截止高度角、电离层与对流层改正模型、GNSS 观测频率选择、解算模糊度的基线长度、单位权中误差、整周模糊度检验值、卫星选择、时段选择等。通过设定基线处理的控制参数，用以确定基线处理方法和基线精化处理。

(4)数据预处理

数据预处理主要包括周跳探测与修复、粗差探测与剔除以及各种观测误差改正。主要观测误差包括电离层延迟、对流层延迟、天线相位中心偏差以及相对论效应等。电离层延迟误差一般通过 GNSS 多频组合观测值消除，例如，使用 GNSS 双频组合可消除一阶电离层延迟影响，利用 GNSS 三频组合可消除二阶电离层延迟；对流层延迟误差经模型改正后，其残余对流层延迟可通过参数估计予以消除。

(5)基线解算

基线解算是对同步观测时段数据进行平差的过程，需要综合考虑固体潮、海洋负荷潮、极潮、大气负荷潮等影响。采用不同的 GNSS 观测值组合，可建立不同的观测方程。相位双差观测值可消除卫星、接收机钟差以及卫星和接收机的初始相位偏差，高精度 GNSS 基线处理常采用双差观测模型。

通过对同步观测时段数据进行平差处理，可得基线向量估值或法方程，用于后续作网平差。GNSS 基线解一般按天进行分段，对于连续多天观测，可计算得到多个单天解，然后可将这些多天解合并成整体解。

4. 基线网平差基准

利用 GNSS 相对定位只能确定点间的相对几何关系，为此需要确定基线网平差的起算基准。实践中，可采用全球坐标参考框架作为平差基准，例如国际地球参考框架 ITRF 或 IGS(International GNSS Service)框架，也可采用区域参考框架作为平差基准，如 CGCS2000。下面以采用全球坐标参考框架为例进行介绍。通过对全球 ITRF 站或 IGS 站进行强约束实现基准定义，可保证海岛礁地心坐标参考框架与全球地球参考框架的一致性。该方法建立的海岛礁地心坐标参考框架以 ITRF 或 IGS 全球参考框架为基础，在全球基准站的选择方面存在两种方案：一种是在框架覆盖地区周边进行选取，如 CGCS2000 大地坐标参考框架，另一种是在全球范围内进行选取，如欧洲参考框架(EUREF)和非洲参考框架(AFREF)。基于第二种选取方案建立的区域性坐标参考框架与 ITRF 具有更好的一致性。建立海岛礁坐标基准的一种方案是将该地区内和其周围 ITRF 点给以强约束，另一种方案是选择全球稳定的部分 ITRF 点给以强约束。参考基准选取方案不同，所建立的海岛礁坐标基准会有所不同，而且这种差异一般是系统性的。一般情况下，由于 IGS 站坐标精度很高，因 IGS 站作为基准点所引起的系统性误差一般可忽略不计。

考虑地壳运动影响，GNSS 网平差所选基准应具有精确地心坐标和可靠运动速率的 GNSS 卫星定位基准站，例如，选用 ITRF 框架点或 IGS 参考框架点。因此，海岛礁框架网平差一般采用 ITRF 框架和 IGS 框架点进行约束实现，这既可保证海岛礁控制网自身的图形结构，又可确保网解的精度。对于同一框架，设海岛礁框架解为 $\boldsymbol{X}_R$，ITRF 或 IGS 框架解为 $\boldsymbol{X}_I$，两者存在以下相似变换关系(Altamimi，2003)：

$$\boldsymbol{X}_I = \boldsymbol{X}_R + \boldsymbol{H\theta} \tag{2-13}$$

其中，$\boldsymbol{\theta} = [T_X \quad T_Y \quad T_Z \quad D \quad R_X \quad R_Y \quad R_Z]$ 为两者间坐标转换参数，

$$\boldsymbol{H} = \begin{bmatrix} \cdot & \cdot & \cdot & \cdot & \cdot & \cdot & \cdot \\ 1 & 0 & 0 & X_a^i & 0 & Z_a^i & -Y_a^i \\ 0 & 1 & 0 & Y_a^i & -Z_a^i & 0 & X_a^i \\ 0 & 0 & 1 & Z_a^i & Y_a^i & -X_a^i & 0 \\ \cdot & \cdot & \cdot & \cdot & \cdot & \cdot & \cdot \end{bmatrix} \tag{2-14}$$

转化参数 $\hat{\boldsymbol{\theta}}$ 的最小二乘解可表示为：

$$\hat{\boldsymbol{\theta}} = \underbrace{(\boldsymbol{H}^{\mathrm{T}}\boldsymbol{H})^{-1}\boldsymbol{H}^{\mathrm{T}}}_{B}(\boldsymbol{X}_I - \boldsymbol{X}_R) \tag{2-15}$$

若将海岛礁参考框架解 $\boldsymbol{X}_R$ 的基准与 ITRF 或 IGS 在一定不确定性水平下保持一致，可引入最小约束：

$$\boldsymbol{B}(\boldsymbol{X}_I - \boldsymbol{X}_R) = 0 \tag{2-16}$$

它提供了全球参考框架和海岛礁参考框架基准对接的强制约束条件。选取不同的全球参考框架点，可构成不同的约束条件。通常情况下，可设两者的平移参数小于 1mm，尺度参数和旋转参数也等价为 1mm 量级。上述强制约束条件的等价法方程为：

$$\boldsymbol{B}^{\mathrm{T}}\boldsymbol{\Sigma}_{\hat{\boldsymbol{\theta}}}^{-1}\boldsymbol{B}(\boldsymbol{X}_I - \boldsymbol{X}_R) = 0 \tag{2-17}$$

其中，$\boldsymbol{\Sigma}_{\hat{\boldsymbol{\theta}}}$ 为转换参数 $\hat{\boldsymbol{\theta}}$ 的方差协方差矩阵信息。

在未使用任何基准约束前，基于 GNSS 观测和 IGS 轨道及钟差等产品可建立如下法方程：

$$\boldsymbol{N}(\boldsymbol{X} - \boldsymbol{X}_0) = \boldsymbol{K} \tag{2-18}$$

其中，$\boldsymbol{X}_0$ 为区域框架点坐标初值，$\boldsymbol{X}$ 为待估框架点坐标。法方程(2-18)为秩亏方程组。适当选取 ITRF 框架或 IGS 框架与区域框架网重合的框架点，对 GNSS 观测方程施加强制约束条件(2-17)，可得区域框架坐标估值为：

$$\hat{\boldsymbol{X}} = \boldsymbol{X}_0 + (\boldsymbol{N} + \boldsymbol{B}^{\mathrm{T}}\boldsymbol{\Sigma}_{\hat{\boldsymbol{\theta}}}^{-1}\boldsymbol{B})^{-1}[\boldsymbol{K} + \boldsymbol{B}^{\mathrm{T}}\boldsymbol{\Sigma}_{\hat{\boldsymbol{\theta}}}^{-1}\boldsymbol{B}(\boldsymbol{X}_I - \boldsymbol{X}_0)] \tag{2-19}$$

由式(2-19)建立的海岛礁参考框架在不确定水平 $\boldsymbol{\Sigma}_{\hat{\boldsymbol{\theta}}}$ 上可认为与全球参考框架保持一致，即实现了区域参考框架与全球参考框架的对接。

5. 框架网数据处理

在海岛礁大地控制网数据处理中，首先利用海岛礁 CORS 站和基准点的观测数据进行基线解算，统一平差处理后，获取海岛礁大地坐标框架点的坐标，采用相似变换的方法将海岛礁大地控制点成果纳入到全球/区域地心坐标框架中，进而建立陆海统一、高精度、三维地心海岛礁坐标基准。

(1)全球或区域 CORS 站的选取

为使海岛礁大地坐标框架与全球或区域参考框架尽量一致，建立海岛礁大地坐标框架时，需选择全球或区域 CORS 站网(如 CGCS2000 CORS 站网)控制海岛礁 CORS 站数据处理。先对 CORS 站进行初选和统计检验，初选原则是：①CORS 站址尽量均匀分布；②具有可靠的、高精度的特定参考框架下的坐标和速度；③全球或区域 CORS 站网(如 CGCS2000 CORS 站网)运行期间具有良好的观测质量。

依据上面的原则，选取一定数量的全球或区域 CORS 站作为控制，对海岛礁 CORS 站网的单日解进行松弛约束平差，利用已知站速度进行历元归算，得到一个无基准的整体解，然后利用相似变换可将海岛礁 CORS 站网点坐标转换为特定参考框架坐标。

(2)海岛礁大地控制网平差

海岛礁基准网覆盖大陆沿岸及部分海岛礁，为了获得高精度框架点坐标，根据观测条件差异可采用如下措施：

①平差基准的统一。为了减弱整体数据处理时的精度损失，在海岛礁大地控制网整体平差时，选定坐标框架及参考历元后，将各历元 GNSS 观测量归算到同一参考框架、同一参考历元。

②子网之间的系统误差补偿。为了减弱各子网存在的系统误差(包括基准系统差、观测系统差、仪器系统差、轨道和星历系统差、地壳形变系统差等)，在整网体平差中，以海岛礁 CORS 站为框架，对各子网基线向量引入尺度参数和旋转参数。采用具有系统误差参数的平差模型，保证各子网平差基准的一致性。

③异常误差影响控制。海岛礁大地控制网整体平差前，每个同步观测区均需进行异常误差探测。若标准化残差大于 3 倍中误差，则该观测为可疑异常观测，相应的同步观测区可暂不参加平差计算。此后，可考虑抗差估计理论进行参数估计。

(3)海岛礁天文大地网

若前期基于经典大地测量技术获得了具有较高的相对精度和密度的天文大地网成果，为了充分利用这些已有测绘成果，可通过与海岛礁大地控制网联合平差，将这些网点纳入海岛礁坐标基准。为了将这些地面测量控制点统一于同一新的坐标基准，局部地区常采用相似变换模型，如 Bursa 模型、Molodensky 模型和 Veis 模型。由若干个(一般多于 3 个)公共点坐标求得上述 7 个转换参数后即可进行不同坐标系的转换。实际上，受局部地球物理因素的影响，经典大地测量网标定的坐标系统不可避免地存在局部变形，此外，经典大地测量网还受累积误差的影响，两坐标系统间经相似变换后往往还存在数米级残差(杨元喜，2005，2011)。

由于大地坐标系统间的差异主要来自于坐标系统的差异，即原点位置、坐标轴向的定向和尺度的定义差，考虑坐标转换时应优先考虑坐标系统转换；在相似变换的基础上，再考虑对剩余误差进行拟合，使精度较低的坐标框架点符合于精度较高的坐标系统的框架点坐标，使统一后的坐标系统框架点坐标具有较好的一致性。

①天文大地网平差的基准。为使新的联合平差点位坐标统一到海岛礁坐标基准，联合平差时，可对海岛礁空间大地控制网平差结果施加强约束。对参考框架点坐标施加强约束可保证平差结果的基准与 CORS 站坐标基准一致，而且可控制联合平差的误差转移。

②数据归算。为使数据归算严密，天文成果需进行极移改正、综合时号改正和人仪差改正，其他地面观测成果进行垂线偏差改正和高程异常改正。在海岛礁大地控制网的强制控制下，地面网可不再加地壳形变改正。

③模型改进和质量控制。在函数模型方面，可对地面各类测边网引入 9 个尺度参数，以顾及尺度系统误差的影响；在随机模型方面，可对垂直角观测和水平方向观测进行粗差探测和剔除，采用方差分量估计重新标定各类观测量的方差和权。

2.3 海岛礁快速定位技术

2.3.1 海岛礁快速定位特点

对于海岛礁快速静态或动态定位测量，在很多情况下周边无卫星定位基准站，此时需要多频组合卫星定位技术进行长距离动态相对定位测量。此外，也可基于全球或区域 CORS 站网络提供的精密星历和卫星钟差产品，利用精密单点定位技术实现高精度动态定位。

多路径效应严重时将引起载波相位观测值的频繁周跳甚至信号失锁，是导航定位测量中一种重要的误差源，严重影响导航定位的精度。而在海洋这种特殊的环境下，多路径误差成为 GNSS 动态定位中影响定位的重要误差源之一。多路径效应误差与接收机附近自然反射物的性质、天线的结构和卫星仰角有关。随着卫星、反射体及天线的几何性质变化，多路径误差随时间变化成周期性变化，可通过一定时长的连续观测数据加以消除。

2.3.2　GNSS 相对定位技术

随着全球性、区域性以及地方性 GNSS 基准站的建立，开始利用 GNSS 基准网进行高精度 GNSS 快速静态定位和动态定位测量。

1. RTK 技术

利用载波相位观测值可实现快速高精度定位，其差分测量技术一般称为 RTK 技术（Real Time Kinematic），其核心技术是动态快速解算整周未知数。RTK 利用 GNSS 载波相位观测量，并利用基准站和移动站之间观测误差的空间相关性，在短时间内得到厘米级的高定位精度。在 RTK 中通常都采用双差观测值，其观测方程可写为：

$$\lambda \cdot \Delta\nabla\varphi = \Delta\nabla\rho + \Delta\nabla d\rho - \lambda \cdot \Delta\nabla N - \Delta\nabla d_{ion} + \Delta\nabla d_{trop} + \Delta\nabla d_{mp}^{\varphi} + \varepsilon_{\Delta\nabla\varphi} \tag{2-20}$$

式中，$\Delta\nabla$ 为双差算子（在卫星和接收机间求双差）；φ 为载波相位观测值；$\rho = \| \boldsymbol{X}^s - \boldsymbol{X} \|$，为卫星至接收机间的距离，其中 $\boldsymbol{X}^s$ 为卫星星历给出的卫星位置矢量，$\boldsymbol{X}$ 为测站的位置矢量；$d\rho$ 为卫星星历误差在接收机至卫星方向上的投影；λ 为载波的波长；N 为载波相位测量中的整周未知数；d_{ion} 为电离层延迟；d_{trop} 为对流层延迟；d_{mp}^{φ} 为载波相位测量中的多路径误差；$\varepsilon_{\Delta\nabla\varphi}$ 为双差载波相位观测值的测量噪声。实现载波相位差分 GNSS 有两种方法，一种称为修正法，即基准站将载波相位的修正量发送给用户站，对用户站的载波相位进行改正实现高精度定位；另一种称为求差法，即将基准站的载波相位发送给用户站，并由用户站将观测值求差进行解算，实现高精度定位。

2. 网络 RTK 技术

通过在较大的区域内稀疏且均匀地布设一个基准站网，可消除或削弱各种系统误差的影响，获得高精度的定位结果。在网络 RTK 技术中，GNSS 误差模型被区域型 GNSS 网络误差模型所取代，即用多个基准站组成 GNSS 网络来估计一个地区的 GNSS 误差模型。网络 RTK 由基准站网、数据处理中心和数据通信线路组成。网络 RTK 技术依靠网络将基准站连接到计算中心，联合若干基准站数据解算消除电离层、对流层等影响，提高 RTK 定位可靠性和精度。对于 GNSS 双差观测方程：

$$\lambda(\Delta\nabla\varphi + \Delta\nabla N) - \Delta\nabla\rho = \Delta\nabla d\rho - \Delta\nabla d_{ion} + \Delta\nabla d_{trop} + \Delta\nabla d_{mp}^{\varphi} + \varepsilon_{\Delta\nabla\varphi} \tag{2-21}$$

式中，$\lambda(\Delta\nabla\varphi + \Delta\nabla N)$ 是由两个基准站上的载波相位观测值组成的双差观测值；$\Delta\nabla\rho$ 为已知的双差距离值，可由卫星星历给出的卫星坐标与已知的基准站坐标求得，

$$\lambda(\Delta\nabla\varphi + \Delta\nabla N) - \Delta\nabla\rho = \sigma_{\rho} \tag{2-22}$$

从式（2-21）可以看出，σ_{ρ} 是由 $\varepsilon_{\Delta\nabla\varphi}$ 以及求双差后仍未完全消除掉的残余的轨道偏差 $\Delta\nabla d\rho$、残余的电离层延迟 $\Delta\nabla d_{ion}$、残余的对流层延迟项 $\Delta\nabla d_{trop}$ 组成。其中，$\Delta\nabla d_{mp}^{\varphi}$ 及 $\varepsilon_{\Delta\nabla\varphi}$ 与两站间距离无关。通过选择适当的站址，采用抑径圈天线，可将 $\Delta\nabla d_{mp}^{\varphi}$ 控制在较小的范围内，通过选择高质量的 GNSS 接收机可将 $\varepsilon_{\Delta\nabla\varphi}$ 控制在很小的范围内。$\Delta\nabla d\rho$、$\Delta\nabla d_{ion}$、$\Delta\nabla d_{trop}$ 与

测站间的距离有关，当距离较短时，这三项误差的影响一般可忽略不计，因而由历元观测值即可获得厘米级的定位精度。但随着距离的增加，这三项误差的影响将越来越大，从而使定位精度迅速下降。在中长距离实时动态定位中与距离有关的误差占据了主导地位。因此，为了在中长距离实时动态定位也获得厘米级的定位精度，需要设法消除或大幅度削弱上述三项误差的影响。假设 σ_ρ 是线性变化，则根据基准站上求得的 σ_ρ 进行线性内插，求得流动站的 σ_ρ ，然后对双差载波相位观测值进行修正，可削弱其影响。

3. 虚拟基准站技术

虚拟基准站技术是设法在流动站附近建立一个虚拟的基准站，并根据周围各基准站上的实际观测值解算出该虚拟基准站上的虚拟观测值。由于虚拟站离流动站很近，一般仅相距数米甚至更近。故动态用户只需采用常规 RTK 技术就能与虚拟基准站进行实时相对定位，获得较准确的定位结果。

在虚拟基准站技术中，用户首先进行单点定位，求得测站的粗略位置并实时将它们传送给数据处理中心。数据处理中心通常就将虚拟基准站 P 设在该点上。此时虚拟站 P 离真正的流动站 u 位置可能相距几十米左右。然后对用户站单点定位结果进行一次差分改正，此时虚拟站 P 离真正的流动站 u 的距离一般仅为数米或更近，将虚拟基准站 P 设在差分改正后的位置上。

虚拟基准站法的关键在于构建虚拟基准站上的观测值。基准站间的双差观测值 $\lambda(\Delta\nabla\varphi+\Delta\nabla N)$ 与距离双差 $\Delta\nabla\rho$ 之间的差值可据观测值、已知站坐标及卫星星历求得，为已知值。通过内插即可求得作为参考点的基准站 A 和虚拟基准站间两者的差值。求得两者之差后即可据下式计算双差观测值 $\lambda(\Delta\nabla\varphi_{PA}+\Delta\nabla N_{PA})$ ，

$$\lambda(\Delta\nabla\varphi_{PA}+\Delta\nabla N_{PA})=\Delta\nabla\rho_{PA}+\sigma_{\rho_{PA}} \tag{2-23}$$

其中，$\Delta\nabla\varphi_{PA}+\Delta\nabla N_{PA}=\nabla\varphi_A-\nabla\varphi_P+\Delta\nabla N_{PA}$ 。$\nabla\varphi_A$ 为基准站在两颗卫星间求一次差，可据载波相位观测值求得。$\Delta\nabla N_{PA}$ 为双差整周未知数，可在初始化过程中采用 OTF 法确定，于是在虚拟基准站上的单差观测值 $\nabla\varphi_P$ 便被求出。数据处理中心将该观测值播发给动态用户 u 后，即可与流动站上的单差观测值相减组成双差观测值进行动态定位：

$$\Delta\nabla\varphi_{uP}=\nabla\varphi_P-\nabla\varphi_u \tag{2-24}$$

4. FKP 技术——主辅站技术

主辅站技术的基本要求就是将基准站的相位距离简化为一个公共的整周未知数水平。如果相对于某一个卫星与接收机“对”而言，相位距离的整周未知数已经被消去，或被平差过，那么当组成双差时，整周未知数就被消除了，此时可以说两个基准站具有一个公共的整周未知数水平。

主辅站技术的优势在于支持单向和双向通讯；为流动站用户提供了极大的灵活性，能够对网络改正数进行简单的、有效的内插，对流动用户的数量也不限制；提供网络数据是相对于真实的基准站，不是虚拟的；流动站可以获取基准站网的所有有关电离层和几何形态误差的信息，并以最优化的方式利用这些信息，增强了系统和用户的安全性。

为了估算有关的参数，包括网络的整周未知数及大气模型，使用了卡尔曼滤波的非差码及载波相位观测值。依靠处理未经差分的观测值，增加了可资利用的数据的数量，降低了系统对数据缺失的敏感性，并使得系统能够更有效地估算大气及其他误差，可以1Hz的

速率更新，并连续不断地进行处理，以确保任何时候流动站用户都可以接入，并获取所需要的网络改正数。

除了网络整周未知数之外，卡尔曼滤波还被用来估算确定性的电离层和对流层模型，卫星和接收机时钟，以及卫星轨道。随机的模型也被用于电离层和卫星时钟，以确保这些误差被最高保真度地模型化。预报精密轨道信息也可以被用于进一步精化解算，使用LAMBDA解算整周未知数，并且连续不断地重复检核整周未知数的解，以确保它们的固定解具有最大可能的可靠性。

2.3.3 GNSS精密单点定位技术

GNSS精密单点定位技术(Precise Point Positioning，PPP）是指在外部高精度GPS卫星轨道和钟差产品的支持下，对单个测站的非差GPS伪距和相位观测值数据进行处理，获得分米级、厘米级甚至毫米级定位结果的一种GPS数据处理技术。传统GNSS单点定位利用伪距观测值以及广播星历所提供的卫星轨道参数和卫星钟改正数进行计算。但由于伪距观测值的精度一般为数分米至数米，广播星历提供的卫星位置的误差可达数米至数十米，卫星钟改正数的误差为±20ns左右，一般只能用于低精度领域中。目前IGS精密星历精度优于5cm，卫星钟差精度为0.1~0.2ns，接收机性能的不断改善，大气延迟改正模型和改正方法的深入，故此出现了利用高精度的GNSS精密星历、卫星钟差和双频载波相位观测量，采用非差模型进行精密单点定位的方法，其单天解的精度在水平方向和垂直方向分别为1cm和2cm，利用GNSS精密预报星历和实时估计的卫星钟差进行实时动态定位时，其精度为分米级。

非差定位模式和其他差分模式相比具有很多优点：可用观测值多，保留了所有观测信息，能直接得到测站坐标，并且各个测站的观测值不相关，有利于质量控制，测站与测站之间无距离限制等。

1. 观测方程

在精密单点定位中，采用精密星历消除卫星轨道误差项，利用卫星钟差估计值消去卫星钟差项，采用双频载波观测值消除了电离层影响。

测码伪距的观测方程为：

$$P(t_r)=\rho-c\delta t_s+c\delta t_r+\delta\rho_{\mathrm{trop}}+\delta\rho_{\mathrm{ion}}+\delta\rho_{\mathrm{mul}}+\delta\rho_{\mathrm{rel}}+\varepsilon_P \tag{2-25}$$

其载波相位观测值误差方程为：

$$v_\varphi^j(i)=\rho^j(i)+c\cdot\delta t(i)+\delta\rho_{\mathrm{trop}}^j(i)-\delta\rho_{\mathrm{ion}}^j(i)+\lambda\cdot N^j(i)-\lambda\cdot\Phi^j(i)+\varepsilon_\varphi \tag{2-26}$$

式中，j为卫星号，i为相应的观测历元，c为真空中光速，$\delta t(i)$为接收机钟差，$\delta\rho_{\mathrm{trop}}^j(i)$为对流层延迟影响，$\varepsilon_\varphi$为多路径和观测噪声等未模型化的误差影响，$\Phi^j(i)$为相应卫星$i$历元时消除了电离层影响的组合观测值，$v_\varphi^j(i)$为其观测误差，$\lambda$为相应的波长，$\rho^j(i)$为信号发射时刻的卫星位置到信号接收时刻接收机位置之间的几何距离，$N^j(i)$为消除了电离层影响的组合观测值的整周未知数。

2. 精密误差改正

非差观测模型需精确估计3类误差源的影响：①信号发生源误差(即卫星)；②信号接收源误差(即测站)；③信号传播路径误差。这些误差可利用各种精确模型计算改正。

信号发生源误差改正包括卫星钟差改正(采用钟差内插的方法进行改正)，卫星轨道误差改正(采用预报精密星历内插的方法进行改正)，相对论效应、卫星天线相位中心偏差和天线相位缠绕改正。信号接收源误差改正包括接收机钟差改正(作为待定参数解算)，地球固体潮改正，海洋潮汐改正，地球自转改正。信号传播路径误差包括对流层延迟、电离层延迟改正和多路径效应(可采用较长时间观测以及半参数法等方法)。

精密单点定位的前提之一是应用精密卫星钟差参数，精密单点定位要求卫星轨道精度需达到几厘米水平。广播星历计算得到卫星轨道精度大约为 10m，无法满足 PPP 的精度要求。卫星轨道位置一般是以一定的间隔给出，在获取卫星轨道信息后，需采用内插的方法获得高采样率时刻的卫星位置。IGS 目前向全球提供的精密星历和精密钟差主要包括事后、快速和预报三种类型，相应的时间间隔为 15min、5min、15s。在实际定位中，接收机的采样率根据需要各不相同，一般多为 30s、15s、1s，甚至更密，因此，存在对精密卫星钟差进行内插的问题，以便和用户接收机的采样率保持一致。①可采用卫星钟差的内插方法。一般可采用分段 3 次埃尔米特插值的方法对卫星的 12h 的钟差进行内插，得到 30s 采样率的卫星钟差。由 GNSS 卫星内插试验结果表明，用 IGS 15min 精密卫星钟差内插得到的卫星钟差和 JPL 的结果的差值在 0~0.45ns，用 IGS 5min 精密卫星钟差内插得到的 30s 间隔的卫星钟差，和 JPL 根据全球数据计算的 30s 间隔的卫星钟差的差值在 0~0.35ns，因此，用内插方法得到的高采样率的卫星钟差可以应用于精密单点定位。②精密单点定位可采用直接内插 IGS 卫星精密星历的方法得到卫星轨道参数，然后利用它与若干个 IGS 跟踪站数据进行卫星钟差估计，这些钟差是在固定卫星轨道、测站坐标、整周模糊度及对流层延迟参数的情况下估计出来的。利用这种方法估计的卫星钟差的精度为 0.2~0.3ns。

随着用户需求的不断提高，IGS 提供的产品种类也有所增加，增加提供 IGS 站的对流层天顶延迟、精密卫星钟差等产品。IGS 及其分析中心提供的卫星钟差精度已经达到 150ps，其他产品质量也较原来有较大改善。

对流层延迟是精密单点定位中一个重要的误差源，采用的计算模型有 Hopfield 模型、Saastamoinen 模型。常用的投影函数有 Marini 模型、Chao 模型、Davis 模型和 Niell 模型等。Niell 模型是高精度 GNSS 定位中广泛采用的投影函数，上述各种投影函数一般都作了如下简化处理：认为对流层延迟只与卫星的高度角 E 有关而与卫星的方位角 A 无关，故投影函数中不包含参数 A。在非差相位精密单点定位中，采用了 Niell 投影函数。利用模型改正后，一般仍会有数厘米的残差，因此还需要一阶高斯马尔可夫过程等方法来进行模拟。用随机游走方法来估计对流层延迟残差比用白噪声方法估计的结果要好。

电离层常用的模型有单层模型和 Kobuchar 模型，经验表明，该模型改正仅改正电离层影响的 50%~60%，理想情况下可改正至 75%。对于双频码相位接收机来说，通常利用双频观测值的组合消除电离层影响项，可以不考虑电离层一阶项的影响，剩余的高阶项影响为 2~4cm。随着区域 CORS 站网络的发展，利用电离层网格改正方法求电离层折射改正已成为一种新的途径。

3. 数据预处理

数据预处理主要包括观测粗差的剔除和周跳的探测与修复。观测粗差的剔除可以直接根据观测值间的某种特定关系，设置一定的阈值，让质量差的观测值不参与计算；还可以采用残差分析法剔除观测粗差，残差分析法是数据处理中粗差剔除的一种非常有效的方法。非差定位中观测值周跳探测与修复要比差分定位模式更为困难，可利用 GNSS 数据的不同频率的载波和伪距的特性，基于 M-W 组合和非差双频观测值进行周跳探测和修复并剔除观测粗差，然后将干净的观测数据写入新的数据文件。

在精密单点定位中，必须先进行剔除粗差、修正周跳和相位平滑伪距等数据预处理工作，以得到高质量的非差相位和伪距观测值。由于非差单点定位只有单站数据能用，无法组成双差或三差观测值，通常消除周跳的方法——三差法、多项式拟合法都不适用。Blewitt 提出的利用双频双 P 码组合观测值修复周跳的方法适于清除非差周跳。用于探测非差周跳的观测值线性组合有 Melbourne-Wübbena 组合观测值、无电离层组合观测值、Geometry-Free 组合观测值。

完成数据预处理后，在进行实时非差精密单点定位时，需要利用伪距观测值来确定载波相位观测值的模糊度，需要注意的是，该模糊度无法固定为整数，为实数值。模糊度参数一旦被确定以后，用户就有可能逐历元解算以进行实时动态定位，试验结果表明，单点定位解 B、L、H 三个坐标分量的 RMS 值均优于 5cm，这三个坐标分量与真值之差均优于 10cm。

模糊度解算是精密单点定位的另一关键问题。可通过求解未校正的相位延迟卫星间的单差改正数，实现 PPP 中整数模糊度的固定方法，即根据对于同一卫星，其初始钟差引起的模糊度小数部分影响是不变的，及对于同一接收机，接收机初始钟差对每颗卫星的模糊度参数的影响是一致的原理，先消除或求解这些影响，再估计固定模糊度参数。另外，本项目还将研究宽波固定中伪距精度较低时的处理方法；研究采用不同的观测值组合固定模糊度的可能性；研究利用多模多频数据快速确定模糊度的方法等，以提高精密单点定位的可靠性和适用性。

对于分米级单历元动态定位可应用于海岛礁测量的飞机、船舶等运动载体的精密位置确定，受作业环境的影响可能会出现观测数据时断时续的情况，采用传统的解算方法，会出现观测值不足，导致解得强度不够，造成解算结果出现分段，影响定位精度，在数据处理中通过对中断前后两观测时间段的有效连接与约束，建立连续观测中断后快速重现初始化的方法与数学模型，可解决连续高精度解算中的间断问题。

第3章 海岛礁垂直基准

海岛礁及周边地形要素的高程需要基于高程基准或深度基准描述。建立高程基准和深度基准及其转换关系，是开展海岛礁测绘的重要基础。高程基准、深度基准和重力基准，可统称为大地测量垂直基准。本章介绍垂直基准定义、实现及其相互转换的技术和方法。

3.1 概述

大地测量中用于表示垂直方向一维坐标的垂直参考面主要有如下5种：参考椭球面、(似)大地水准面、平均海面、深度基准面和平均大潮高潮面，它们之间的几何关系如图3.1所示。

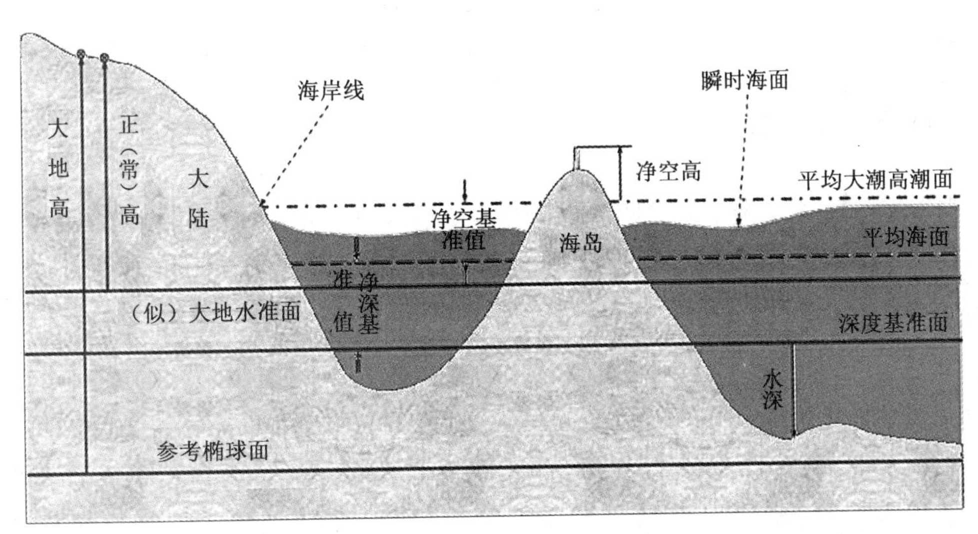

图3.1 表示垂直方向坐标的垂直基准面或参考面

用于描述垂直方向坐标的量主要包括大地高、正(常)高和水深。大地高是空间点相对于参考椭球面沿法线方向的高度，即大地高以参考椭球面为参考面；正(常)高是重力场空间中的近地点相对于(似)大地水准面的高度，正(常)高的基准面是(似)大地水准面；水深是水体内空间点或水体底部到深度基准面的垂直距离，水深的基准面是深度基准面。

地面点大地高 H 可由两部分表示：$H = h^{*} + \zeta = h + N$。第一部分是地面点的海拔高，也称地形高度，即正高 h 或正常高 h^* ；第二部分是高程基准面的高度，即(似)大地水准面高 $N(\zeta)$，$N(\zeta)$ 是相对于正常椭球面的大地高。由于全球 N 值在-107~85m 范围，大地高相等的两个地面点，重力位一般不相等，因此，大地高通常不用于描述地面点的地势。而正(常)高相等的两个地面点，其重力位值相差很小，因此，大地测量中的高程通常是指地球重力场空间中的正高或正常高。

海洋水深测量所获得的深度，是从测量时的瞬时海面起算。受潮汐、海流、风浪等多种因素影响，海面高潮和低潮之差最大可达十几米，同一地点、不同时间实际测得的水深不一样。为此，需要规定一个固定的基准面作为描述海洋深度的起算面，将不同时刻测深结果归算到该基准面上，这个起算面就是深度基准面。

为保证海洋船舶的航行安全，一般要求深度基准面在当地海域的低潮位之下。以深度基准面为起算面的水深值在绝大部分时间里比瞬时水深值要小，深度基准故此也称为净深基准。大地测量中，用深度基准面相对于当地平均海面的垂直距离 L 来表示深度基准，L 也称为净深基准值，其大小由当地海域的海洋潮汐特征决定。因此，平均海面又是深度基准的起算面。

在涉海领域，还有一个重要的参考面就是平均大潮高潮面。平均大潮高潮面与海岸或海岛地面相截，得到的就是海岛理论岸线或海岛岸线。平均大潮高潮面还是跨海桥梁、海上助航标志的净空高和海岸防护建筑物顶面保守高的高程基准面。通常称以平均大潮高潮面为基准面的垂直基准为净空基准，其高程根据实际需要或称为净空高，或称为保守高。

3.2　海岛礁高程基准

地面高程用相对于某一基准面的高度来表示，该基准面通常选用大地水准面。不同地面点间的高程之差称为高差，它反映了地形起伏。高程系统规定了近地空间点高程的起算基准和度量标准。常用的高程系统有正高系统和正常高系统两种。正高系统以大地水准面为基准面，大地水准面的确定基于 Stokes 边值问题求解；正常高系统以似大地水准面为基准面，似大地水准面的确定基于 Molodensky 边值问题求解。

传统的高程基准规定了高程测量的起算点，该起算点称为水准原点，其高程值用水准原点相对于附近某一长期验潮站平均海面的高差表示，即约定该长期验潮站平均海面的高程为零。高程系统在地球重力场空间中采用理论公式定义。高程基准通过一系列确定了地面站点(如水准点)的高程值(或重力位值)来实现，以便人们利用自身所处的近地空间地球重力场环境来研究和解决实际问题。地面点的高程可采用水准测量，按水准高差逐站传递的方式测定。现代高程基准常由重力(似)大地水准面数字模型来体现，用重力(似)大地水准面模型直接实现的高程基准也称为数字高程基准(李建成，2012)。

广阔的海洋上只有零星分布的海岛礁，无法通过布测高程控制网来实现海岛礁海洋高程基准，海岛礁高程基准主要通过确定或精化海洋大地水准面来实现。建立海岛礁高程基准的主要工作包括：海岸带海域地球重力场数据获取，利用重力场数据精化海岸带海域重力(似)大地水准面，利用海岸带 GNSS 水准控制数据确定其与区域高程基准的关系，并将(似)大地水准面在区域地球参考框架中表示。

3.2.1 地球重力场基本概念

地球重力场是高程基准实现的理论基础。利用地球外部(地面)重力场测量数据，通过求解地球重力场边值问题，能确定或精化高程基准面，即(似)大地水准面。

(1)引力与引力位

由牛顿万有引力定律可知，两个质点之间的引力，其大小与两质点质量的乘积成正比，与两质点间的距离平方成反比，方向在两质点的连线上：

$$\boldsymbol{F} = -\frac{Gmm'}{L^2}\frac{\boldsymbol{L}}{L} \tag{3-1}$$

式中，m 、m' 分别表示两质点的质量；$\boldsymbol{L}$ 和 L 分别表示两质点间坐标差向量及向量的模 $L = \|\boldsymbol{L}\|$；G 为万有引力常数。

若被吸引点的质量 m' 为单位质量，则引力可表示为：

$$\boldsymbol{F} = -\frac{Gm}{L^2}\frac{\boldsymbol{L}}{L} \tag{3-2}$$

设有一个标量函数，它对被吸引点各坐标轴方向的偏导数等于引力在相应方向上的分量，则此函数称为引力位函数，简称引力位或引力势，其形式为 $V = Gm/L$ 。一般情况下，吸引质量不是一个质点，而是一个质体。将质体 Ω 分成许多微小质元 $\mathrm{d}m$ ，则质体对其外部空间任意点 $P(x, y, z)$ 的引力位可表示为：

$$V = G\int_\Omega \frac{\mathrm{d}m}{L} = G\int_\Omega \frac{\rho}{L}\mathrm{d}\Omega, \qquad M = \int_\Omega \mathrm{d}m = \int_\Omega \rho\mathrm{d}\Omega \tag{3-3}$$

式中，$\rho = \mathrm{d}m/\mathrm{d}\Omega$ 为质元的密度；$\mathrm{d}\Omega$ 为质元的体积；M 为质体的总质量。

(2)重力与重力位

地球空间重力向量 $\boldsymbol{g}$ 是地球引力 $\boldsymbol{F}$ 和离心力 $\boldsymbol{P}$ 的合力 $\boldsymbol{g}=\boldsymbol{F}+\boldsymbol{P}$，如图 3.2 所示。重力向量 $\boldsymbol{g}$ 的方向是(铅)垂线方向，重力向量 $\boldsymbol{g}$ 的模 $g = \|\boldsymbol{g}\|$ 也狭义地简称为重力。

图中 (r, θ, λ) 为 P 点的球坐标，其中 r 为地心距；θ 为地心余纬度，又称极矩；λ 为经度。球坐标 (r, θ, λ) 与空间直角坐标 (x, y, z) 有如下转换关系：

$$x = r\sin\theta\cos\lambda, \quad y = r\sin\theta\sin\lambda, \quad z = r\cos\theta \tag{3-4}$$

离心力 $\boldsymbol{P}$ 是因地球自转而出现的惯性力。在以地球自转轴为 z 轴的地心地固坐标系统中，单位质量的离心力可表示为：

$$\boldsymbol{P} = \omega^2 (x \quad y \quad 0)^{\mathrm{T}} = \omega^2 \boldsymbol{l} \tag{3-5}$$

式中，ω 为地球自转角速度；$\boldsymbol{l}(x, y)$ 为地心向径 $\boldsymbol{r}(x, y, z)$ 在赤道面上的投影向量。离心力也可有离心力位函数，简称离心力位：

$$\Psi = \frac{1}{2}\omega^2(x^2 + y^2) = \frac{1}{2}\omega^2 r^2 \sin^2\theta \tag{3-6}$$

引力位 V 和离心力位 Ψ 之和称为重力位：

$$W = V + \Psi \tag{3-7}$$

(3)扰动位与 Poisson 积分公式

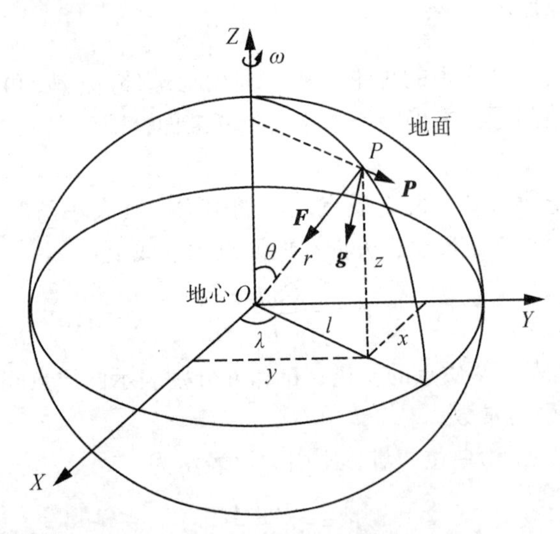

图 3.2　引力、离心力和重力

扰动位定义为同一点的重力位 W 与正常重力位 U 之差，它等于同一点的引力位 V 与正常引力位 V_e 之差。

地球外部任意点的正常重力位等于正常引力位和离心力位之和，是已知量，因此，扰动位完全决定了重力位，也就决定了地球重力场。扰动位 T 用公式表示为：

$$T = W - U = V - V_e \tag{3-8}$$

(4)(似)大地水准面与正(常)高

设地球外部某点的扰动位为 T，相应的正常重力为 γ，则球近似下该点的高程异常 ζ 定义为：

$$\zeta = \frac{T}{\gamma} \tag{3-9}$$

地球外部空间点的高程异常可称为地球外部高程异常。若该点位于地面时，对应的高程异常称为地面高程异常。式(3-9)适合大地水准面、地面及地球外部空间。

从正常椭球面沿法线方向向上量取地面高程异常值后，形成的曲面叫做似大地水准面，因此地面高程异常等于似大地水准面(大地)高。似大地水准面不是重力等位面。似大地水准面是正常高系统的基准面，由似大地水准面作为基准面的高程叫正常高。我国国家高程系统采用以似大地水准面为基准面的正常高系统。

在式(3-9)中，当空间点的海拔高为零时，对应的高程异常就是大地水准面高 N，即大地水准面上的高程异常等于大地水准面高：

$$N = \frac{T_0}{\gamma_0} \tag{3-10}$$

式中，T_0、γ_0 在大地水准面上取值。

式(3-9)和式(3-10)是地球外部重力场和物理大地测量学中的基本公式，称为布隆斯(Bruns)公式。

大地水准面、似大地水准面、正高、正常高之间的几何关系如图3.3所示。在远离大陆的大洋地区，大地水准面与似大地水准面重合。

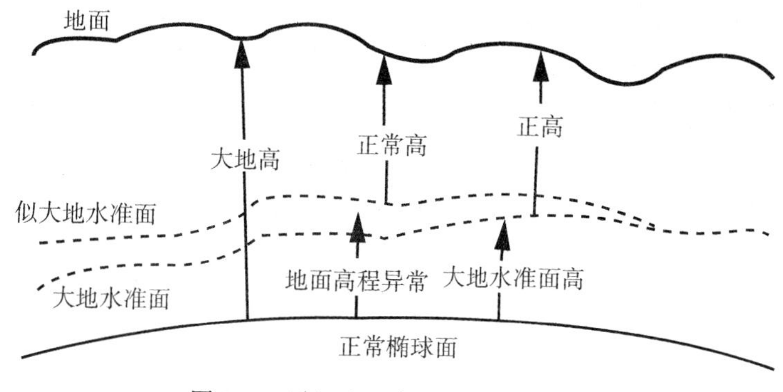

图3.3 (似)大地水准面与正(常)高

(5)扰动重力、垂线偏差与空间重力异常

扰动重力、垂线偏差和空间重力异常都是扰动位对坐标一阶偏导数的函数。扰动重力 δg 定义为扰动位 T 的梯度在重力方向 $\boldsymbol{n}=\boldsymbol{g}/g$ 上的分量，球近似下即为扰动位 T 的梯度在地心向径 r 反向上的分量：

$$\delta g=\frac{\partial T}{\partial n}\approx-\frac{\partial T}{\partial r}=g-\gamma,\quad \boldsymbol{n}=\boldsymbol{g}/g\approx-\boldsymbol{r}/r \tag{3-11}$$

式中，∂n 表示对垂线方向 $\boldsymbol{n}$ 的偏微分；∂r 表示对地心向径方向 $\boldsymbol{r}$ 的偏微分。

由式(3-11)可知，球近似下扰动重力 δg 是同一点的重力 g 与正常重力 γ 之差。

垂线偏差等于高程异常的水平导数，是重力方向与正常重力方向的夹角在当地水准面上的投影，常用子午圈分量 ξ 和卯酉圈分量 η 表示，约定向南和向西为正。

$$\xi=-\frac{\partial\zeta}{\partial u}=-\frac{1}{r}\frac{\partial\zeta}{\partial\varphi}=\frac{1}{r}\frac{\partial\zeta}{\partial\theta},\quad \eta=-\frac{\partial\zeta}{\partial v}=-\frac{1}{r\cos\varphi}\frac{\partial\zeta}{\partial\lambda}=-\frac{1}{r\sin\theta}\frac{\partial\zeta}{\partial\lambda} \tag{3-12}$$

式中，(u,v) 为待考察空间点处的当地水平坐标。

垂线偏差刻画了空间点处水准面相对于正常水准面的倾斜。当计算大地水准面上垂线偏差时，可将式(3-12)的 r 用地球平均半径 R 代替，ζ 用大地水准面高 N 代替。

空间重力异常，简称空间异常 Δg，它与扰动位 T 的关系满足重力测量基本方程：

$$\Delta g=\frac{\partial T}{\partial n}+\frac{1}{\gamma}\frac{\partial\gamma}{\partial n}T\approx-\frac{\partial T}{\partial r}-\frac{2T}{r}=\delta g-\frac{2T}{r} \tag{3-13}$$

式中，“≈”的左边为空间异常的严密定义，“≈”的右边是球近似下空间异常的表达式。

(6)地球重力场模型

①扰动重力场球谐展开：

地球外部引力位 $V(r,\theta,\lambda)$ 可表达为如下完全规格化的球谐展开式：

$$V(r,\theta,\lambda)=\frac{GM}{r}\sum_{n=0}^{\infty}\left(\frac{a}{r}\right)^{n}\sum_{m=0}^{n}(\bar{C}_{nm}\cos m\lambda+\bar{S}_{nm}\sin m\lambda)\bar{P}_{nm}(\cos\theta) \tag{3-14}$$

式中，a 为正常椭球长半轴；$\bar{C}_{nm}$，$\bar{S}_{nm}$ 称为完全规格化的 Stokes 系数，又称位系数；$\bar{P}_{nm}(\cos\theta)$ 称为以 $\cos\theta$ 为自变量的完全规格化缔合 Legendre 函数；n 称为位系数的阶；m 称为位系数的次。

地球外部正常引力位 V_e 是调和的谐函数，也可以表示成球谐级数形式。将地球外部引力位球谐级数式(3-14)与正常引力位 V_e 球谐级数(规格化后)相减，就得到地球外部空间点 $P(r,\ \theta,\ \lambda)$ 扰动位 T 的球谐级数：

$$T = \frac{GM}{r}\sum_{n=2}^{\infty}\left(\frac{a}{r}\right)^n\sum_{m=0}^{n}(\delta\bar{C}_{nm}\cos m\lambda + \bar{S}_{nm}\sin m\lambda)\bar{P}_{nm}(\cos\theta) \tag{3-15}$$

式中，

$$\delta\bar{C}_{2n,\ 0} = \bar{C}_{2n,\ 0} + \frac{J_{2n}}{\sqrt{4n+1}},\quad \delta\bar{C}_{2n,\ m} = \bar{C}_{2n,\ m}(m > 0),\quad \delta\bar{C}_{2n+1,\ m} = \bar{C}_{2n+1,\ m} \tag{3-16}$$

显然，地球外部扰动位 T 也是调和的谐函数。由于正常椭球体质量等于地球质量，因此零阶位系数等于零；由于正常椭球中心与地球质心重合，因此 3 个一阶位系数也等于零。所以，通常情况下地球重力场位系数的阶数 $n \geqslant 2$。

将式(3-15)分别代入重力场参数定义式(3-11)～式(3-13)后，就可得到地球外部空间点 $P(r,\ \theta,\ \lambda)$ 的扰动重力、垂线偏差和空间异常球谐展开式：

$$\delta g = \frac{GM}{r^2}\sum_{n=2}^{\infty}(n+1)\left(\frac{a}{r}\right)^n\sum_{m=0}^{n}(\delta\bar{C}_{nm}\cos m\lambda + \bar{S}_{nm}\sin m\lambda)\bar{P}_{nm}(\cos\theta) \tag{3-17}$$

$$\xi = \frac{GM}{\gamma r^2}\sum_{n=2}^{\infty}\left(\frac{a}{r}\right)^n\sum_{m=0}^{n}(\delta\bar{C}_{nm}\cos m\lambda + \bar{S}_{nm}\sin m\lambda)\frac{\partial}{\partial\theta}[\bar{P}_{nm}(\cos\theta)] \tag{3-18}$$

$$\eta = \frac{GM}{\gamma r^2\sin\theta}\sum_{n=2}^{\infty}\left(\frac{a}{r}\right)^n\sum_{m=1}^{n}m(\delta\bar{C}_{nm}\sin m\lambda - \bar{S}_{nm}\cos m\lambda)\bar{P}_{nm}(\cos\theta) \tag{3-19}$$

$$\Delta g = \frac{GM}{r^2}\sum_{n=2}^{\infty}(n-1)\left(\frac{a}{r}\right)^n\sum_{m=0}^{n}(\delta\bar{C}_{nm}\cos m\lambda + \bar{S}_{nm}\sin m\lambda)\bar{P}_{nm}(\cos\theta) \tag{3-20}$$

式中，γ 为地球外部空间点 $P(r,\ \theta,\ \lambda)$ 的正常重力。

②地球重力场模型：

通过建立类似于式(3-15)、式(3-17)～式(3-20)的扰动重力场参数与位系数之间关系，利用地球重力场测量数据，就可以推算位系数。可见，地球重力场可以用一组位系数来表达，这组位系数就称为地球重力场模型或地球重力位模型、全球重力场模型(Global Gravity Field Model，GGM)。由于推算位系数时所采用的数据类型和数量不同，所以有不同的地球重力场模型。

理论上 n 应趋向无穷大，但通常只能确定有限阶数的位系数来表达对实际地球重力场的逼近。n 阶面球函数由 $2n+1$ 个线性无关的同阶面球函数构成，式(3-14)中 0 ~ N 阶的引力位球谐展开式应有 $(N+1)^2$ 个独立位系数。扣除等于零的 1 个零阶项系数和 3 个一阶项系数，则给定至 N 阶的地球重力场模型共有 $(N+1)^2 - 4$ 个独立的位系数。阶数越高的地球重力场模型包含的位系数越多，例如 360 阶地球重力场模型共有 $(360+1)^2 - 4 = 130317$ 个位系数。

图 3.4 为由 2190 阶 EGM2008 地球重力场模型推算的 5′×5′模型空间异常。

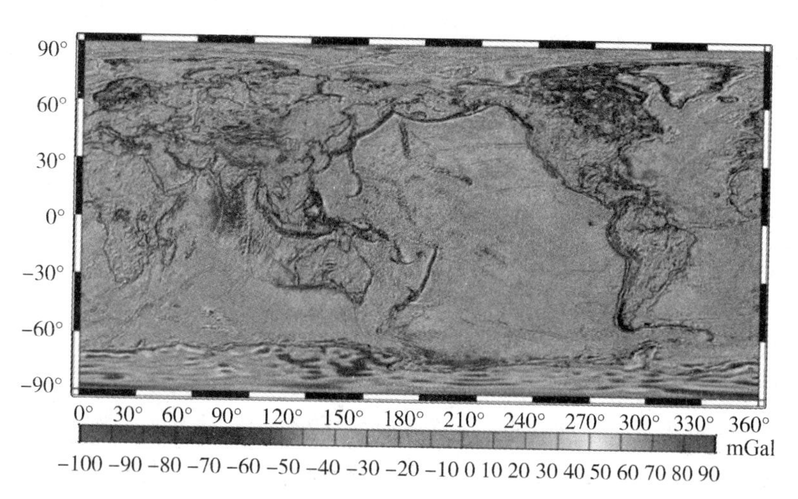

图 3.4 EGM2008 推算的 5′×5′模型空间异常

3.2.2 地面与海洋重力测量

重力基准为相对重力测量提供统一的重力起算基准和尺度控制，需要在地面上用绝对重力仪测定绝对重力值，并以此为基准布测高精度重力控制网。

3.2.2.1 地面重力控制测量

重力基本网为以相对重力测量技术为主的一、二等重力控制测量、地面加密重力测量、航空重力测量、海洋重力测量提供起算基准，为卫星重力场检核和重力卫星载荷标定提供依据，为各种型号的地面(海岛礁)、航空、海洋等相对重力仪的检核和标定提供尺度控制。重力基本网布设一般遵循以下原则：

①重力基本网至少由三个或以上高精度绝对重力点、若干个高精度相对重力点以及若干条用于检核和标定相对重力仪的长基线和短基线构成。

绝对重力点也称为重力基准点，相对重力点也称为重力基本点。重力基准点和重力基本点统称为基本重力点。

②基本重力点的布设应有效地覆盖整个区域，包括大陆和海洋，并延伸到区域边缘。其分布密度应与当前的重力测量水平和重力仪性能相适应。

③重力基本网一般布设成闭合环状。基本重力点一般应在交通便利的城市及周边布设，以便进行高精度的绝对重力测量和基本重力点间的相对重力联测。

④重力长基线应基本控制整个区域范围内的重力差，即最大重力值应接近或不小于该区域地面重力的最大值，最小重力值应接近或不大于该区域地面重力的最小值。长基线大致沿南北方向布设，每个基线点应为重力基准点。

⑤选择若干有合适大小重力落差的地区，布设重力短基线，用于相对重力仪检核和格值函数的确定。短基线至少有一个端点与基本重力点联测。

⑥为方便应用，可在基本重力点附近设置重力引点，引点一般为相对重力点。

重力基本网施测工作主要有重力基准点的绝对重力测量和全部基本重力点间的相对重力联测。

(1)基本施测方法

重力基准点用高精度绝对重力仪测定重力值，重力基准点之间、重力基本点之间以及基准点与基本点之间用高精度相对重力仪联测；短基线采用高精度相对重力联测基线点的重力值；引点按重力基本网同等精度要求采用相对重力仪联测；基本重力点的坐标可采用卫星定位确定。

(2)绝对重力测量

绝对重力测量要选用当前较高精度的绝对重力仪，其标称重复性精度一般不低于5μGal。重力基准点的绝对重力测量工作由绝对重力观测准备、绝对重力观测和垂直梯度观测三部分组成。

①绝对重力观测准备，包括检查和调整激光稳频器、激光干涉仪和时间测量系统，调整测量光路的垂直性，调整超长弹簧的参数，确认绝对重力仪处于正常运行状态。

②绝对重力观测，包括仪器安装、调试，绝对重力观测，外业计算与检查等。

③垂直梯度观测，是指每个重力基准点在绝对重力测量的同时，应采用高精度相对重力仪测定其重力垂直梯度。

(3)相对重力测量

相对重力测量可选用高精度弹簧相对重力仪，标称分辨率一般不低于1μGal，重复性精度不低于10μGal，零漂不大于50μGal/日。

①相对重力仪检验与标定：为确保相对重力仪达到最佳工作状态，作业前及作业中需对重力仪进行多项检验，包括比例因子标定、仪器性能试验和仪器检验调整等。

作业前重力仪应在长基线的基准点间进行比例因子的标定。所选长基线的重力差应覆盖工作地区重力仪的读数范围，避免比例因子外推。仪器的性能试验包括静态试验、动态试验和多台仪器一致性试验。

②相对重力观测：基本重力点联测路线应组成闭合环，基本点引点可按辐射状联测。联测时一般采用对称观测，即A—B—C…C—B—A，观测过程中仪器停放如超过2h，则应在停放点进行重复观测，以消除静态零漂。每条测线一般应在24h内闭合，特殊情况可以放宽到48h，每条测线计算一个联测结果。

③测线计算及外业精度估算：将重力仪的读数按仪器的格值表转换为格值，计算固体潮、大气压和仪器高等改正，求得初步观测值，根据相邻两点的初步观测值以及重力仪的比例因子计算该测段的段差。将同一测段各台重力仪的段差分别取平均，求得该测段的段差平均值。计算各测段的段差联测中误差和闭合环或附合路线的闭合差。

当合格成果数不够规定数量时应补测，段差联测中误差超限时，应对超限重力仪的段差进行补测，亦可以采用多台重力仪进行补测。当闭合差超限时，应分析原因并重测有关测段。

(4)重力测量误差

重力基本网重力测量误差主要包括绝对重力测量误差、相对重力测量误差和动力学因素影响误差。

①绝对重力测量误差，包括与绝对重力仪激光频率有关的长度基准稳定性影响，与原子钟频率有关的时间基准稳定性影响，真空舱内空气阻力对质量块运动的影响，激光垂直性与光楔影响，质量干扰、真空舱震动与仪器倾斜影响，质量块质心与光心不重合等导致的观测误差。

②相对重力测量误差，包括相对重力仪格值变化影响，重力仪的零漂影响，仪器倾斜影响等。

③动力学因素影响，包括改正不充分的海平面变化、大陆水负荷变化影响误差，以及人类活动干扰引起的质量迁移对重力观测量的影响。

3.2.2.2 船载与航空重力测量

船载与航空重力测量主要是指用装载在轮船或飞机上的相对重力仪进行的连续重力测量。相对重力仪工作在运动载体中，仪器除受重力作用外，还受载体航行时很多干扰力的影响，如径向加速度、航行加速度、周期性水平加速度、周期性垂直加速度、旋转影响、科里奥利力影响等。为消除运载工具引起的各种加速度干扰，船载或航空重力仪都需采取很多措施来消除或抑制这些加速度干扰。

船载重力测量需要在港口码头建立重力基点；需要准确的船只运动参数(航向、航速、位置)；要求船只沿着航线(测线)尽量保持匀速直线航行。航空重力测量是以飞机作为运载平台，利用航空重力仪在空中测量地球重力场信息的一种重力测量方法。其原理、方法和仪器与船载重力测量基本相同，但飞机上仪器所受的干扰加速度比船上要大几倍到几十倍，周期长，对导航定位、航高、航速等测量要求较高。根据观测量类型和观测方法不同，航空重力测量可以分为航空重力标量测量、航空重力矢量测量和航空重力梯度测量。

3.2.2.3 卫星重力场测量

(1)卫星地面跟踪方法

卫星地面跟踪技术是20世纪主要的卫星重力观测技术，主要包括卫星激光测距(SLR)、卫星多普勒测速(Doppler)和多普勒定轨与无线电定位集成(DORIS)等。卫星地面跟踪技术测量卫星相对地面跟踪站的变化，通过建立卫星地面跟踪观测量与扰动地球重力场参数之间的函数关系，利用卫星轨道摄动，推算地球重力场参数。卫星地面跟踪观测量类型可以是地面跟踪站至卫星的方向、距离、距离变化率等。

不同倾角的卫星对地球重力场不同阶次位系数的测定有不同的贡献。为了能真实地解算各阶次重力场，特别是低阶次位系数，需要选择不同倾角、不同高度的多颗卫星资料求解位系数。

(2)卫星跟踪卫星方法

卫星跟踪卫星(Satellite-to-Satellite Tracking，SST)技术通过测量卫星与卫星之间的相对变化来感应地球重力场，如图3.5所示。按卫星间的空间位置关系分为高低卫星跟踪(SST-hl)和低低卫星跟踪(SST-ll)两种。

高低卫星跟踪技术是由高轨的GNSS卫星星座跟踪观测低轨卫星(高度为500km左右)的轨道摄动，确定扰动地球重力场。高轨GNSS卫星主要受地球重力场的长波部分影响，受大气阻力影响极小，轨道稳定性高，可以由地面卫星跟踪站对它进行精密定轨。低轨卫星运行在较低的轨道上，对地球重力场的敏感性较高，其轨道摄动由高轨卫星连续跟踪并以很高的精度测定出来，同时低轨卫星上载有卫星加速计，补偿其非保守力摄动(主要是大气阻力)，跟踪精度达到微米级，从而能恢复高精度的低阶重力场。从本质上看，SST-hl 技术与地面卫星跟踪观测并无很大区别，但其数据的空间覆盖率、分辨率和精度都有很大提高。

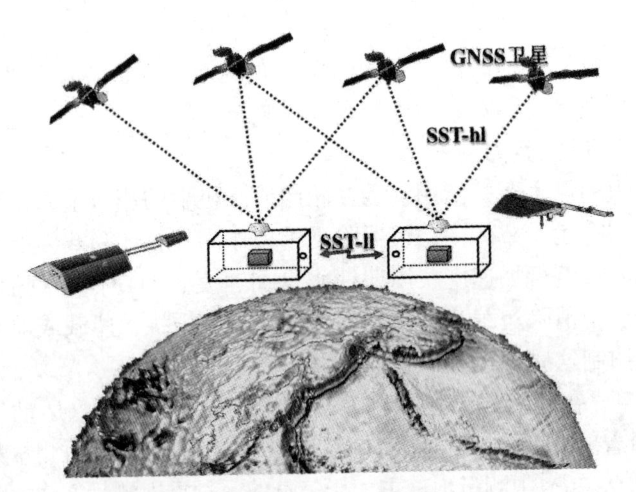

图 3.5　卫星跟踪卫星测量地球重力场

SST-hl 模式的低轨重力卫星尽管具有较低的轨道高度，但由于重力场高频信息随高度迅速衰减，限制了卫星重力测量对地球重力场中短波分量的恢复。为此，SST-ll 技术采用了描述小尺度特性的经典微分方法。SST-ll 技术同时发射两颗低轨道重力卫星在同一个轨道上，彼此相距 200~400km，一个"追踪"另一个，测量两者之间的相对运动，其一阶微分可求得重力加速度。SST-ll 技术测量的重力场精度比 SST-hl 技术大约高一个数量级。由于 SST-hl 和 SST-ll 具有不同的轨道高度和由此产生不同的轨道摄动，组合使用可以互相取长补短，给出一个高精度的中长波重力场模型。2002 年，由美国宇航局(NASA)和德国空间局(DLA)共同研制成功的重力场探测和气象实验卫星(Gravity Recovery and Climate Experiment，GRACE)是一个同时以 SST-hl 和 SST-ll 技术求定地球重力场的卫星，它不仅能测定地球重力场中低阶部分，还能精密测定地球重力场随时间的变化。

(3)卫星重力梯度测量

卫星重力梯度测量(Satellite Gravity Gradiometry，SGG)技术的基本原理是，利用单个卫星内一个或多个固定基线(50~100cm)上的差分加速度计来测定三个互相垂直方向重力梯度张量的几个分量，即测出加速度计检验质量之间的重力加速度差值，如图 3.6 所示。测量得到的信号反映了重力加速度分量的梯度，即重力位的二阶导数。重力梯度数据含高频重力信号，因此，卫星重力梯度测量可恢复短波重力场。

地球重力场和海洋环流探测卫星(Gravity Field and Steady-State Ocean Circultion Explorer Mission，GOCE)由欧洲航天局(ESA)研制，装备一套能够对地球重力场进行三维

测量的高灵敏度重力梯度仪。GOCE 卫星测定地球重力场的空间分辨率能达到 100km，反演重力异常的精度达到 1mGal，确定大地水准面的精度达到 1cm。

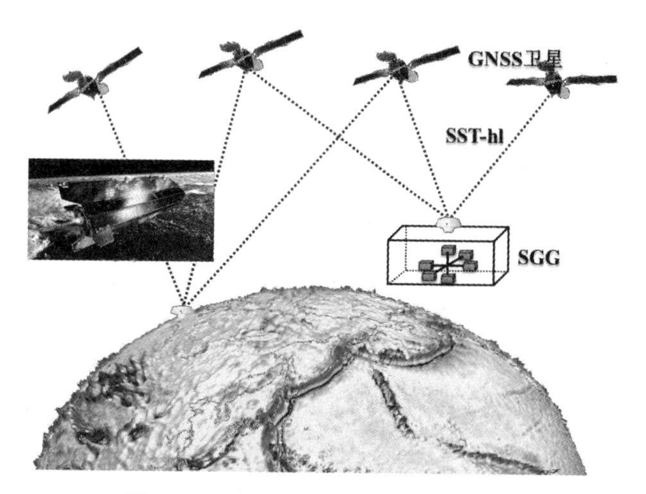

图 3.6 卫星重力梯度测量地球重力场

(4)海洋卫星测高方法

卫星测高(Satellite Altimetry，SA)技术利用安装在卫星上的雷达测高仪(也称雷达高度计)，以一定的时间间隔对海洋表面发射预制波长的窄电磁脉冲，来测量测高仪到海面的往返时间，从而获得瞬时海面高，如图 3.7 所示。影响测高仪测量海面高的因素有多种，主要包括卫星径向轨道误差、电离层/对流层信号延迟、地球重力场模型误差、仪器误差，以及波束校正误差等。目前这些误差影响大多能进行高精度改正，从而获得厘米级精度的瞬时海面高。

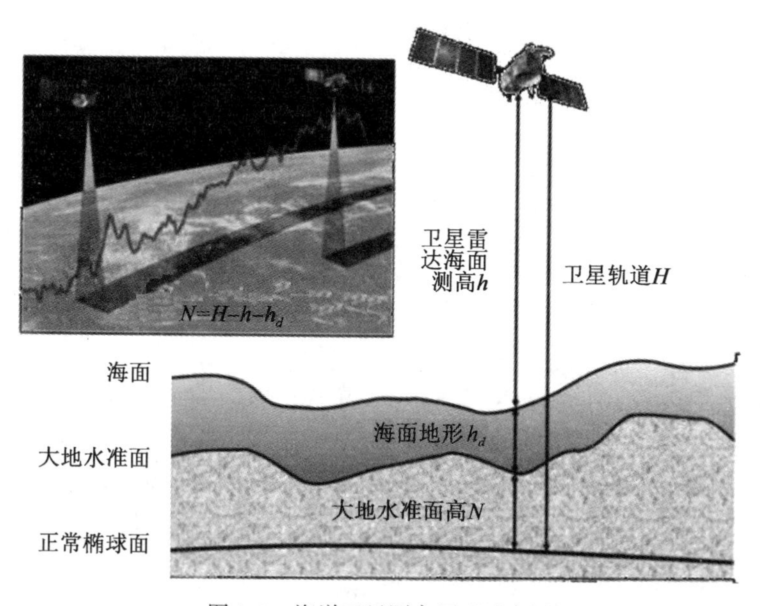

图 3.7 海洋卫星测高原理示意图

根据卫星测高获取的海面至卫星的高度，可用于确定海洋大地水准面，反演高分辨率海洋重力场，解决大洋地区高频重力场信号的空白问题，探测洋流及海面地形，监测海平面变化，确定全球高精度高分辨率海洋潮汐模型。近 20 年来，国内外大地测量学者，利用卫星测高数据联合地面重力和卫星重力场模型，已发展了多个高阶地球重力场模型。

3.2.3　(似)大地水准面确定

3.2.3.1　地球重力场边值问题

将 Stokes 定理用于大地水准面 Σ，其反问题就是 Stokes 边值问题。地球重力场的 Stokes 边值问题可描述为：已知大地水准面 Σ 上的空间异常 Δg（或重力位 W 和重力 g）值，要求确定大地水准面 Σ 的形状及其外部扰动位。

若扰动位 T 在大地水准面 Σ 外是谐函数，即地球质量全部包含在 Σ 内，则球近似下以空间异常为边界值的 Stokes 边值问题可归结为求解如下的第三边值问题：

$$\begin{cases} \Delta T = 0, & \text{在 } \Sigma \text{ 的外部} \\ \dfrac{\partial T}{\partial r} + \dfrac{2T}{R} = -\Delta g, & \text{在 } \Sigma \text{ 面上} \\ T \to 0, & \text{当 } r \to \infty \end{cases} \tag{3-21}$$

上述 Stokes 边值问题等价于：已知大地水准面 Σ 上的空间异常 Δg，求解大地水准面外部扰动位 T 及大地水准面形状 Σ，或者说求解大地水准面高 N。其解可用积分公式表示为：

$$T(r,\ \theta,\ \lambda) = \frac{R^2}{4\pi}\iint_\sigma \Delta g S(r,\ \psi,\ R)\,\mathrm{d}\sigma \tag{3-22}$$

式中，$\mathrm{d}\sigma = R^{-2}\mathrm{d}\Sigma$，即单位球面上的积分面元。式(3-22)即为大地水准面外空间扰动位的球近似解。式中，

$$S(r,\ \psi,\ R) = \frac{2}{L} + \frac{1}{r} - \frac{3L}{r^2} - \frac{5R\cos\psi}{r^2} - \frac{3R}{r^2}\cos\psi ln\frac{r + L - R\cos\psi}{2r} \tag{3-23}$$

式中，L 为流动点到计算点的空间距离。

当计算点位于大地水准面上，有 $r = R$，这时扰动位解为：

$$T(R,\ \theta,\ \lambda) = \frac{R}{4\pi}\iint_\sigma \Delta g S(\psi)\,\mathrm{d}\sigma \tag{3-24}$$

令 $r = R$，可得 $S(\psi) = R \cdot S(R,\ \psi,\ R)$，经推导得：

$$S(\psi) = \sin^{-1}\frac{\psi}{2} - 6\sin\frac{\psi}{2} + 1 - 5\cos\psi - 3\cos\psi\ln\left(\sin\frac{\psi}{2} + \sin^2\frac{\psi}{2}\right) \tag{3-25}$$

通常将式(3-24)称为 Stokes 公式，$S(\psi)$ 称为 Stokes(核)函数；将式(3-22)称为广义 Stokes 公式，$S(r,\ \psi,\ r')$ 称为广义 Stokes 函数。

将式(3-24)代入 Bruns 公式（$N = T/\gamma_0$），得

$$N = \frac{R}{4\pi\gamma_0}\iint_\sigma \Delta g S(\psi)\,\mathrm{d}\sigma \tag{3-26}$$

式(3-26)也称为 Stokes 公式，γ_0 是大地水准面上的正常重力。利用它可以由大地水准面上的空间异常计算大地水准面高。

将式(3-22)代入 Bruns 公式($\zeta = T/\gamma$)，得

$$\zeta = \frac{R^2}{4\pi\gamma}\iint_\sigma \Delta g S(r,\ \psi,\ R)\,\mathrm{d}\sigma \tag{3-27}$$

式(3-27)也称为广义 Stokes 公式。利用它可以由大地水准面上的空间异常计算地面或地球外部高程异常。

3.2.3.2 似大地水准面确定

Molodensky 理论研究地球自然表面形状问题。已知地球自然表面 S 上的空间异常 Δg_s (或重力位 W_s 和重力向量 $\boldsymbol{g}_s$)值，要求确定似地形面及其外部扰动位。这个问题称为 Molodensky 边值问题。

球近似下 Molodensky 边值问题可表示为：

$$\begin{cases} \Delta T = 0, & \text{在 } S \text{ 的外部} \\ \dfrac{\partial T}{\partial r} + \dfrac{2T}{R} = -\Delta g_s, & \text{在 } S \text{ 面上} \\ T \to 0, & \text{当 } r \to \infty \end{cases} \tag{3-28}$$

式(3-28)为简化的线性 Molodensky 问题，它等价于：已知地球自然表面 S 上的空间异常 Δg_s ，求解地球外部扰动位 T 及地面高程异常 ζ 。以地面空间异常为边界值的 Molodensky 边值问题也属于位理论第三边值问题。

式(3-28)和球近似 Stokes 边值问题形式上完全一样，仅边界面不同。在球近似 Stokes 边值问题中边界面 Σ 为大地水准面，在简化的 Molodensky 问题中边界面 S 为地球表面。由于地球表面 S 的内法线方向与铅垂线方向不一致，因此，直接以地面为边界面，解算 Molodensky 边值问题需要处理斜向导数问题。

利用位理论外部边值问题求解地球重力场边值问题的必要条件是边界面外部没有质量，以保证边界面外部扰动位是调和的谐函数。地面外空间没有质量(通常对边界值进行大气质量校正来满足这一条件)，扰动位 T 在地面 S 外是谐函数，因此，Molodensky 理论避开了 Stokes 理论需要地表密度假设的缺陷，从而建立了更严密的地球形状和外部重力场理论。

直接在地面上求解线性 Molodensky 边值问题的基本方法是：将待求地面扰动位 T 表示成地面 S 上的单层位，从而将边值条件方程转换为一个积分方程，并引入一个收缩因子 $k \in [0,\ 1]$ ，即所谓的 Molodensky 收缩，将积分方程展开为 k 的级数，从而将原积分方程转化为一组含单层位的简单积分方程，最后利用 Stokes 积分得到扰动位的级数解(李建成等，2003)。这里，直接给出地面扰动位的球近似级数解，至二阶项。

$$T_s = T_0 + T_1 + T_2 \tag{3-29}$$

$$T_0 = \frac{R}{4\pi}\iint_\sigma \Delta g_s S(\psi)\,\mathrm{d}\sigma \tag{3-30}$$

$$G_1 = \frac{R^2}{2\pi}\iint_\sigma \left(\Delta g_s + \frac{3T_0}{2R}\right)\frac{h - h_p}{l_0^3}\mathrm{d}\sigma \tag{3-31}$$

$$T_1 = \frac{R}{4\pi}\iint_\sigma G_1 S(\psi)\,\mathrm{d}\sigma \tag{3-32}$$

$$G_2 = \frac{R^2}{2\pi}\iint_\sigma \left(G_1 + \frac{3T_1}{2R}\right)\frac{h - h_p}{l_0^3}\mathrm{d}\sigma - \frac{3R}{8\pi}\iint_\sigma \left(\Delta g_s + \frac{3T_0}{2R}\right)\frac{(h - h_p)^2}{l_0^3}\mathrm{d}\sigma$$
$$+ \left(\Delta g_s + \frac{3T_0}{2R}\right)\tan^2\beta \tag{3-33}$$

$$T_2 = \frac{R}{2\pi}\iint_\sigma G_2 S(\psi)\,\mathrm{d}\sigma - \frac{R^2}{4\pi}\iint_\sigma \left(\Delta g_s + \frac{3T_0}{2R}\right)\frac{(h - h_p)^2}{l_0^3}\mathrm{d}\sigma \tag{3-34}$$

式中，h 为流动点的正常高；h_p 为计算点的正常高；l_0 为计算点与流动点之间半径为 R 的球面距离；β 为地形倾角；G_1、G_2 分别称为 Molodensky 一、二阶项。

将式(3-29)代入 Bruns 公式，就可得到地面高程异常。

需要注意的是，不论是 Stokes 问题还是 Molodensky 问题，都只要求边界面外部没有质量，并未要求边界面必须是大地水准面或地面。实际上，当边界面位于地球外部时，Stokes 边值解或 Molodensky 边值解也是适用的。

3.2.3.3　大地水准面确定

(1)在 Stokes 框架中确定似大地水准面

Stokes 框架问题的边界面是重力等位面，边界重力场参数如空间异常、扰动重力或垂线偏差等，须事先归算到重力等位面上，而不能是球面。

①已知某一等位面上的空间异常。

已知某一等位面上的空间异常，则地球外部或地面高程异常的球近似解即为广义 Stokes 公式：

$$\zeta = \frac{r_0^2}{4\pi\gamma}\iint_\sigma \Delta g S(r,\ \psi,\ r_0)\,\mathrm{d}\sigma \tag{3-35}$$

式中，r_0 为球近似下边界等位面的平均半径；r 为地球外部或地面计算点的地心距。

当计算点位于地面时，由式(3-35)计算的地面高程异常 ζ 即为似大地水准面高。

可见，在 Stokes 框架中确定似大地水准面，通常需要将重力场参数解析延拓到某一等位面上，延拓过程不涉及地形质量问题。等位面可以是大地水准面，也可以是大地水准面外部的其他水准面。

②已知某一等位面上的扰动重力。

已知某一等位面上的扰动重力，可将地球外部或地面高程异常的球近似解表示为：

$$\zeta = \frac{r_0^2}{4\pi\gamma}\iint_\sigma \delta g H(r,\ \psi,\ r_0)\,\mathrm{d}\sigma \tag{3-36}$$

式(3-36)称为广义 Hotine 公式，$H(r,\ \psi,\ r_0)$ 称为广义 Hotine(核)函数。

$$H(r,\ \psi,\ r_0) = \frac{2}{L} - \frac{1}{r} - \frac{3r_0\cos\psi}{r^2} - \frac{1}{r_0}\ln\frac{r + L - r_0\cos\psi}{r(1 - \cos\psi)} \tag{3-37}$$

同样，当计算点位于地面时，由式(3-36)计算的地面高程异常 ζ 即为似大地水准面高。在物理大地测量学中，有时也将以等位面上扰动重力为边界值的外部边值问题称为

Hotine 边值问题。

(2)在 Molodensky 框架中确定似大地水准面

Molodensky 边值问题的边界面为地球表面，不同类型的边界值有不同形式的解。下面给出以地面空间异常、地面扰动重力和地面垂线偏差为边界值的 3 种常见情况下，似大地水准面在线性 Molodensky 框架内的球近似解，取至一阶项。

①已知地面空间异常。

这个问题在位理论中属于第三边值问题。

高程异常零阶项 ζ_0 由地面空间异常 Δg_s 按 Stokes 公式计算：

$$\zeta_0 = \frac{r_s}{4\pi\gamma}\iint_\sigma \Delta g_s S(\psi)\,\mathrm{d}\sigma \tag{3-38}$$

式中，r_s 为地面点的地心距。

Molodensky 一阶项 G_1：

$$G_1 = \frac{r_s^2}{2\pi}\iint_\sigma \left(\Delta g_s + \frac{3\gamma\zeta_0}{2r_s}\right)\frac{h - h_p}{l_0^3}\mathrm{d}\sigma \tag{3-39}$$

式中，h 为流动点正常高；h_p 为计算点正常高；l_0 为计算点与流动点的球面距离。

高程异常一阶项 ζ_1 为 Molodensky 一阶项 G_1 的 Stokes 积分：

$$\zeta_1 = \frac{r_s}{4\pi\gamma}\iint_\sigma G_1 S(\psi)\,\mathrm{d}\sigma \tag{3-40}$$

这样，地面高程异常就等于高程异常零阶项与一阶项之和：

$$\zeta = \zeta_0 + \zeta_1 \tag{3-41}$$

②已知地面扰动重力。

这个问题是 Molodenksy 框架中的 Hotine 边值问题，它在位理论中属第二边值问题(李斐，1995)。在式(3-36)中令 $r = r_s$，则高程异常零阶项的积分形式变为：

$$\zeta_0 = \frac{r_s}{4\pi\gamma}\iint_\sigma \delta g_s H(\psi)\,\mathrm{d}\sigma \tag{3-42}$$

式(3-42)称为 Hotine 公式，$H(\psi)$ 称为 Hotine 函数，经推导，得

$$H(\psi) = \sin^{-1}\frac{\psi}{2} - \ln\left(1 + \sin^{-1}\frac{\psi}{2}\right) - 1 - \frac{2}{3}\cos\psi \tag{3-43}$$

Molodensky 一阶项和高程异常一阶项的积分形式分别为：

$$\delta g_1 = \frac{r_s^2}{2\pi}\iint_\sigma \left(\delta g_s - \frac{\gamma\zeta_0}{2R}\right)\frac{h - h_p}{l_0^3}\mathrm{d}\sigma \tag{3-44}$$

$$\zeta_1 = \frac{r_s}{4\pi\gamma}\iint_\sigma \delta g_1 H(\psi)\,\mathrm{d}\sigma \tag{3-45}$$

③已知地面垂线偏差。

由地面垂线偏差计算地面高程异常零阶项 ζ_0 的积分式(李建成等，2003)为：

$$\zeta_0 = -\frac{r_s}{4\pi}\iint_\sigma \cot\frac{\psi}{2}(\xi_s\cos\alpha + \eta_s\sin\alpha)\,\mathrm{d}\sigma \tag{3-46}$$

式中，α 为 ψ 方向上的大地方位角。

式(3-46)中的垂线偏差是绝对垂线偏差。当地面高程较大，且地面垂线偏差为天文垂线偏差时，需要事先对天文垂线偏差增加一项由参考椭球面内法线方向到正常重力方向的校正，从而将相对垂线偏差转换为绝对垂线偏差。当地面高程大于 1200m 时，此项校正大于 2″。

地面空间异常的积分式：

$$\Delta g_s = \frac{r_s}{4\pi}\iint_\sigma \left(3\csc\psi - \csc\psi\csc\frac{\psi}{2} - \tan\frac{\psi}{2}\right)(\xi_s\cos\alpha + \eta_s\sin\alpha)\,\mathrm{d}\sigma \tag{3-47}$$

代入式(3-23)计算一阶项 G_1，再按 Stokes 公式计算出 ζ_1。

同样地，可按如下积分公式计算地面扰动重力：

$$\delta g_s = \frac{r_s}{4\pi}\iint_\sigma \left(3\csc\psi - \csc\psi\csc\frac{\psi}{2} - \tan\frac{\psi}{2} - 2\cot\frac{\psi}{2}\right)(\xi_s\cos\alpha + \eta_s\sin\alpha)\,\mathrm{d}\sigma \tag{3-48}$$

代入式(3-44)计算一阶项 δg_1，再按 Hotine 公式计算出 ζ_1。

(3)利用 Stokes 理论确定大地水准面

大地水准面确定属于 Stokes 理论范畴，此时边界面为大地水准面。为保证边界面外部没有质量，通常需要将边界值归算到大地水准面上。下面给出当边界值类型分别为空间异常、扰动重力和垂线偏差时，大地水准面高 N 在 Stokes 框架中的球近似解。

①已知大地水准面上的空间异常。

这是经典的 Stokes 问题，其球近似解为 Stokes 公式(3-26)。

②已知大地水准面上的扰动重力。

这个问题也称为 Stokes 框架中的 Hotine 边值问题，它在位理论中属第二边值问题。其球近似解为大地水准面上的 Hotine 积分式，即

$$N = \frac{R}{4\pi\gamma_0}\iint_\sigma \delta g H(\psi)\,\mathrm{d}\sigma \tag{3-49}$$

③已知大地水准面上垂线偏差。

这个问题在位理论中也属于第二边值问题。在式(3-46)中令其 $r_s = R$，得到其球近似解

$$N = -\frac{R}{4\pi}\iint_\sigma \cot\frac{\psi}{2}(\xi\cos\alpha + \eta\sin\alpha)\,\mathrm{d}\sigma \tag{3-50}$$

在大地测量学中，通常将利用重力资料，按基于边值问题方法确定的(似)大地水准面称为重力(似)大地水准面。

3.2.4　海岛礁高程基准建立

建立海岛礁高程基准需要开展的工作主要包括：海岸带 GNSS 水准控制网建立，陆海重力场加密测量，陆海重力(似)大地水准面精化，以及海岛礁高程基准实现等。

(1)海岸带 GNSS 水准控制网建立

GNSS 水准控制网的作用通常是：在分别实现坐标基准和高程基准的同时，兼顾 GNSS 水准并置点高精度实测(似)大地水准面高的数据获取，检核重力(似)大地水准面数

字模型的精度和质量，生成区域高程基准相关成果产品。

GNSS 水准控制网的布设，不应破坏区域坐标参考框架和高程控制网自身网形的完整性和相对独立性。用于高程基准建立的 GNSS 水准点，其平均间距与重力(似)大地水准面精化水平有关，一般为 50~200km。

外业施测过程中，GNSS 水准并置点的 GNSS 定位与水准联测时间相差不宜过大，以抑制年、半年等长周期地壳垂直形变的影响。当时间相差大于半年时，应顾及地壳垂直形变改正。

GNSS 水准控制网数据处理时，应采用协调一致的动力学模型计算 GNSS 大地高和水准高差的时变影响。为全面抑制地壳垂直形变对不同时间的 GNSS 定位和水准测量影响，也可将 GNSS 定位和水准高差观测量统一归算到某一参考历元后，再进行水准网平差和 GNSS 水准实测(似)大地水准面高计算。

(2)海岸带海域重力场测量

海岸带海域重力场测量包括陆地重力测量和海域重力测量。陆地重力测量包括地面重力测量、航空重力测量以及其他各种类型局部重力场测量等，海域重力测量包括海洋船载重力测量、多种海洋卫星测高以及海域航空重力测量等。

海岸带海域重力场测量精度与空间密度应满足计算重力(似)大地水准面的精度要求。

(3)重力(似)大地水准面精化

海岸带海域重力(似)大地水准面通常以全球重力场模型为参考重力场，采用参考重力场移去恢复法。参考重力场模型应选用可代表全球高程基准的高阶地球重力场模型，以便在全球高程基准中精化区域重力(似)大地水准面。

海岸带海域重力(似)大地水准面精化的一般技术流程为：①构建高分辨率地面数字高程模型，生成与重力(似)大地水准面模型分辨率一致的地面数字高程模型；②集成陆海各种重力场加密测量数据，结合地形影响移去恢复法，确定局部重力场参数数字模型，如扰动重力、空间异常或垂线偏差数字模型；③采用参考重力场移去恢复法，构建区域重力(似)大地水准面数字模型。

(4)海岛礁高程基准实现

通过集成海岸带 GNSS 水准与海岸带海域重力(似)大地水准面模型，可将海岸带海域(似)大地水准面在区域坐标参考框架和区域高程基准中表达。海岛礁高程基准实现的主要技术流程为：①由全球大地位 W_0 及最佳大地测量常数，与区域坐标参考框架的参考椭球，确定大地水准面零阶项或高程异常零阶项 $N^0(\zeta^0)$ ；②计算 GNSS 水准与重力(似)大地水准面高的残差值，作为残差观测量，以区域高程基准位差 ΔW^r 为未知参数，组成残差观测方程；③解算区域高程基准位差 ΔW^r ，同时生成区域坐标参考框架和区域高程基准中的(似)大地水准面模型。

若不要求(似)大地水准面具有严格的物理性质，如用于测图控制时，也可将 GNSS 水准与重力(似)大地水准面模型拟合，直接生成区域坐标参考框架和区域高程基准中的(似)大地水准面数字模型。

(5)海岛礁高程基准成果产品

海岛礁高程基准成果产品主要包括：①全球地球参考框架和全球高程基准中的海岸带

海域重力(似)大地水准面数字模型；②区域坐标参考框架和区域高程基准中的海岸带海域(似)大地水准面数字模型；③局部重力场数字模型，如扰动重力、空间异常和垂线偏差数字模型，与重力(似)大地水准面模型分辨率一致的地面数字高程模型，满足高精度应用需要；④全球大地位 W_0 及对应的最佳大地测量常数，区域坐标参考框架对应的大地水准面零阶项或高程异常零阶项 $N^0(\zeta^0)$ ，区域高程基准位差 $\Delta W'$ ；⑤GNSS 水准控制网和海岸带海域高程基准的精度与质量分析产品等。

3.3　海洋潮汐与深度基准

海洋水深是指海底或水下某点到深度基准面的垂直距离，约定向下为正。深度基准面是海面在低潮位状态下的一种(理想的)潮汐特征面，这种潮汐特征面以平均海面为基准，由当地海洋潮汐特征参数(潮汐调和常数)来定义。深度基准基于海洋潮汐理论，由深度基准面数字模型来体现。

深度基准面，又称净深基准面，通常用深度基准面相对于当地长期平均海面的高度来表示，该高度值称为净深基准值 L 。深度基准面是一种潮汐特征面，净深基准值 L 与海洋潮汐的强弱即潮差的大小有着密切的关系。

3.3.1　海洋验潮与调和分析

海洋潮汐现象通常是指海水在垂直方向的涨落。在多数情况下，海洋潮汐运动的平均周期为半天左右，每昼夜约有两次涨落运动，中国古代把早晨海水上涨的现象叫做潮，把黄昏上涨的叫做汐，合称潮汐。英国科学家牛顿发现了万有引力定律，并用这个定律解释地球的潮汐现象，奠定了潮汐的理论基础。

3.3.1.1　海洋验潮观测与分析

(1)海洋验潮技术

验潮观测是测量海面水位的涨落变化。验潮站是指在选定的地点，利用验潮设备记录海面水位涨落变化的观测站点。通常按观测时长分为长期验潮站、短期验潮站和临时验潮站。

长期验潮站又称基本验潮站，一般建有专门的验潮井，用于多年连续水位观测，计算和确定多年平均海面、深度基准面，以及研究海平面变化与潮汐变化规律等，长期验潮站是水位控制的基础；短期验潮站用于补充长期验潮站的不足，当它与长期验潮站共同推算区域的深度基准面即水位控制时，一般要求连续 60 天的水位观测；临时验潮站一般在海洋测量期间设置，要求最少与长期验潮站或短期验潮站同步观测 14 天，以便联测平均海面或传递深度基准面，测量期间用于观测瞬时水位，进行水位改正。

GNSS 浮标验潮是随高精度卫星动态定位技术发展产生的一门新型验潮技术。GNSS 浮标验潮的基本原理是，将卫星精密定位设备安装在浮标或其他水面载体上，通过测量一段时间内浮标的系列高程，推算出潮位、平均海面和其他海浪参数。这种验潮布设灵活，不但适合近岸海域，而且能胜任远离岸边及较深海域的验潮。GNSS 浮标验潮技术可改善现有地面验潮站布设不均匀的状况，能同时监测多种海况信息，对获取区域潮汐信息极具潜力。

海洋卫星测高利用卫星携带的雷达高度计，测定卫星到瞬时海面的垂直距离，从而实现高精度的海面测量。卫星测高能在全球范围内全天候地重复精确地进行海面观测，为研究全球海平面变化、地球重力场、海洋动力学等提供了丰富的信息。Topex/Poseidon 系列特别适合海潮观测，其后续 Jason 系列及它们的变轨观测资料已成为全球海潮模型建立和区域海潮模型改善的重要观测资源。

(2)实际水位的组成

海洋潮汐中涉及的水位是指海面整体的垂直升降，海风等引起的涌浪不计入水位垂直变化中，在水位观测中或水位预处理时应尽量消除或减弱波浪的影响。

观测记录的水位主要分为两个部分：主体是引潮力在特定海底地形和海岸形状等因素制约下引起的海面升降，通常称为天文潮位；气压、风等气候、气象作用引起的水位变化，其中周期性部分以气象分潮形式归入天文潮位，而剩余的短期无周期性部分，通常称为余水位或异常水位，其主要激发因素是短期气象变化，在一定范围内具有较强的空间相关性。因此，实测的水位变化 $h(t)$ 可表示为：

$$h(t) = \mathrm{MSL} + T(t) + R(t) + \Delta(t) \tag{3-51}$$

式中，MSL 为当地长期平均海面在验潮零点上的垂直高度；$T(t)$ 为天文潮位；$\Delta(t)$ 为观测误差；$R(t)$ 为余水位。

天文潮位 $T(t)$ 是诸多分潮对引潮力响应的叠加，当地长期平均海面可看作是其平衡位置，相对于平衡位置的天文潮位可表示为：

$$T(t) = \sum_{i=1}^{m} H_i \cos(\nu_i(t) - g_i) \tag{3-52}$$

式中，m 为分潮的个数；H_i 、g_i 分别称为分潮 i 的振幅和迟角，构成分潮 i 的调和常数，在潮汐调和分析时为未知的待求量，而用于潮汐预报时作为已知量；$\nu_i(t)$ 为分潮的天文幅角。

(3)分潮调和常数

引潮力(位)可展开为许多余弦振动之和，每个振动项称为一个分潮。实际海洋的潮汐虽不可能是平衡潮，但其频谱特征应决定于其动力源。如在某一个角频率为 σ 的分潮作用下，海洋也要产生这一频率的振荡，即水位变化应包含这个频率的成分，记为 $H\cos\phi$ ，它代表了实际潮汐的一个分潮，其中振幅 H 对一地点可看作是常量，相位 ϕ 以角速率 σ 均匀增加。由于巨大海洋水体的惯性，海洋对引潮力的响应存在迟后现象，表现为实际分潮相位 ϕ 与引潮力理论幅角(又称天文幅角) ν 之间存在着相位差，对于一地点该相位差可看作是常量，并规定该相位差：

$$\Delta\phi = \nu - \phi \tag{3-53}$$

为迟角。之所以称为迟角是因为若 ν 为正，则当天文分潮 σ 达最大，即 $\nu = 0$ 时，ϕ 为 $-\Delta\phi$ ，需要再经过 $\Delta\phi/\sigma$ 这样一段时间，ϕ 才能达到 0°，亦即实际分潮才能达到最大。所以，$\Delta\phi$ 反映了实际分潮相对于天文分潮的相位延迟。

$\Delta\phi$ 是由当地实际潮汐分潮相位和当地天文分潮幅角的比较而得出的，采用的是地方时系统，它的物理意义较明显。但在实际潮汐分析和预报中，由于需对每个不同经度(等效于时角)的地方计算该处的天文幅角，不便应用，因此通常采用区时系统的区时迟角，记为 g 。若采用世界时系统，则称为世界时迟角，记为 G 。

由于地方时系统、区时系统和世界时系统中的时间具有如下关系：

$$t_{地} = t_G + \frac{\lambda}{15} = t_{区} + \frac{\lambda - \lambda_0}{15} \tag{3-54}$$

式中，λ 为地点东经；λ_0 为区时标准经度。

所以相应的分潮迟角具有如下变换关系：

$$g = \Delta\phi - u_1 + \sigma n, \quad G = g - \sigma n \tag{3-55}$$

式中，n 为区时号；u_1 为分潮 σ 的第一个 Doodson 数；σ 为分潮角速率。

振幅 H 和区时迟角 g 反映了海洋对一频率外力的响应，可近似为常数。振幅 H 和区时迟角 g 称为实际潮汐分潮的调和常数。

(4)气象分潮与浅水分潮

除天体引潮力外，气压、风等气候、气象作用也能引起水位变化。如高气压能使水位降低而低气压则会使水位升高；迎岸风可引起水位上升，离岸风可引起水位下降。中国近海，冬季多北风且气压较高，夏天则多南风且气压较低，这会造成水位冬低夏高的季节性变化。为反映水位的这种季节性变化，需引入气象分潮，主要包括周期为一个和半个回归年的分潮，分别称为年周期分潮 Sa 、半年周期分潮 S_{Sa} 。

除气象影响外，水深较浅海域的海底对海水运动的摩擦作用将产生一些高频振动，用浅水分潮来表示。浅水分潮的角速率是天文分潮角速率的和或差，最常用的浅水分潮为两个周期约四分之一日的 M_4 与 MS_4 ，以及一个周期约六分之一日的 M_6 。M_4 、M_6 角速率分别是半日分潮 M_2 的2倍和3倍，而 MS_4 的角速率是半日分潮 M_2 与 S_2 的和。

常用的主要分潮有13个：2个长周期分潮、4个全日分潮、4个半日分潮与3个浅水分潮，见表3.1。在2个长周期分潮中，Sa 在中国近海从南至北逐渐增大，振幅约10~30cm；S_{Sa} 较小，振幅在5cm内。在4个全日分潮中，K_1 最大，O_1 略大于 K_1 的2/3，P_1 略小于 K_1 的1/3，Q_1 约为 K_1 的2/15。在4个半日分潮中，M_2 最大，S_2 略小于 M_2 的一半，N_2 略小于 M_2 的1/5，K_2 略大于 M_2 的1/10。

表3.1　**常用的主要分潮**

类型	分潮	Doodson 数	角速率(°/h)	周期(平太阳时)
长周期	Sa	056.554	0.041067	8766.163
	S_{Sa}	057.555	0.082137	4382.921
全日	Q_1	135.655	13.398661	26.868
	O_1	145.555	13.943036	25.819
	P_1	163.555	14.958931	24.066
	K_1	165.555	15.041069	23.934

续表

类型	分潮	Doodson 数	角速率(°/h)	周期(平太阳时)
半日	N_2	245.655	28.439730	12.658
	M_2	255.555	28.984104	12.421
	S_2	273.555	30.000000	12.000
	K_2	275.555	30.082137	11.967
浅水	M_4	455.555	57.968208	6.210
	MS_4	473.555	58.984104	6.103
	M_6	655.555	86.952312	4.140

3.3.1.2 海洋潮汐调和分析

海洋潮汐分析的目的是利用实测的水位数据提取一定分潮的调和常数。分析方法基本分为两大类：调和分析与响应分析，最常用的是调和分析法。

(1)调和分析的基本原理

将天文潮位 $T(t)$ 的表达式(3-52)代入观测水位的表达式(3-51)，得

$$h(t) = \mathrm{MSL} + \sum_{i=1}^{m} H_i\cos(\nu_i(t) - g_i) + R(t) + \Delta(t) \tag{3-56}$$

潮汐调和分析以 MSL 和 m 个分潮的振幅 H_i 与迟角 g_i 为未知参数，余水位 $R(t)$ 与观测误差 $\Delta(t)$ 视为噪声，观测方程为：

$$h(t) = \mathrm{MSL} + \sum_{i=1}^{m} H_i\cos(\nu_i(t) - g_i) \tag{3-57}$$

上式称为调和分析的潮高模型。潮高模型是关于调和常数的非线性表达，为求得振幅和迟角，需将模型线性化，以潮汐模型中某一个分潮为例，线性化过程由如下参数变换实现：

$$H^{\mathrm{in}} = H\cos g, \quad H^{\mathrm{cr}} = H\sin g \tag{3-58}$$

上式中的 H^{in} 、H^{cr} 分别称为分潮的余弦分量和正弦分量，又称同相(in-phase，in)幅值和异相(cross-phase，cr)幅值。将调和常数变换为同相幅值和异相幅值，则潮高模型可表示为：

$$h(t) = \mathrm{MSL} + \sum_{i=1}^{m} [H_i^{\mathrm{in}}\cos(\nu_i(t)) + H_i^{\mathrm{cr}}\sin(\nu_i(t))] \tag{3-59}$$

按上式构建每个观测时刻水位的潮高模型，按最小二乘原理可求解出 MSL 和 m 个分潮的同相幅值 H_i^{in} 和异相幅值 H_i^{cr} ，再通过以下变换得到各分潮的调和常数：

$$H_i = \sqrt{(H_i^{\mathrm{in}})^2 + (H_i^{\mathrm{cr}})^2}, \quad g_i = \arctan\frac{H_i^{\mathrm{cr}}}{H_i^{\mathrm{in}}} \tag{3-60}$$

(2)交点改正与长期调和分析

在潮汐分析实践中，1 年以上的水位数据达到了 13 个常用的主要分潮间的会合周期，

可认为是长期数据。潮汐成分是按族、群、亚群等分别集中排列的，由一天、一个月、一年的逐时观测数据可以相应地分辨出不同族、群、亚群的分潮。比亚群更细致的频谱结构无法揭示，实际的潮汐在这些频率上往往分布着谱能，它们对邻近大分潮的分析和估计存在扰动作用。为精确地分析出所需分潮，通常将频率差比亚群频率差更小的分潮进行合并，附加交点因子(分潮振幅的乘系数)和交点订正角(分潮迟角的改正量)来体现同一亚群内小分潮的贡献以及对最大分潮的扰动。

交点因子和交点订正角的引入实质上利用了频率邻近分潮之间响应规律性的假设，即认为分潮的实际振幅之间的比值与平衡潮响应分量的振幅比值相等，分潮迟角均相等。若选取同亚群中大分潮为主分潮，其振幅为 H_M ，迟角为 g_M ，其余 n 个分潮视为随从分潮，则每个随从分潮的振幅和迟角分别表示为：

$$H_r = k_r H_M, \quad g_r = g_M \tag{3-61}$$

式中，k_r 为相应的随从分潮与主分潮平衡潮系数之比。

于是，所有同一亚群的各分潮围绕主分潮而合成为：

$$\sum_{r=1}^{m} H_r \cos(\nu_r(t) - g_r) = f H_M \cos[\nu_M(t) + u - g_M] \tag{3-62}$$

式中，f 、u 分别为主分潮的交点因子和交点订正角。

这样表示出后，对主分潮无需再写出其上标。而 f、u 通过以下一组公式计算：

$$f\cos u = \sum_{i=1}^{m} \rho^i \cos\left(\Delta u_4^i p + \Delta u_5^i N' + \Delta u_6^i p_s + \Delta u_0^i \frac{\pi}{2}\right)$$

$$f\sin u = \sum_{i=1}^{m} \rho^i \sin\left(\Delta u_4^i p + \Delta u_5^i N' + \Delta u_6^i p_s + \Delta u_0^i \frac{\pi}{2}\right) \tag{3-63}$$

式中，天文参数 p、$N' = -N$、p_s 通常分别表示月球近地点经度、月球升交点负经度和太阳近地点经度，这里为它们的角速率，即 $p = 1/8.847$ 周/年，$N' = 1/18.613$ 周/年，$p_s = 1/20.940$周/年。

实际的潮高表达式(3-57)因此化为：

$$h(t) = \mathrm{MSL} + \sum_{i=1}^{m} fH_i \cos[\nu_i(t) + u_i - g_i] \tag{3-64}$$

上式中的每个余弦项严格来说已不是调和分潮，而是代表了一个亚群所有调和分潮的综合作用。其振幅 H_i 不再是常量，u 值在 0°附近摆动，它既不是常量也不随时间作均匀变化。但 f、u_i 主要与天文参数 N 有关，变化十分缓慢，上式中所代表的余弦项习惯上仍叫做调和分潮。相应地，由一年以上长期观测数据，采用式(3-64)为潮高模型估计分潮调和常数，此过程称为长期调和分析。

(3)中期调和分析的差比关系法

当观测时间长度远小于一年时，同群而不同亚群、甚至同族而不同群的分潮之间仍不可分，需进一步合并，但因频率差的增大，不能按 f、u 订正方法实现。在此情况下，按最小二乘处理时，可通过附加参数间的限制条件采用约束平差法实现参数估计。对难以分辨的分潮间再次选取主分潮和随从分潮，分别将随从分潮与主分潮的标号记作 q 、p ，约束关系采用两者的振幅比和迟角差，称为差比关系，记为：

$$\kappa = H_q / H_p, \quad \tau = g_q - g_p \tag{3-65}$$

于是，随从分潮和主分潮之间的参数关系写为：

$$\kappa H_p^c \cos\tau - \kappa H_p^s \sin\tau - H_q^c = 0, \quad \kappa H_p^c \sin\tau + \kappa H_p^s \cos\tau - H_q^s = 0 \tag{3-66}$$

附加约束关系实质上相当于减少法方程的未知数个数，实现随从分潮与主分潮的融合，从而得到稳定的可靠解。

观测时长达到约30天时，在长期调和分析潮高模型式(3-64)基础上，由主要分潮间的会合周期判断增加必要的式(3-66)约束关系。它们之间的差比关系可由平衡潮的理论参数给出。更精确的做法是由海区的实际参数给出，通常借用邻近验潮站的信息。此种分析方法称为中期调和分析，分析精度低于长期调和分析。

3.3.2 深度基准面

深度基准面，又称净深基准面，用当地海洋潮汐参数表示。世界各国根据本地的海洋潮汐特点定义了多种深度基准面的算法。常用的深度基准面有平均大潮低潮面、最低低潮面、平均低潮面、平均低低潮面、略最低低潮面、平均海面、理论最低潮面和最低天文潮面等。1995年，国际海道测量组织(IHO)推荐其会员国统一采用最低天文潮面为深度基准面。

理论最低潮面，也称理论上可能最低潮面，中国习惯上称其为理论深度基准面。自1956年起，中国将深度基准面统一于理论最低潮面，采用弗拉基米尔斯基算法，由 M_2 、S_2 、N_2 、K_2 、K_1 、O_1 、P_1 、Q_1 这8个分潮叠加计算可能出现的最低水位。基本原理是依据分潮间的平衡潮理论关系引入近似假设，将多变量函数简化为 K_1 分潮幅角 φ_{K_1} 的单变量函数，对 φ_{K_1} 以适当间隔对自变量离散化，获得一组函数值，取最小值(符号为负)，则该值的绝对值即为相对于平均海面的理论上可能最低潮面。在此基础上，叠加 M_4 、MS_4 、M_6 的浅水改正和 Sa 、S_{Sa} 的长周期改正(方国洪等，1986)。目前的算法是不分步叠加长周期分潮与浅水分潮的影响，而直接由13个主分潮叠加计算可能出现的最低水位。现以《海道测量规范》(GB12327—1998)中规定的计算公式为基础，结合王骥、暴景阳等研究成果，给出理论最低潮面的公式：

$$L = L_8 + L_{\text{shellow}} + L_{\text{long}} \tag{3-67}$$

式中，L_8 、L_{shellow} 、L_{long} 分别为8个主分潮、浅水分潮与长周期分潮的作用。具体分别为下列各式：

$$\begin{aligned} L_8 = & R_{K_1}\cos\varphi_{K_1} + R_{K_2}\cos(2\varphi_{K_1} + 2g_{K_1} - 180° - g_{K_2}) \\ & - \sqrt{(R_{M_2})^2 + (R_{O_1})^2 + 2R_{M_2}R_{O_1}\cos(\varphi_{K_1} + \alpha_1)} \\ & - \sqrt{(R_{S_2})^2 + (R_{P_1})^2 + 2R_{S_2}R_{P_1}\cos(\varphi_{K_1} + \alpha_2)} \\ & - \sqrt{(R_{N_2})^2 + (R_{Q_1})^2 + 2R_{N_2}R_{Q_1}\cos(\varphi_{K_1} + \alpha_3)} \end{aligned} \tag{3-68}$$

$$L_{\text{shellow}} = R_{M_4}\cos\varphi_{M_4} + R_{MS_4}\cos\varphi_{MS_4} + R_{M_6}\cos\varphi_{M_6} \tag{3-69}$$

$$L_{\text{long}} = -R_{S_a}\cos\varphi_{S_a} + R_{S_{Sa}}\cos\varphi_{S_{Sa}} \tag{3-70}$$

式中，$R = fH$ ，H 、g 和 f 是下标所对应分潮的调和常数和交点因子；φ_{K_1} 为 K_1 分潮天文幅角的函数。其他变量由分潮的调和常数按下列式计算：

$$\alpha_1 = g_{K_1} + g_{O_1} - g_{M_2},\ \alpha_2 = g_{K_1} + g_{P_1} - g_{S_2},\ \alpha_3 = g_{K_1} + g_{Q_1} - g_{N_2} \tag{3-71}$$

$$\varphi_{M_4} = 2\varphi_{M_2} + 2g_{M_2} - g_{M_4},\ \varphi_{MS_4} = \varphi_{M_2} + \varphi_{S_2} + g_{M_2} + g_{S_2} - g_{MS_4} \tag{3-72}$$

$$\varphi_{M_6} = 3\varphi_{M_2} + 3g_{M_2} - g_{M_6},\ \varphi_{S_a} = \varphi_{K_1} + g_{K_1} - \frac{1}{2}(g_{S_2} + \varepsilon_2) - g_{S_a} - 180° \tag{3-73}$$

$$\varphi_{S_{Sa}} = 2\varphi_{K_1} + 2g_{K_1} - g_{S_2} - g_{S_{Sa}} - \varepsilon_2,\ \varepsilon_2 = \varphi_{S_2} - 180° \tag{3-74}$$

φ_{M_2} 的计算分为以下两种情况：

①当 $R_{M_2} \geqslant R_{O_1}$ 时：$\varphi_{M_2} = \arctan\dfrac{R_{O_1}\sin(\varphi_{K_1} + \alpha_1)}{R_{M_2} + R_{O_1}\cos(\varphi_{K_1} + \alpha_1)} + 180°$ （3-75）

②当 $R_{M_2} < R_{O_1}$ 时：$\varphi_{M_2} = \varphi_{K_1} + \alpha_1 - \arctan\dfrac{R_{M_2}\sin(\varphi_{K_1} + \alpha_1)}{R_{O_1} + R_{M_2}\cos(\varphi_{K_1} + \alpha_1)} + 180°$ （3-76）

φ_{S_2} 的计算公式也分为以下两种情况：

①当 $R_{S_2} \geqslant R_{P_1}$ 时：$\varphi_{S_2} = \arctan\dfrac{R_{P_1}\sin(\varphi_{K_1} + \alpha_1)}{R_{S_2} + R_{P_1}\cos(\varphi_{K_1} + \alpha_1)} + 180°$ （3-77）

②当 $R_{S_2} < R_{P_1}$ 时：$\varphi_{S_2} = \varphi_{K_1} + \alpha_1 - \arctan\dfrac{R_{S_2}\sin(\varphi_{K_1} + \alpha_1)}{R_{P_1} + R_{S_2}\cos(\varphi_{K_1} + \alpha_1)} + 180°$ （3-78）

由 13 个分潮的调和常数及上述式，将式(3-67)简化为 K_1 分潮幅角 φ_{K_1} 的单自变量函数。将 φ_{K_1} 从 0°至 360°变化取值，可求得 L 的最小值，其绝对值即为净深基准值 L。

上述式中交点因子 f 也是变量，依月球的升交点经度而定，变化周期约为 18. 61 年。在求式(3-67)极值时，必须选择起很大作用的 f 值，见表 3. 2。

表 3. 2　**交点因子 f 数值表**

潮汐类型	Sa	S_{Sa}	Q_1	O_1	P_1	K_1	N_2	M_2	S_2	K_2	M_4	MS_4	M_6
半日潮	1. 000	1. 000	0. 807	0. 806	1. 000	0. 882	1. 038	1. 038	1. 000	0. 748	1. 077	1. 038	1. 118
日潮	1. 000	1. 000	1. 183	1. 183	1. 000	1. 113	0. 963	0. 963	1. 000	1. 317	0. 928	0. 963	0. 894

混合潮海区，分别根据半日潮类型与日潮类型两组交点因子数值，依后文式(3. 82)计算净深基准值的两组结果，取其绝对值大者为最终结果。

3. 3. 3　净空基准面

净空基准面，又称平均大潮高潮面。在海洋海岸带测量中，净空基准面是灯塔光心、明礁、跨海桥梁及悬空线缆等净空高的基准面，也是海岸防护建筑物等保守高的基准面。净空基准面与海岸地面相截，其截线就是理论定义的海岸线。

净空基准面也是一种特征潮位面，用其相对于当地平均海面的高度来表示，该高度值称为净空基准值 Q，其大小与当地潮汐的强弱即潮差的大小有着密切的关系。在海洋潮汐学中，平均大潮高潮面是指半日潮大潮期间高潮位的平均值，即定义限制于半日潮类型海域，这与大潮概念只存在于半日潮类型有关。在日潮类型海域，回归潮与半日潮类型的大潮具有相似的极值意义，但日潮类型海域回归潮时的日潮不等现象十分明显，故在日潮类型海域可采用平均回归潮高高潮面。对于混合潮类型海域，依据不规则半日潮类型与不规则日潮类型对应选择。因此，净空基准面的定义依据潮汐类型而本质上代表的特征潮位面并不相同，这与美国海岸线定义中的平均高潮面相似，其在日潮类型海域实质是平均高高潮面。

由净空基准面定义可知，其计算应采用实测水位数据或预报潮位的统计算法。算法的关键是推算或判断大潮或回归潮出现日期。推算是指首先由潮汐类型决定采用大潮或回归潮，进而分别依朔望(或阴历)或月球赤纬推算日期。判断是指直接由潮差大小判断大潮或回归潮出现日期，不判断潮汐类型也不计算月相与月球赤纬，可作为所有潮汐类型统一的统计算法。每次大潮或回归潮应选取前后共三天的高潮或高高潮，取 19 年的平均值，该平均值与当地长期平均海面在垂直方向上的差距即为净空基准值。

3.4 高程基准与深度基准转换

3.4.1 高程基准与深度基准转换方法

深度基准是相对于平均海面定义的，深度基准值 L 的计算本身不需要任何其他垂直基准的信息。当深度基准面可连续描述(无缝曲面时)，海图所反映的深度可以准确方便地归算到平均海面，进而利用平均海面与似大地水准面的关系归算到似大地水准面(高程基准)。这样，高程深度基准转换就转化为似大地水准面与深度基准面之间关系的确定。

3.4.1.1 卫星测高平均海面高确定

由海平面变化规律不难看出，单点的多年平均海面高计算应尽量符合“时间跨度长，采样间隔均匀，数据质量一致”这 3 个条件。这样求得的多年平均海面高，其剩余非潮汐海平面变化便于进一步分析处理。由卫星测高数据计算测高平均海面高时，其计算方法同样也应尽量满足这样要求，主要技术流程为：

①选择时间跨度长、有效采样较为均匀、海面高测量精度高、轨道自洽性好的测高卫星地面重复轨迹为控制框架，在扣除平均海面梯度影响后，计算其地面重复轨迹的多年稳态海面高，作为参考轨迹框架。显然，重复轨迹的多年平均海面高计算过程符合上述条件。

②在计算参考轨迹框架的同时，将参与每一沿轨正常点海面高平均值计算的海面高观测时间求平均，得到该正常点多年稳态海面高对应的历元，即计算历元值；利用非潮汐海平面变化模型，将每一正常点的稳态海面高归算到指定的参考历元，得到参考历元时刻的沿轨平均海面高。

③固定重复轨迹的参考历元平均海面高，将其余各种测高卫星海面高观测量按某一地面轨迹强制归算到参考轨迹框架上，再逐一针对每种测高卫星海面高观测数据，计算其地面重复轨迹的平均海面高。

④对全部地面轨迹平均海面高进行格网化运算，求得区域平均海面高数字模型。

3.4.1.2　地球参考框架中平均海面大地高归算

由垂直参考网与海平面同步观测数据，结合非潮汐海平面变化和地心运动参数等，将卫星测高平均海面高转换到地球参考框架中，主要技术流程（图 3.8）为：

①将测高平均海面高按下式由参考轨迹框架测高卫星的参考椭球转换为地球参考框架对应的参考椭球上：

$$H = H' - \frac{a - a'}{\sqrt{1 - e^2 \sin^2\varphi}} \approx H' - (a - a') \tag{3-79}$$

式中：a'，a 分别为框架测高卫星和地球参考框架的参考椭球长半轴，H'，H 分别为测高平均海面高和地球参考框架的平均海面高。

②利用验潮站 GNSS 联测或 GNSS 浮标，确定验潮站或 GNSS 浮标处某历元时刻的平均海面大地高，由非潮汐海平面变化模型将其转换到参考历元，再由地心运动参数将这些离散的平均海面高转换到参考历元时刻的质心框架中。

③将验潮站或 GNSS 浮标处若干个离散点在地球参考框架中的平均海面高值和测高平均海面高数字模型比较，确定归算模型，从而将测高平均海面高归算到地球参考框架中。

在步骤②中，当 GNSS 浮标水位连续观测或验潮站 GNSS 同步连续观测时间不够长时，还要做相应的处理。

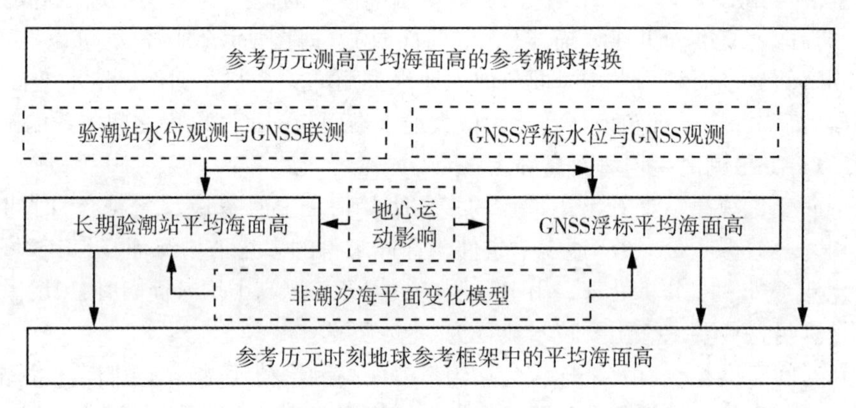

图 3.8　地球参考框架中平均海面高归算流程图

按上述方案处理后，得到的是地球质心框架和平均潮汐（零潮汐）系统下，地球参考框架中参考历元时刻的平均海面高。

3.4.2　海岛礁跨海高程传递方法

跨海高程传递是近岸海岛礁高程传递的传统技术手段，在我国已有广泛应用。目前常用的跨海高程传递方法有 3 种：测距三角高程测量、GPS 三角高程测量和短时同步验潮法。

测距三角高程测量与 GPS 三角高程测量原理类似，测量精度均受通视条件、大气折光和视线沿线垂线偏差变化的影响，主要用于 20km 以内的跨海高程传递；短时同步验潮法主要用于水文环境相似的两端跨海高程传递，传递距离一般不大于 100km。

当跨海距离小于 2km 时，可采用相应等级的跨海水准测量技术实施跨海高程传递。

3.4.2.1　测距三角高程测量

测距三角高程测量的基本原理是：采用对向同步观测手段，测量视线的边长和垂直角，从而测定视线两端的高差。

由于视线两端的水平面不平行，且视线沿途存在垂线偏差，因此，测定的高差严格意义上既不是大地高高差，也不是正常高高差(图 3.9)。当跨海距离不大时，可假设视线沿途的垂线偏差在视线方向投影的正切值(或正弦值)呈线性变化，且跨海两端当地水平面平行，则由测距三角高程或 GPS 三角高程测定的视线两端高差就是正常高高差。

当上述假设条件偏离实际情况时，可利用跨海沿线周边的重力场数据(或重力场模型)计算视线沿线的垂线偏差，对观测量实施相应改正。

为提高跨海高程传递的可靠性，一般要求跨海两端分别设立 2 个观测墩，组成大地四边形，进行测距三角高程传递测量。当跨海距离大于 10km 后，还可通过测定视线两端的地面垂线偏差来提高高程传递结果的可靠性。

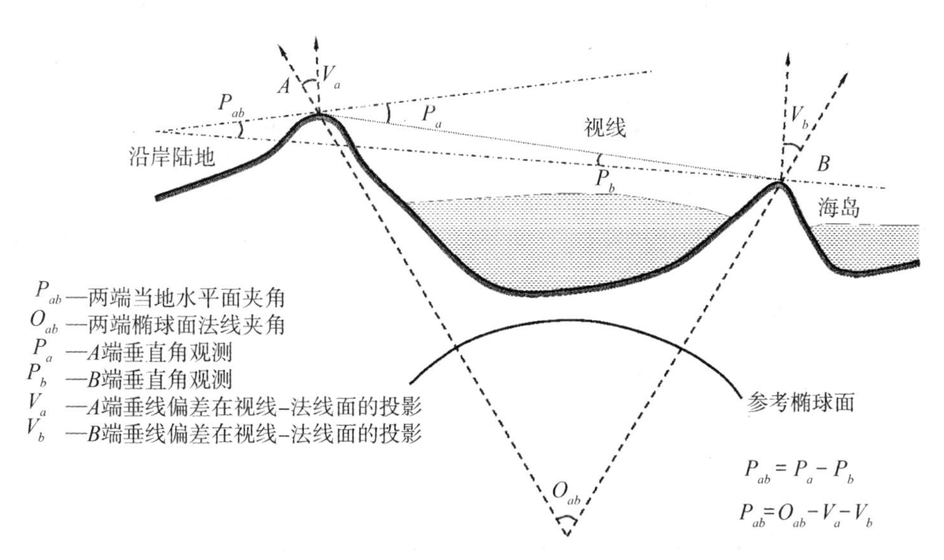

图 3.9　跨海两端视线、当地水平面、椭球法线及其相互关系图

3.4.2.2　GPS 三角高程测量

GPS 三角高程测量是在测距三角高程测量的基础上，增加 GPS 同步观测，精确测定视线的基线矢量，其作用除提高跨海高程传递的可靠性外，还能配合垂直角测量，相当于测定了视线两端垂线偏差在视线方向上的投影之差(图 3.9)。

对于离岸较远的海岛礁，可利用中间距离的海岛礁作为中介，采用接力跨海高程传递方式传递高程。目前，我国沿海不少海岛礁都是采用这种方式进行高程传递的。

3.4.2.3　短时同步验潮法

短时同步验潮法的基本原理是：在跨海两端设立短时验潮站，同步进行水位观测若干天，假设同步观测期间，两端验潮站处海平面变化的平均效应一致，且此期间的短时平均水位与似大地水准面平行，则两端验潮站在同步观测期间的平均水位高程相等。

当两站距离较远且海面气压存在差别时，可进行同步气压观测，增加逆气压改正，提高高程传递精度；可通过与附近长期验潮站进行联合处理，或增加海面地形倾斜改正，进一步提高高程传递精度。

图3.10为GPS三角高程测量与短时同步验潮法联合进行跨海高程传递测量的示意图。

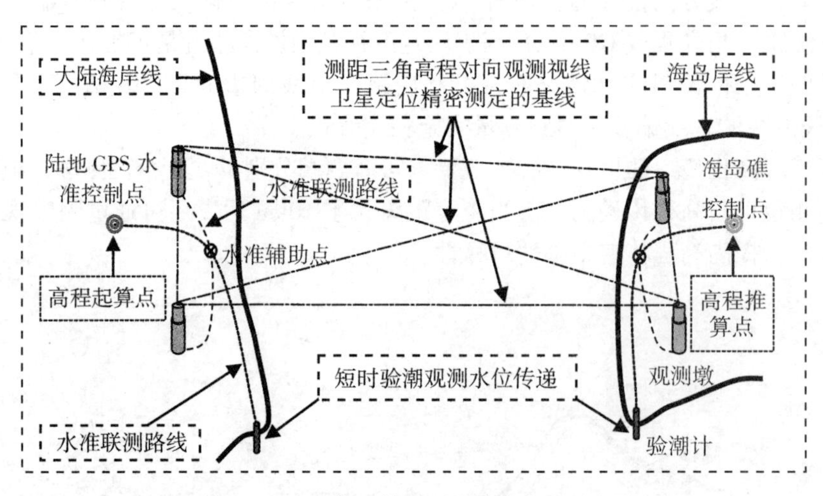

图3.10 跨海高程传递测量线路布设示意图

3.4.3 海岛礁瞬时水位推算方法

海面的实际升降主体上表现为潮汐变化，但气象等因素引起的短期信号性质的变化也具有不可忽略的量级。通过对长期验潮站数据的基准换算、实测水位和预报潮高的比较，获得非潮汐水位，即余水位。根据余水位具有良好的空间一致性的特点，将监测的余水位与预报潮高组合，恢复瞬时水位，可实现高精度的水位推算。

由精密海潮模型可以得到海岛礁短期(临时)验潮站处的潮汐参数，按下式进行潮汐预报：

$$T(x, y, t) = \sum_{i=1}^{n} f_i H_i \cos(\sigma_i t + V_{0i} + u_i - g_i) \tag{3-80}$$

式中，$T(x, y, t)$为短期验潮站(x, y)处t时刻的潮高，n为分潮个数。

这样，海岛礁短时验潮站(x, y)处在t时刻的瞬时海面高为：

$$h(x, y, t) = T(x, y, t) + S(x, y, t) \tag{3-81}$$

瞬时余水位$S(x, y, t)$一般需要结合附近长期验潮站余水位按一定方法推算。常见余水位推算方法有同步改正法、回归分析传递法和潮差比传递法等(暴景阳，2006)。

基于余水位的深度基准传递方法可有效克服潮汐模型的系统误差，补偿非潮汐因素影响，从而有效提高水位推算精度。其精度取决于潮汐模型和区域内余水位一致性两方面的误差，在精密潮汐模型支持下，主要取决于余水位的一致性误差。

3.4.4 GNSS 代替验潮水位控制测量

在海洋水深测量时，一般需要在测区范围内布设验潮站，通过与长期验潮站同步验潮观测，将深度基准面、平均海面由长期验潮站传递到测区，这个过程称为水位控制。水深测量过程中，还需布设验潮站，同步观测瞬时水位，进行瞬时水位改正，才能将瞬时测得的水深值归算到相对于深度基准面的水深值。水位控制和水位改正都需要布设验潮站，并进行同步水位观测，这是一项工作量较大的外业测量工作。

利用高精度 GNSS 动态定位技术，精确确定测点大地高 H 后，进而利用海洋垂直基准模型，可代替同步验潮法的水位控制和水位改正工作，即直接将瞬时水深值归算为相对于深度基准面的水深值。若忽略平均海面和净深基准值随时间的变化，则利用 GNSS 动态定位测定的瞬时水深可按下式转化为基于深度基准面的水深值：

$$D = \widetilde{D} - H + \mathrm{MSH} - D_H \tag{3-82}$$

式中，H 为水深测量时刻由高精度 GNSS 动态定位技术测定的瞬时海面大地高；$\widetilde{D}$ 为测得的瞬时水深值；MSH、D_H 分别为测点处的平均海面大地高和净深基准值。

上述由 GNSS 代替同步验潮法的水位控制和水位改正方法，在海洋测量控制中具有普适性，也称为无验潮(或免验潮)的海洋控制测量方法。

第4章　海岛礁遥感识别定位

海岛是划分领海及其他管辖海域的重要标志。在开展海岛礁测绘之前，需要通过遥感影像对海岛礁进行识别定位，建立我国海岛(礁)位置数据集，全面摸清海岛礁的数量、分布、形态、面积等信息。

本章节将重点介绍海岛礁界定、识别和定位的基本原理、技术方法及其作业流程。

4.1　概述

4.1.1　海岛礁界定

海岛礁由于受海洋潮汐的影响，有的始终露在海面，有的时而露出海面时而淹于水下，有的始终被海水淹没，所以按相对于潮位面的高度海岛礁可划分为三大类型：海岛、低潮高地、暗礁。

(1)海岛

海岛是指四面环海水并在高潮时高于水面的自然形成的陆地区域。由定义可知，海岛是一块陆地区域，判定是否为海岛需要符合3个必要条件，一是四面环海水，二是在高潮时要高出水面，三是自然形成的。可见，海岛与面积大小无关，与有人居住与无人居住无关，与有没有生长植被无关，与其名称如称之为岛、屿、洲、沙、石、台、礁等也无关。与自然形成的海岛相对应，由人工形成的符合四面环海水并在高潮时高于水面的海岛称为人工海岛。

(2)低潮高地(干出礁、干出滩)

低潮高地是指位于深度基准面以上、在低潮时出露、大潮高潮时淹没海水中、自然形成的陆地区域。低潮高地按其组成物质和成因，可分为干出礁、干出滩等。

干出礁地表形态多崎岖不平，受海洋水动力的作用，其构造、层序和地貌发育清晰可辨。干出礁水浅，较易构筑工程，有着重要意义。

干出滩是由海洋在沿岸海底地形等屏障地貌作用下，由冲积物淤积而成，其物质成分主要是砾石、粗砂、细砂、泥质粉砂、黏土等。干出滩地貌形态多样，受海水动力的作用，地貌形态发育不稳固。如钦州湾的老人沙，长江口的九段沙，中越界河北仑河河口的河心洲等。

(3)暗礁(暗沙)

暗礁是指位于深度基准面之下、在低潮时淹没海水中的礁沙。按其组成物质和成因，如是礁石称之为暗礁，如是沙洲则称为暗沙。

海岛礁剖面分类示意图如图 4.1 所示。

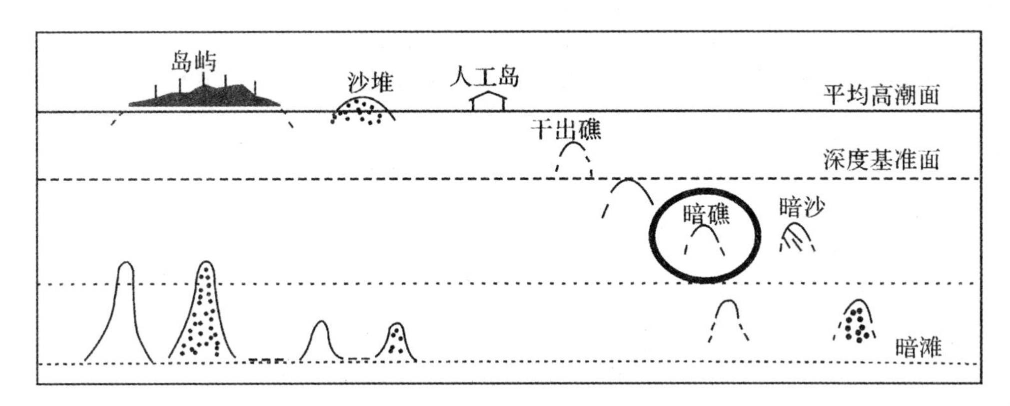

图 4.1 海岛礁剖面分类图

4.1.2 海岛类型

(1)按面积大小分类

我国海岛按面积大小分类可分为特大岛、大岛、中岛、小岛和微小岛，见表 4.1。

表 4.1 **海岛面积大小分类**

分　类	面　积
特大岛	≥2500 km^2
大岛	100~2500 km^2
中岛	5~99.9 km^2
小岛	500 m^2~4.9 km^2
微小岛	<500 m^2

(2)按成因分类

海岛按其成因可分为自然岛与人工岛两大类。自然岛依地质地貌成因可分为基岩岛、堆积岛与海洋岛。海洋岛是指在海洋中单独生成的岛屿，其发育过程与大陆无直接联系，分布地区一般离大陆较远，海洋岛按其组成物质和成因，又可分火山岛和珊瑚岛。主要类型、特征介绍如下：

①基岩岛：基岩岛是由基岩构成的岛屿。基岩岛地质构造和大陆有密切联系，基础多固结在大陆架上或大陆坡上，很多基岩岛原本是大陆的一部分，由于地壳下沉或海面上升致其与大陆隔离成为岛屿，所以基岩岛一般又称为大陆岛。我国基岩岛数量最多，占全国海岛总数 93%左右；大部分分布在大陆沿岸海域，其中距离大陆小于 10km 的海岛约占我国海岛总数 67%以上。台湾岛、海南岛是我国两个最大的基岩岛。基岩岛主要地貌特征

是被沙滨及砾石滩环绕，岛屿岸线曲折、湾岬相间，岛屿周围多礁石。

②堆积岛：堆积岛是由于河流携带的物质受海洋潮流和波浪作用在海岸、河口堆积或淤积而成的岛屿，也称冲积岛，由于堆积岛(冲积岛)主要由泥沙构成，故亦称泥沙岛。我国泥沙岛数量不多，约占海岛总数6%；主要分布于大江、河流入海口，或平原海岸的外侧，典型的有沙岛、泥岛，一般泥岛形成于河口，而沙岛形成于湾口，如我国长江口外的崇明岛、渤海湾中的曹妃甸等。沙洲通常发育在河口附近或岛区形成平行于潮流方向，以沙为主，多含钙化物碎屑，如贝壳沙、珊瑚沙等，常有植被覆盖。主要地貌特征为三角洲冲积平原，海拔较低，可见风成地貌。

③火山岛：火山岛是由海底火山喷发物质(主要是熔岩)堆积，其火山锥升至海面之上而成，一般与大陆的构造、岩性、地质演化历史没有关系。火山岛一般面积较小，地势陡峻，形态多样，主要分布于我国的东海、南海，如东海的钓鱼岛、北部湾北部的涠洲岛和斜阳岛。

④珊瑚岛：珊瑚岛是由珊瑚礁构成的岩岛，或是在珊瑚礁上由珊瑚碎屑等形成的沙岛，在地质条件相对稳定或地壳上升条件下，珊瑚礁由深向浅逐渐生长，礁体从暗滩、暗礁发展到干出礁、沙洲，最后形成岛屿。我国珊瑚岛数量很少，仅占海岛总数的1.6%，主要分布于我国南海热带和亚热带的浅海之中，大多地势平坦，如西沙群岛的永兴岛、南沙群岛的太平岛等众多岛屿。

⑤人工岛：人工岛是由人工构筑而成，形状比较规则，建成后完全位于大潮高潮面之上，如有为旅游开发的海南省三亚市南海观音岛，有为港口开发的海南省琼海市龙湾人工岛，有为浅海油田石油开发的河北省黄骅市张巨河人工岛，也有为捍卫国家主权而构建的人工岛等。

4.1.3　海岸线及其类型

(1)海岸线

海岸线就是海陆的分界线，在我国是指多年平均大潮高潮位的海陆分界痕迹线。海岸线按陆、海分布有大陆岸线与海岛岸线之分，其中我国海岛岸线总长约1.68×10^4km。

(2)海岸线类型

海岸线按其成因可分为自然岸线与人工岸线两大类：其中自然岸线是由陆海相互作用而形成的岸线，可再细分为基岩岸线、砾石岸线、砂质岸线、淤泥岸线、生物岸线等，而生物岸线又有珊瑚礁岸线、红树林岸线和芦苇岸线等之分。人工岸线是指由人工构筑物组成的岸线，如防波堤、坝、码头、闸、船坞等。

4.1.4　海岛界定原则

海岛界定包含定性、定量两方面的内容：一是界定其是不是海岛，与海岛定义是否相符，四面是否环海水，大潮高潮时是否露出水面，抑或是低潮高地(干出礁)或暗礁，这就是定性。二是界定判断独立地理统计单元，如相距很近、聚合在一起的若干个微小海岛，是算若干个海岛还是算为一个丛岛，这就是定量。

海岛界定的范围为大陆海岸线以外的我国所属全部海岛。大陆海岸线以最新海岸线修测成果为准。为了摸清海岛的数量与分布，首先需要采用航天航空遥感影像，制作数字正射影像图，对海岛礁进行解译与调绘，采集海岛礁的地形数据，包括位置、岸线、面积、高程、类型及其社会属性如名称、有无居民、保护与利用状况等，编制成标准比例尺地形图，作为海岛界定的数据基础。

为了对海岛数量进行准确统计，避免产生歧义，国家海洋局颁布《海岛界定技术规程》，对海岛界定的范围、基准时间、方法和技术指标以及海岛分类、编号、数量统计等作了具体规定。其中对海岛独立地理统计单元的规定如下：

①对于面积大于或等于 500 m^2的海岛，不论其与相邻大陆或海岛相隔多远，均界定为独立地理统计单元的海岛。

②对于面积小于 500 m^2的微型海岛，按照单岛、丛岛两种分布形式进行界定。单岛是指孤立分布在某一海域的一个微型海岛；丛岛是指集中分布在某一海域且距离相近的两个或两个以上的微型海岛。

为了判定单岛、丛岛是否作为独立地理统计单元，首先以海岛岸线为基线，以 L=50 m 间距划定扩展区，如图 4.2 所示。

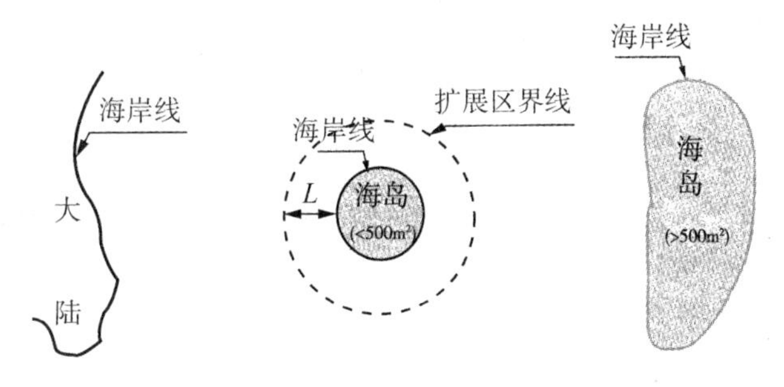

图 4.2　海岛界定采用的扩展区

4.2　海岛礁遥感识别

4.2.1　海岛礁识别影像类型

航天遥感影像资料种类越来越多，这给海岛礁识别定位带来较大的选择空间。目前，常用的地球资源遥感卫星按成像机理主要有光学遥感卫星和合成孔径雷达卫星两类，其中光学遥感卫星应用最为广泛。当光学遥感影像数据获取困难、质量较差(如受云层干扰)时，可采用合成孔径雷达影像作为备选数据。

(1)光学遥感影像

光学遥感卫星按空间(地面)分辨率大小大致可分为低分辨率(大于 10m)、中分辨率(2.5~5m)、高分辨率(优于 1m)三大类。低分辨率的光学遥感卫星以美国陆地探测卫星 Landsat 5 和 Landsat 7 为代表，中分辨率的光学遥感卫星以法国 SPOT4、SPOT5、日本的 ALOS、印度的 IRS-P5、中国资源 3 号测绘卫星、天绘 1 号为代表，高分辨率的光学遥感卫星以美国IKONOS、Quickbird、WorldView、GeoEye为代表。

常见的光学遥感卫星影像数据源分辨能力与覆盖能力统计见表4.2。

表4.2　**常见光学数据源分辨能力与覆盖能力统计表**

卫星/传感器	波段	空间分辨率(m)	幅宽(km)	重访周期(d)	状态
Landsat-5/TM	VNIR4.	30	185	16	在役
	SWIR2.				
	TIR	120			
Landsat-7/ETM+	VNIR4.	30	185	16	退役
	SWIR2.				
	TIR	60			
	PAN	15			
SPOT5	VNIR3.	10	60	5	在役
	SWIR	20			
	PAN	5/2.5			
CBERS-02/CCD	VNIR4.	19.5	113	26	在役
	PAN				
CBERS-02B/CCD	VNIR4.	19.5	113	26	在役
	PAN				
CBERS-02B/HR	PAN	2.5	27	104	在役
北京1号	VNIR3.	32	600	2~3	在役
	PAN	4	24	5~7	
ALOS	VNIR4.	10	70	46	在役
	PAN	2.5	70，35		
RapidEye	VNIR5.	6.5	77	5.5	在役
IRS-P5	PAN	2.5	55	5	在役
FORMOSAT-2	VNIR4.	8	24	1	在役
	PAN	2			
KOMPSAT-2	VNIR4.	4	15	3	在役
	PAN	1			
IKONOS	VNIR4.	4	11	3	在役
	PAN	1			

续表

卫星/传感器	波段	空间分辨率(m)	幅宽(km)	重访周期(d)	状态
OrbView-3	VNIR4.	4	8	<3	在役
	PAN	1			
GeoEye-1	VNIR4.	1.6	15	<3	在役
	PAN	0.4			
Quickbird	VNIR4.	2.4	16.5	1~6	在役
	PAN	0.6			
WorldView-1	PAN	0.5	16	2~6	在役
WorldView-2	VNIR8.	1.8	16	1~4	在役
	PAN	0.5			

几种高分辨率光学卫星立体影像标称的星下点无控/少控定位精度统计见表4.3。

表4.3 **无控/少控平面定位精度统计表**

卫星影像	无控制定位精度(m)	稀少控制定位精度(m)
IRS-P5	80	5
SPOT5	50	3
Quickbird	20	1~3
IKONOS	12	1.1~2.5
WorldView-1	6	2
GeoEye-1	4	0.5~1

美国IKONOS-2卫星于1999年9月24日发射，成为世界上首颗提供优于1m分辨率的商业光学遥感卫星。IKONOS的CCD数字相机系统由美国依曼柯达公司研制，包括一个光学1m分辨率传感器和一个4波段分辨率的多光谱传感器，系统总重171kg，焦距10m，主镜直径0.7m，能同时拍摄优于1m分辨率的全色图像和4m分辨率多波段图像，地面成像带宽11~13m。三线阵CCD扫描式成像，相机主光轴可左右向或前后向偏转45°，从而保证在很大范围内获取所需地点的单视图像或在同一圈轨道上获取立体相对，继而提高对地物的识别能力。

Quickbird卫星传感器为推扫式线性CCD数组，具有30°倾斜侧视能力，传感器分辨率与光谱波段技术参数分别为：全色星下点影像空间分辨率为0.61m，光谱范围445~990nm；多光谱星下点影像空间分辨率为2.44m，光谱范围分别为450~520nm(蓝波段)、520~600nm(绿波段)、630~690nm(红波段)、760~900nm(近红外波段)。在没有地面控制点的情况下，地面定位圆误差精度可达23m；采用11bit/s数据格式，增加了灰度级别，减少了阴影部分信息的损失。

印度IRS-P5遥感卫星于2005年5月5日发射，轨道高度为618km，搭载有两个相同的相机，焦距为 1945mm，沿轨道方向分别前倾 26°、后倾 5° 构成立体像对，基高比为 0.62，前后视星下点分辨率分别是 2.452m 和 2.187m。这种组合的立体观测方式，有利于减小大高差地区的遮挡，且后视影像可以制作良好的正射影像。在立体观测模式下，两个相机获取同名地物影像的时间间隔为 52 秒。为了使不同视角的两个相机能获取地面同一位置上的影像，卫星平台在运行的过程中，通过一定量的调整来补偿地球自转偏移影响，这样形成的像对有效幅宽为 26km。而且由于摄影时间间隔短小，两幅影像的辐射效应基本一致，有利于立体观察和影像匹配。

(2)合成孔径雷达遥感影像

合成孔径雷达卫星以加拿大雷达卫星 RADARSAT 为代表。合成孔径雷达成像(SAR 图像)的投影方式不同于可见光透视投影，它采用的是斜距投影。当观察一景合成孔径雷达图像时，是完全不同于人眼所见的特征，在图上很难用人眼直观观测地物的具体形状。这是因为人眼接收的是目标物反射太阳光(或其他光源)的能量。而雷达则是一种工作在微波波段的主动式传感器。它发射某一特定波长的电磁波，接受来自地面的后向散射电磁波能量，相干成像，即雷达接收的能量是本身发射的电磁波，这导致雷达参数有许多是可以控制的，这样可以把这些参数代入单幅雷达影像测图技术中，在用来求解坡度的方程时，减少约束条件，从而使求解出来的 DEM 高程更加精确。除了雷达是主动式遥感方式这一特点外，雷达还是侧视成像，成像机理复杂，有特殊的辐射和几何畸变，信息形成的机理和信息提取的方法也有很大的不同。这些特点不仅使它所观测的地物特性不同于人眼观察得到的地物特性，而且几何特性也很不同。如在光学遥感图像上，地物的阴影是固定的，取决于太阳的光照，而雷达图像的阴影总是产生在背对着雷达照射方向的一面，与太阳无关，表 4.4 为常见雷达遥感影像分辨能力与覆盖能力统计。

表 4.4　**常见雷达遥感影像分辨能力与覆盖能力统计表**

<table>
<tr><th>卫星/传感器</th><th>模式</th><th>分辨率(m)</th><th>幅宽(km)</th><th>重访周期(d)</th><th>状态</th></tr>
<tr><td rowspan="3">Envisat/ASAR</td><td>Image</td><td>30</td><td>100</td><td rowspan="3">35</td><td rowspan="3">在役</td></tr>
<tr><td>Alternating Polarisation</td><td>30</td><td>100</td></tr>
<tr><td>Wide Swath</td><td>150</td><td>400</td></tr>
<tr><td rowspan="3">ALOS/PalSAR
(日本)</td><td>Fine Resolution</td><td>7~88</td><td>40~70</td><td rowspan="3">46</td><td rowspan="3">在役</td></tr>
<tr><td>ScanSAR</td><td>100</td><td>250~350</td></tr>
<tr><td>Polarimetric</td><td>24~89</td><td>20~65</td></tr>
<tr><td rowspan="5">RADARSAT-1
(加拿大)</td><td>Fine</td><td>10</td><td rowspan="5">50
100
150
300
500</td><td rowspan="5">24</td><td rowspan="5">在役</td></tr>
<tr><td>Standard</td><td>30</td></tr>
<tr><td>Wide</td><td>30</td></tr>
<tr><td>ScanSAR Narrow</td><td>50</td></tr>
<tr><td>ScanSAR Wide</td><td>100</td></tr>
</table>

续表

卫星/传感器	模式	分辨率(m)	幅宽(km)	重访周期(d)	状态
RADARSAT-2 (加拿大)	Hyperfine	3	20	24	在役
	Complete Polarized Fine	10	25		
	Complete Polarized Standard	30	25		
	Fine	8	50		
	Standard	30	100		
	Wide	30	150		
	ScanSAR Narrow	50	300		
	ScanSAR Wide	100	500		
TerraSAR-X	SpotLight	1~2	10	11	在役
	StipMap	3~6	30		
	ScanSAR	16	100		
COSMO-SkyMed (德国)	SpotLight	1	10	16	在役
	StipMap	3/15	40/30		
	ScanSAR	30/100	100/200		

4.2.2 海岛礁识别遥感影像数据参数

针对遥感影像海岛礁识别定位应用，对遥感影像数据源选择考虑的主要参数包括目标分辨能力、覆盖能力以及定位精度。其中，目标分辨能力主要通过地面分辨率、光谱分辨率(波段数量)体现；覆盖能力通过幅宽和重访周期来反映；定位精度主要指在无控或少控情况下标称的卫星影像星下点平面位置精度。

各种不同分辨率的遥感影像信息提取与主要应用领域见表4.5。

表4.5 **各种不同地面分辨率的遥感影像信息提取**

类型	应用领域	数据源	地面分辨率	光谱分辨率	时间分辨率
定量遥感	生态环境 动态监测	MODIS AVHRR	低	高	高
遥感分类	农林与国土资源 调查与规划	MSS/TM/ETM+ /SPOT4/CBERS	中	中	中
目标识别	目标探测 精细识别	SPOT5/ ALOS / IRS-P5 /资源3号/ IKONOS/Quickbird/WorldView/GeoEye	高	低	中、低

(1)多光谱遥感影像数据最佳波段组合选择

我国海岛按成因主要有基岩岛、泥沙岛、珊瑚岛等几种类型，各类海岛的主要分布范围见表4.6。

表4.6 我国海域不同类型海岛的分布

海岛类型	分布范围
基岩岛	辽东半岛沿海，山东半岛沿海，浙闽沿海，华南沿海，台湾岛、海南岛及其附近海域
泥沙岛	长江口、珠江口、黄河等大河口形成的三角洲
珊瑚岛	南海海域内包括东沙、中沙、西沙和南沙四大群岛

海岛礁的识别定位，重在对海岛水陆边界、干出浅滩以及暗礁等目标的识别与提取。而对不同类型的海岛如珊瑚岛、泥沙岛、基岩岛以及礁、沙洲、滩、海水等地表要素的多光谱影像来说，它们各波段的光谱影像是不一样的，因此在海岛识别时，需要选择对光谱反射差异突出的最佳波段进行组合，融合成特定的多光谱影像，以利于目标的识别与提取。

目前绝大多数卫星影像传感器是以全色搭配多光谱为主，常见的卫星传感器，其波段设置并不完全相同，如SPOT卫星波段范围仅为可见光的0.50~0.68μm部分，缺少反映水体的蓝波段，而Landsat-7包含可见光的全部波长、近红外、热红外、全色等波段。表4.7和表4.8分别列出了SPOT和Landsat-7 ETM+影像各波段范围及各光谱特征的用途。

表4.7 **SPOT影像各波段范围及光谱特征的用途**

波段号	波段类型	波长(μm)	主要用途
1	绿色	0.50~0.59	对水体有一定的穿透能力，在干净的水域能穿透10~20m；可区分人造地物类型
2	红色	0.61~0.68	对城市道路，大型建筑工地反映明显，海水中的泥沙流也有明显反映
3	近红外	0.79~0.89	干净水域水面的反射率为1%，水面呈黑色或者暗黑色
4	短波红外	1.58~1.75	水陆边界清晰，利于水边线的绘制；可区分土壤含水量

表4.8 **Landsat-7 ETM+影像各波段范围及光谱特征的用途**

波段号	波段类型	波长(μm)	主要用途
1	蓝色	0.45~0.52	用于水体穿透，土壤植被分辨
2	绿色	0.52~0.60	用于分辨植被，探测可溶性有机物
3	红色	0.63~0.69	能反映植被，减少烟雾影响
4	近红外	0.76~0.90	用于区分陆地、水体边界

续表

波段号	波段类型	波长(μm)	主 要 用 途
5	短波红外	1.55~1.75	能分辨道路、土壤、水体
6	热红外	10.5~12.5	能感应发出热辐射的目标
7	短波红外	2.08~2.35	对岩石矿物，植被土壤都能分辨
8	全色	0.52~0.90	用于增强目标的分辨能力

以 Landsat-7 ETM+ 影像为代表，各个波段对海岛礁的探测识别作用分析如下：

①TM1、TM2：蓝绿波段，在这两个波段水体的衰减系数最小，可以反映水体深度；

②TM3、TM4：红、近红波段，水体的衰减系数增大，穿透能力降低，但分辨能力增强，水体信息量比前两个波段丰富得多，能很好地反映水面信息或浅水区信息；

③TM5、TM7：两个短波红外波段的信息很相似且水体部分色调单一，不易分出层次，一般不用于水体研究，但由于水体对红外波段的吸收最为强烈，水陆对比鲜明，因此这两个波段常用来分离水陆边界。

选取珠江三角洲(有泥沙岛发育)、海南岛周边(有基岩岛礁发育)、南沙群岛(有珊瑚岛礁发育)三个典型区域的岛礁影像进行试验，分别采用反射率较高，信息量相对丰富的 ETM 421、543、742 波段组合，并赋予红、绿、蓝通道，合成后影像如图 4.3(a)~(c)所示。通过合成后的影像对比可以发现：

①泥沙岛：泥沙岛的 421 波段组合呈现出混浊，边缘不清，相对而言其 543 组合更能体现沙岛的轮廓及其发育走向；

②基岩岛礁：三种波段组合影像效果都比较好，差别不大，因而都可选用；

③珊瑚岛礁：合成影像差异最明显的为南海珊瑚岛礁。在 421 合成影像中对水面以下一定深度的暗滩、暗沙有明显的解译效果，在影像上可见发育于礁石上的小岛(有植被覆盖)；而在 543 合成的影像上却没有如此明显的特征，混夹在云层之中难以分辨，但是对深蓝色的礁石信息却清晰可见；在 742 波段组合中，只反映了水面以上的小岛信息(影像中心)，其他水面下的礁、滩信息均无反映。这说明在以珊瑚岛礁为主的南海海域中，近红外、蓝色、绿色三个波段的组合(如 ETM 的 421 波段组合)具有很强的应用潜力。

根据以上各主要波段光谱分析，可知不同物质组成类型岛礁识别多光谱数据最佳波段组合选择见表 4.9。

表 4.9 **不同物质组成类型岛礁识别多光谱数据最佳波段组合选择**

岛礁物质组成类型	多光谱数据最佳波段组合
基岩岛	短波红外(R)+短波红外(G)+红光波段(B)
泥沙岛	短波红外(R)+短波红外(G)+红光波段(B)
珊瑚岛	近红外(R)+红(G)+绿(B)或红(R)+绿(G)+蓝(B)

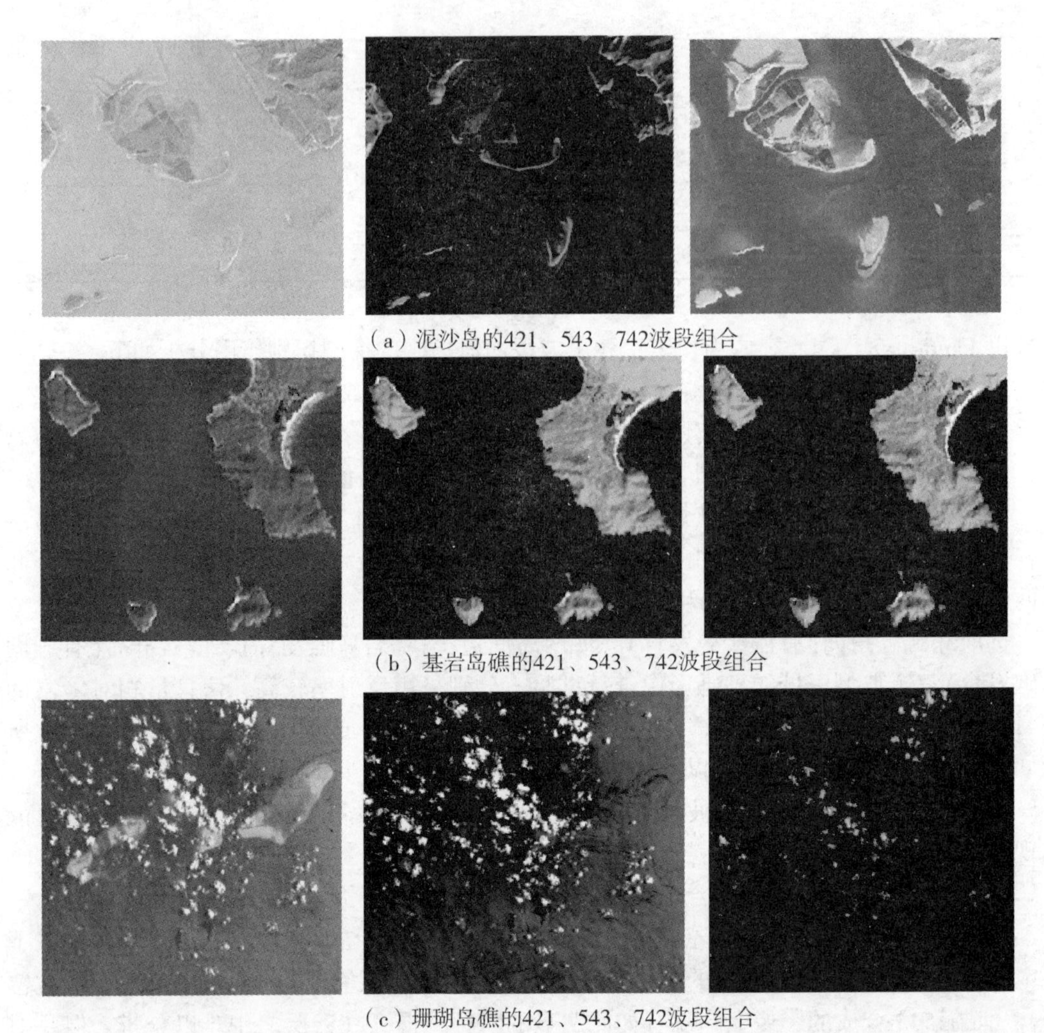

（a）泥沙岛的421、543、742波段组合

（b）基岩岛礁的421、543、742波段组合

（c）珊瑚岛礁的421、543、742波段组合

图 4.3　不同类型岛礁的波段组合比较

对于基岩岛和泥沙岛，多光谱数据最佳波段组合选择两个短波红外+红光波段；对于珊瑚岛，多光谱数据最佳波段组合选择彩红外或真彩色。

不同的岛礁类型有其独特的光谱与形状特征，在不同分辨率、不同波段遥感影像上有着不同表现形式，而不同类型的传感器，海岛礁的表现形式也不完全一样，如图 4.4 所示。

(2)适合于不同面积大小海岛识别的遥感影像数据源选择

遥感影像的空间(地面)分辨率对海岛的识别定位有着决定性的影响，根据试验结果认为要判定一个微型海岛目标其面积一般要达到 6 个像素，9 个像素将更为可靠。表 4.10 列出了目前国内外常用的光学遥感卫星的空间分辨率及其海岛识别能力，对选择卫星遥感影像具有重要的参考和指导意义。

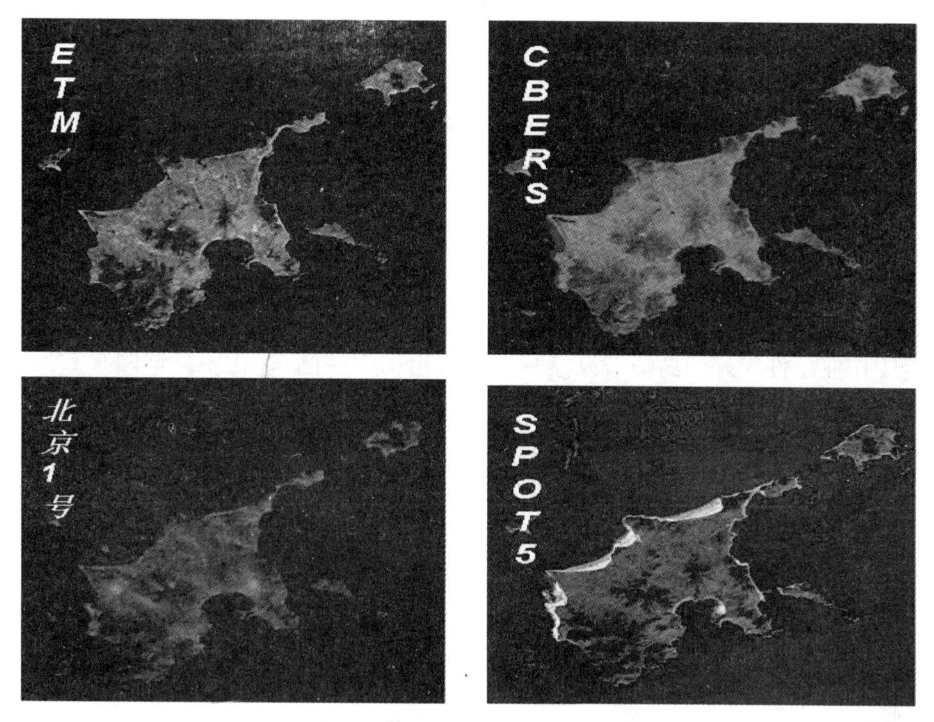

图 4.4 不同卫星影像海岛礁识别能力影像图

表 4.10 **常用卫星遥感影像对不同面积大小海岛的识别能力**

序号	遥感影像数据	空间分辨率(m)	可识别的最少像素	可识别最小面积(m^2)	作用
1	WorldView(全色)	0.5	6~9	1.5~2.2	可用于识别面积小于100m^2海岛
2	Quickbird(全色)	0.6	6~9	2.2~3.3	
3	IKONOS(全色)	1	6~9	6~9	
4	资源3号(全色)	2.1	6~9	26~39	
5	IRS-P5(全色)	2.5	6~9	38~52	
6	SPOT5(全色)	2.5	6~9	38~52	
7	北京1号(全色)	4	6~9	96~144	可用于识别面积100~1500m^2海岛
8	IRS-P6(多光谱)	5.8	6~9	202~303	
9	RapidEye(多光谱)	6.5	6~9	253~380	
10	SPOT5 HRS	5×10	6~9	300~450	
11	Landsat-7(全色)	15	6~9	1350~2025	可用于识别面积大于1500m^2海岛
12	CBERS-2(全色)	20	6~9	2400~3600	

由表4.10分析可以看出，要识别面积100 m^2大小的海岛，应选择中高分辨率的卫星影像如SPOT5、ALOS、IRS-P5、资源3号、IKONOS、Quickbird、WorldView等，需要注意的是，在满足空间分辨率的前提下，还要选有配套的多光谱影像、最大的幅宽和较低价格的影像数据，才能取得较好的效果。而要识别面积小于5m^2的微型海岛，卫星影像已经力不从心，应考虑采用0.2m地面分辨率的航空立体影像，才能准确测定这些微型海岛平均大潮高潮时露出水面的形状及其面积。

(3)适合于不同分布特点海岛定位的遥感影像数据源选择

对沿大陆海岸分布的海岛以及群岛(列岛)星罗棋布的分布特点，选择幅宽较大的SPOT5或IRS-P5影像加以覆盖，构成整体区域网，利用其间已有的大陆及海岛控制点，或者对其中作业条件较好的岛屿布设控制点，采用稀少控制点RFM区域网平差模型进行定位。

对零星分布的孤岛，如有可供利用的岛屿控制点或具备布控条件时，可选择定位精度较低的IKONOS或Quickbird影像，采用稀少控制点的RFM直接定位优化模型进行定位；如没有任何控制点，可选择自主定位精度较高的GeoEye-1或WorldView-1影像，进行无控的RFM直接定位优化模型定位。表4.11为不同分布特点海岛礁定位的遥感影像数据源选择。

表4.11　**不同分布特点海岛礁定位的遥感影像数据源选择**

岛礁分布特点	控制条件	遥感影像数据源选择
沿大陆海岛，群岛(列岛)	稀少控制点	SPOT5 / IRS-P5 /资源3号
孤岛	稀少控制点	IKONOS / Quickbird
	无控制点	GeoEye / WorldView

4.2.3　海岛礁识别影像处理技术

原始遥感图像数据中包含的光谱信息的畸变是多种多样的，采用适当的方法消除或部分消除其畸变影响，对其后依靠波谱信息为主进行的计算机目标识别精度的提高极为重要。

(1)辐射量校正

辐射量校正是指消除或部分消除原始遥感图像数据中量失真的纠正过程。其中主要包括传感器的灵敏度引起的辐射量失真校正、太阳高度及地形引起的辐射量失真校正及大气校正。主要包括：

①传感器的灵敏度引起的辐射量失真校正。由光学系统的特性引起的畸变校正，如光学镜头的渐晕现象，要采取$\cos^n\theta$校正；光点变换系统灵敏度特性的稳定性变化可采用定期的地面测定求其变化模型而按时校正，较可靠的是用地面辐射校正场做综合效率校正。

②太阳高度及地形引起的辐射量失真校正。不同的太阳高度角造成的地物辐射量的差异可用公式(4-1)校正：

$$f'(i,\ j)=\frac{f(i,\ j)}{\sin\theta} \tag{4-1}$$

式中，$f(i, j)$ 为原图像像元 (i, j) 点的灰度值，$f'(i, j)$ 为校正后图像像元 (i, j) 点的灰度值，θ 为太阳高度角。

③地形坡度的影像校正。经地表扩散、反射再入射到传感器方向的太阳光的辐射亮度依坡度变化，一般采用地表的法线矢量和太阳光入射矢量的夹角进行校正以及采用波段间比值法进行校正。

④大气校正。进入大气的太阳辐射会发生反射、折射、吸收、散射和透射。其中，对传感器接收影响较大的是吸收和散射。图 4.5 为光学影像进入传感器的能量示意图。

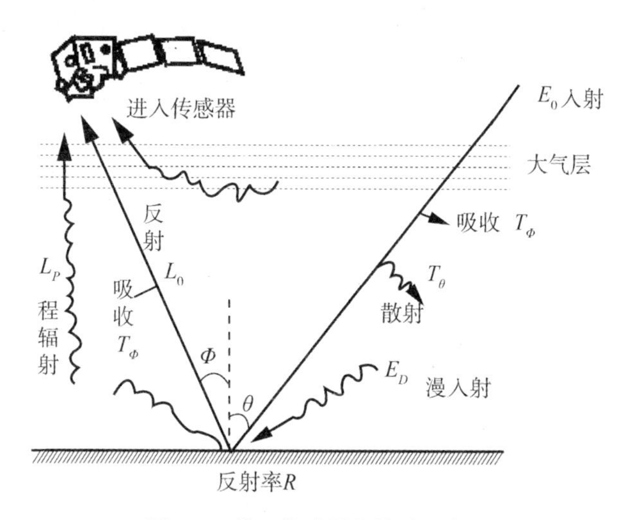

图 4.5 传入传感器的能量示意图

大气对太阳光的吸收、散射，对地面目标的反射及散射光的吸收、散射，大气本身的散射等，使进入传感器的地面目标光谱能量产生畸变，消除或校正这种影像的过程称为大气校正。人们亟须了解的是传感器输出的图像数据与目标光谱反射率或光谱辐射量之间的关系，求出这种关系即可对遥感数据进行辐射校正，表达式如式(4-2)：

$$L(\lambda) = K(\lambda)\left[\tau(\lambda, \theta_1, \theta_2, h)\left\{\begin{matrix}\int N(\lambda, \phi_1, \phi_2)\rho(\lambda, \theta_1, \theta_2, \theta_3, \phi_1, \phi_2) \\ \sin\phi_1 d\Omega + B(\lambda, t)\varepsilon(\lambda, \theta_1, \theta_2)\end{matrix}\right\} + b(\lambda, \theta_1, \theta_2, h)\right] \tag{4-2}$$

式中，$L(\lambda)$ 为传感器的输出，$K(\lambda)$ 为传感器的响应特征，$\tau(\lambda, \theta_1, \theta_2, h)$ 为反射光在大气中的透射率；$N(\lambda, \phi_1, \phi_2)$ 为太阳的直射光和天空光组成的光源的辐照度；$B(\lambda, t)$ 为绝对温度 T 的黑体照射；$\varepsilon(\lambda, \theta_1, \theta_2)$ 为目标的光谱辐照率；$b(\lambda, \theta_1, \theta_2, h)$ 是传感器与目标间的光路辐射；λ 为波长；θ_1 为目标与传感器所成的仰角，θ_2 为目标与传感器所成的方向角，θ_3 为地表倾角，ϕ_1 为太阳高度角，ϕ_2 为太阳方位角，h 为传感器角度。

图 4.6 为一景影像大气校正前后示意图。

（a）校正前

（b）校正后

图 4.6　大气校正效果影像图

(2)几何纠正

几何纠正又分为几何粗纠正和几何精纠正。其目的就是改正原始影像的几何变形，生成一幅符合某种地图投影或图形表达要求的新图像，即定量地确定图像上的像元坐标(图像坐标)与目标物的地理坐标(地图坐标等)的对应关系(坐标变换式)，如图 4.7 所示。

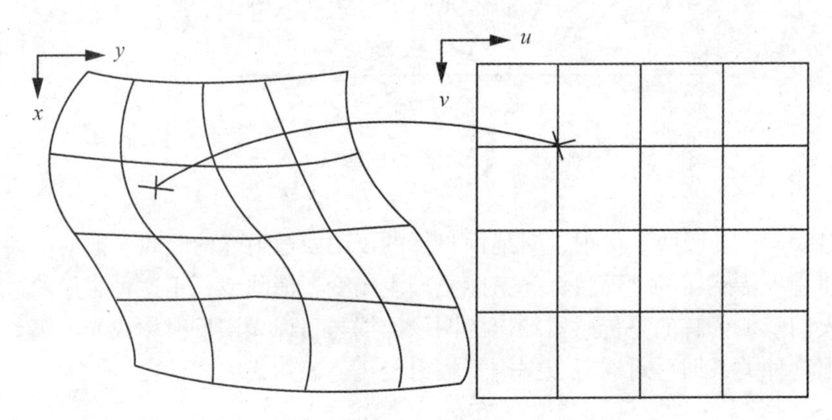

图 4.7　纠正前(左)、后(右)每一像元的亮度值

几何粗纠正是指针对引起畸变原因而进行的校正。由于这种畸变是按照比较简单和相对固定几何关系分布在图像中的，因而它比较容易校正，校正时只需将传感器的校准数据、遥感平台的位置以及卫星运行姿态等一系列测量数据代入理论校正公式即可。

几何精纠正利用一定数量的分布控制点进行几何校正，它是用一种数学模型来近似描述遥感影像的几何畸变，常用的校正方法主要有多项式法、共线方程法以及基于传感器的物理模型法等。这种校正不考虑畸变的具体形成原因，只考虑如何利用畸变模型来校正遥感影像。

(3)影像重采样方法

遥感影像定位的最终目的是生成按地理坐标格网排列的新影像文件，以使影像分类后可进行面积、距离等正确的数据计算，即生成地理编码图像或摄影测量中的正射影像图。

重采样的目的是要按地理坐标格网顺序将具有相同地理坐标值的像元归位，因像元间隔与地理坐标格网不一致，或地理坐标格网点没有落在像元上，地理格网点的图像灰度值要靠周围的像元拟合(王洪华，2002)，最基本的重采样方法包括以下几种：

①三次卷积法：

三次卷积法如图 4.8 所示。设内插点 P 的最近像元点位 ij(i、j 分别为行列序号)，其灰度值为 D_{ij}，且 P 点到像元点 ij 的距离在 x 和 y 方向上的投影分别为 Δx 和 Δy，则内插点 P 的灰度值为：

$$\boldsymbol{D}_p = [\omega(1+\Delta x)\,\omega(\Delta x)\,\omega(1-\Delta x)\,\omega(2-\Delta x)]\begin{bmatrix} D_{i-1,\,j-1}\cdots D_{i-1,\,j}\cdots D_{i-1,\,j+1}\cdots D_{i-1,\,j+2} \\ D_{i,\,j-1}\cdots D_{i,\,j}\cdots D_{i,\,j+1}\cdots D_{i,\,j+2} \\ D_{i+1,\,j-1}\cdots D_{i+1,\,j}\cdots D_{i+1,\,j+1}\cdots D_{i+1,\,j+2} \\ D_{i+2,\,j-1}\cdots D_{i+2,\,j}\cdots D_{i+2,\,j+1}\cdots D_{i+2,\,j+2} \end{bmatrix}\begin{bmatrix} \omega(1+\Delta y) \\ \omega(\Delta y) \\ \omega(1-\Delta y) \\ \omega(2-\Delta y) \end{bmatrix}$$

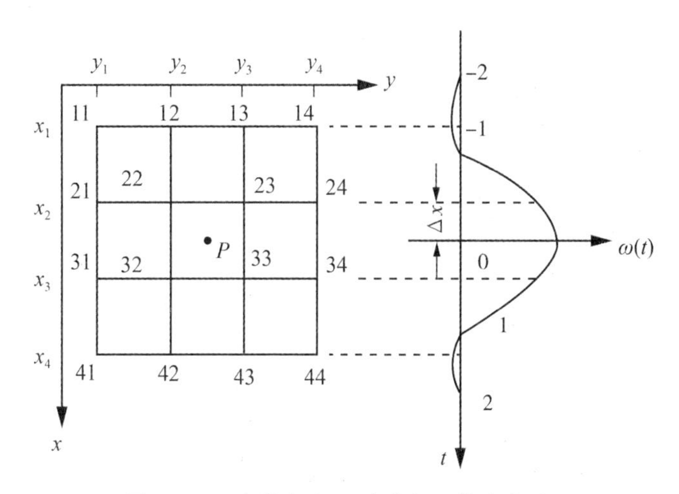

图 4.8 三次卷积法(y 方向权函数未表示)

$\omega(t)$ 类近似表示灰度内插时周围像元的灰度值对内插点灰度值的贡献大小。

$$\begin{cases} \omega(t) = 1 - 2|t|^2 + |t|^3\cdots, & 0 \leqslant |t| < 1 \\ \omega(t) = 1 - 8|t|^2 + 5|t|^2 - |t|^3\cdots, & 1 \leqslant |t| < 2 \\ 0 & |t| \geqslant 2 \end{cases} \tag{4-3}$$

②双线性内插法：

此法是用一个分段线性函数来表示灰度内插时周围 4 个邻近像元的灰度值对内插点的贡献大小，双线性内插法示意图如图 4.9 所示，该分段线性函数为：

$$\begin{cases} \omega(t) = 1 - 2|t|, & 0 \leqslant |t| < 1 \\ \omega(\mathrm{t}) = 0, & |t| \geqslant 1 \end{cases} \tag{4-4}$$

设内插点 P 与周围4个最近像元点的关系如图4.9所示，像元之间间隔为1，且P点到像元 n 间的距离在 x 和 y 的投影分别为 Δx 和 Δy，则内插点 P 灰度值为：

$$p = (1 - \Delta x)(1 - \Delta y)p_{i,j} + (1 - \Delta y)\Delta x p_{i+1,j} + (1 - \Delta x)\Delta y p_{i,j+1} + \Delta x \Delta y p_{i+1,j+1}$$

其中，$p_{i,j}$ 为周围 4 个像元的灰度值。

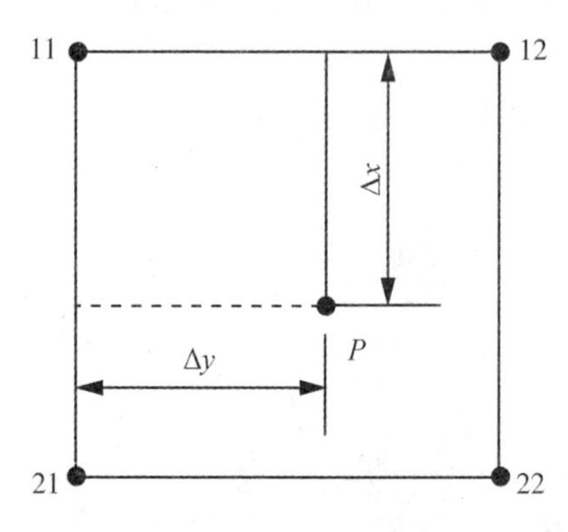

图 4.9　双线性内插法

③最近邻内插：

此法是取与内插点 P 距离最近的相邻像元 ij 的灰度值，D_{ij} 作为 p 的灰度值 D_p，可以认为这种方法的重采样函数，$\omega = 1$。

$$\begin{cases} x_n = \mathrm{INT}(x_p + 0.5) \\ y_n = \mathrm{INT}(y_p + 0.5) \end{cases} \tag{4-5}$$

则内插点 P 灰度值为：

$$D_P = \omega D_{i,j} = D_{i,j} \tag{4-6}$$

4.2.4　海岛礁识别方法

遥感影像识别实际上是个分类过程，就是根据人的经验和知识，通过影像解译的基本要素和识别的解译标志来识别目标或现象。即根据遥感影像的光谱特征、空间特征、时相特征，按照解译者的认识程度，或自信程度或准确度，逐步进行目标的探测、识别和鉴定的过程(赵英时，2007)。

(1)解译要素

遥感影像特征的色与形，可具体划分为遥感解译的 8 个基本要素，即色调或颜色、阴影、大小、形状、纹理、图案、位置、组合等。

①色调或颜色，指图像的相对明暗程度(相对亮度)，在彩色图像上色调表现为颜色。色调是地物反射、辐射能量强弱在影像上的表现。地物的属性、几何形状、分布范围和规律都是色调差异反映在遥感图像上，因而可以通过色调差异来识别目标。

②阴影，指因倾斜照射，地物自身遮挡能源而造成影像上的暗色调。它反映了地物的空间结构特征。

③大小，指地物尺寸、面积、体积在图像上的记录。若提供图像的比例尺或空间分辨率，则可直接测得目标的长度、面积等定量信息。

④形状，指地物的外形、轮廓。遥感图像上记录的多为地物的平面、顶面形状，侧视

成像雷达则得到侧视的倾斜。

⑤纹理，是图像的细部结构，指图像上色调变化的频率。

⑥图案，即图像结构，指个体目标重复排列的空间形式，它反映了地物的空间分布特征。

⑦位置，指地理位置，它反映地物所处的地点与环境。

(2)解译标志

解译标志是指在遥感图像上能具体反映和判别地物或现象的影像特征。解译标志可分为直接解译标志和间接解译标志。直接解译是图像上可以直接反映出来的影像标志，间接解译标志指运用直接解译标志，根据地物的相关属性等地学知识，间接推断出的影像标志。

根据海岛礁不同类型的物理特性，分析其在不同遥感影像上几何和辐射特性，多源遥感影像组合方法，通过多源不同分辨率影像、选择多光谱数据识别不同类型岛礁的最佳波段、利用雷达数据消除云层干扰及提取水下弱信息等方法，综合利用多源遥感影像的有效信息进行影像分析，实现海岛礁高效快速识别与探测。不同类型海岛礁如图4.10所示。

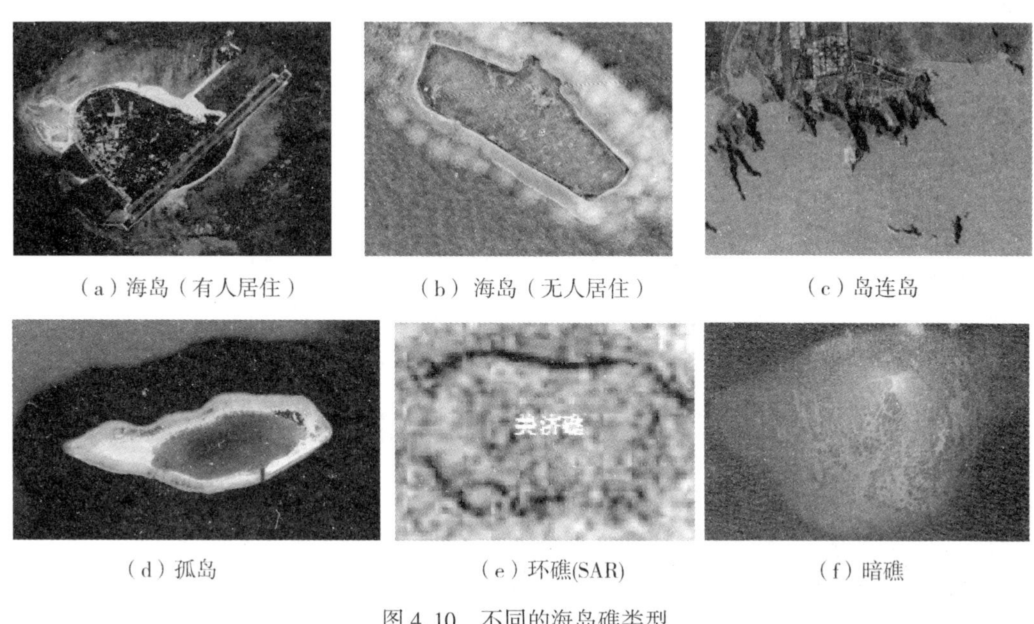

(a)海岛（有人居住）　(b)海岛（无人居住）　(c)岛连岛

(d)孤岛　(e)环礁(SAR)　(f)暗礁

图4.10　不同的海岛礁类型

(3)目标解译方法

基于遥感影像的目标解译，通常可采用两种方法，一是人工目视解译，二是计算机自动解译。人工目视解译是用肉眼，借助放大镜、立体镜等仪器来观察、分析遥感影像，基于知识、经验以及海岛礁目标的特征进行识别。计算机解译是通过计算机在若干识别模式算法的支持下，基于影像解译标志等方法，对目标进行属性识别与分类。在目前的技术条件下，对测绘要素的判读及海岛礁目标的识别，人工目视解译方法虽然原始，但目前仍然是最基本、最常用的技术方法。

遥感影像的目视解译主要是依据目标影像的信息特征，这些特征即成为影像目视解译的重要标志。目视解译常采用以下几种方法：

①直判法：是指直接通过遥感影像的解译标志，就能确定目标的存在和属性。一般适用于具有明显形状、色调、地理位置特征的地物和自然现象。例如，海岛位于蓝色海洋之中，四面环海水，具有一定面积大小的海岛很容易直接判定。

②对比法：是指将要解译的遥感影像与另一已知的目标样本影像进行对照，确定地物属性的方法。当然，对比应在基本相同的条件下进行，如遥感影像种类相近，地区自然景观、地表覆盖特点、季相、成像条件等基本相同。如我国南海环境内的珊瑚岛礁都具有高度的相似性，可通过色调、纹理对比加以解译。

③邻比法：在同一幅遥感影像或相邻遥感影像上进行邻近比较，从而区分出不同地物的方法。这种方法通常只能将地物的不同类型界线区分出来，但不一定能鉴别地物的属性。运用邻比法时，要求遥感影像的色调或色彩保持正常。如根据色调或色彩的细微差异，可区分南海的水下礁盘与出露的沙洲。

④动态对比法：利用同一地区不同时相成像的遥感影像加以对比分析，可以了解海岛礁的自然变化情况。这种方法对自然动态的研究尤为重要，如区分固定的海岛与移动的船只、潮汐变化对海岛定性(海岛、干出礁、暗礁)及其面积大小的影响等。

⑤逻辑推理法：它是借助各种地物或自然现象之间的内在联系，用逻辑推理法，间接判断某一地物或自然现象的存在和属性。如在一片蓝色海面上出现一团白色浪花，预示下面有礁石，根据瞬时潮位推算，如是低潮时下面就是暗礁，如是高潮时下面就可能是干出礁。

上述几种解译方法在具体解译过程中，往往是以某一方法为主导，再从其他方面综合分析，相互验证。

4.3 海岛礁遥感定位

从航天遥感影像中提取信息，要把遥感影像投影在某一固定的参照系统中并修正原始影像所存在的几何变形(通常称之为影像几何纠正)，以便进行影像信息的几何量测、相互比较和复合分析。在该阶段产生的误差，将会影响后续的一系列分析和决策。因此，如何将遥感影像精确地投影到规定的参照系统中、准确消除原始影像所存在的几何变形是遥感影像处理和应用的一项关键技术。遥感影像元数据中包含卫星、轨道、影像和产品的参数信息，在其物理模型支持下，采用较少的像片控制点便可得到较高的校正精度。

4.3.1 航天遥感影像传统几何纠正

航天遥感影像几何纠正传统应用上主要有以下几种方法(邹乐君，2010)：

(1)多项式纠正

该纠正法是实践中经常使用的一种方法，因为它的原理比较直观，并且计算较为简单，特别是对地面相对平坦的情况，具有足够好的纠正精度。多项式纠正认为遥感影像的总体变形可以看作平移、缩放、旋转、仿射、偏扭、弯曲以及更高次的基本变形的综合作用结果，因而纠正前后影像相应点之间的坐标关系可以用一个适当的多项式来表达，并根据地面控制点利用最小二乘原理计算出相应的多项式系数，完成影像的定位纠正工作。

一般多项式纠正变换公式可以表达为：

$$\begin{cases} x = a_0 + (a_1X + a_2Y) + (a_3X^2 + a_4XY + a_5Y^2) + (a_6X^3 + a_7X^2Y + a_8XY^2 + a_9Y^3) \\ y = b_0 + (b_1X + b_2Y) + (b_3X^2 + b_4XY + b_5Y^2) + (b_6X^3 + b_7X^2Y + b_8XY^2 + b_9Y^3) \end{cases} \tag{4-7}$$

式中，x，y 为某像素的原始影像坐标；X，Y 为同名像素的地面(或地图)坐标。

多项式的项数(即系数个数)N 与其阶数 n 有着固定的关系：

$$N = \frac{(n+1)(n-1)}{2}$$

a_i，b_j，i，$j = 0$，1，2，…，$(N-1)$ 为多项式的系数。

(2)构像方程方法

构像方程方法，即常用的共线方程纠正方法，指的是地物点的影像坐标(x, y)和地面坐标(X, Y, Z)之间的数学关系。借助于数字影像纠正的一般原理，就可以对任何类型传感器影像进行数字纠正。该法是目前高精度的遥感影像纠正方法中最主要的方法。与多项式纠正法不同，共线方程纠正法是建立在影像坐标与地面坐标严格变换关系的基础之上的，是对成像空间几何形态的直接描述。特别是该方法在纠正过程中还引入了地面高程信息，因此在地形起伏较大的情况下，它比多项式法更能显示出纠正精度上的优越性。若 $\boldsymbol{P}$ 在传感器中的坐标为(U_p, V_p, W_p)，在地面坐标系中的坐标为(X_p, Y_p, Z_p)，则通用构象方程可以表示为：

$$\begin{bmatrix} X_p \\ Y_p \\ Z_p \end{bmatrix} = \begin{bmatrix} X_0 \\ Y_0 \\ Z_0 \end{bmatrix} + \boldsymbol{A}\left\{\boldsymbol{B} \cdot \boldsymbol{C}\begin{bmatrix} U_p \\ V_p \\ W_p \end{bmatrix} + \begin{matrix} \Delta X' \\ \Delta Y' \\ \Delta Z' \end{matrix}\right\} \tag{4-8}$$

式中，

$$\boldsymbol{C}\begin{bmatrix} U_p \\ V_p \\ W_p \end{bmatrix} = \begin{bmatrix} U'_p \\ V'_p \\ W'_p \end{bmatrix} \quad \boldsymbol{B}\begin{bmatrix} U'_p \\ V'_p \\ W'_p \end{bmatrix} + \begin{bmatrix} \Delta X' \\ \Delta Y' \\ \Delta Z' \end{bmatrix} = \begin{bmatrix} X'_p \\ Y'_p \\ Z'_p \end{bmatrix} \tag{4-9}$$

由以上三个公式可得：

$$\begin{bmatrix} X_p \\ Y_p \\ Z_p \end{bmatrix} = \begin{bmatrix} X_0 \\ Y_0 \\ Z_0 \end{bmatrix} + \begin{bmatrix} X'_p \\ Y'_p \\ Z'_p \end{bmatrix} \tag{4-10}$$

上述公式分别表示由传感器坐标系依次通过框架坐标系、平台坐标系，直到地面坐标系的坐标变换过程中，相邻两个坐标系间的三维空间线性变换。其中，$\boldsymbol{C}$ 是传感器坐标系相对于框架坐标系的姿态角旋转矩阵；$\boldsymbol{B}$ 是框架坐标系相对于平台坐标系的姿态角旋转矩阵；$\boldsymbol{A}$ 是平台坐标系相对于地面坐标系的姿态角旋转矩阵。这些矩阵均为 3×3 矩阵。$(\Delta X'、\Delta Y'、\Delta Z')$ 是框架坐标系原点在平台坐标系中的坐标平移量；$(X_0、Y_0、Z_0)$ 是平台坐标系原点在地面坐标系中的坐标平移量。

(3)仿射变换法

高分辨率卫星成像传感器的特征表现在长焦距和窄视场角。对于这种成像几何关系，如果采用基于共线方程来描述，将导致定向参数之间存在很强的相关性，从而影响定向的精度和稳定性。虽然存在多种解决相关性的方法如分组迭代、合并相关项等，但是结果并不十分理想，能达到的定位精度有限。特别是在视场角很小的情况下，问题变得特别突出。因此学者们考虑把基于仿射变换的几何模型引用于摄影测量重建。其理论基础是在视场角相对较小的情况下，摄影光束可以看作等效的平行投影。

仿射变换模型是一种非常简单且迅速的数学纠正描述一张影像的 2 个平移、3 个旋转、3 个变形因子，基本数学公式为：

$$\begin{aligned} x &= A_1X + A_2Y + A_3Z + A_4 \\ y &= A_5X + A_6Y + A_7Z + A_8 \end{aligned} \tag{4-11}$$

式中，(x, y) 是像点的影像坐标，(X, Y, Z) 是像点的地面坐标，$A_1 \sim A_8$ 是 8 个仿射变换参数。

(4) 直接线性变换法

直接线性变换法(Direct Linear Transformation，DLT)，由于不需要内方位元素，也不需要外方位元素的初始近似值，因此特别适合于各种类型的非量测用摄影机。例如，在摄影像片的解析定位以及近景摄影测量和数字摄影测量等方面具有广泛的应用。基于直接线性变换的航天遥感立体影像传感器模型对航天影像进行处理时无需传感器参数以及卫星星历轨道、姿态等信息，具有表达式简单、解算简便、需要控制点数目少、无需初始值等优点，广泛应用于近景摄影测量和航天影像的解析定位。

$$\begin{aligned} x &= \frac{L_1X + L_2Y + L_3Z + L_4}{L_9X + L_{10}Y + L_{11}Z + 1} \\ y &= \frac{L_5X + L_6Y + L_7Z + L_8}{L_9X + L_{10}Y + L_{11}Z + 1} \end{aligned} \tag{4-12}$$

式中，(x, y) 为像点坐标；(X, Y, Z) 为相应地面点三维空间坐标；$L_i(i = 1, 2, 3, \cdots, 11)$ 为 DLT 系数。

由于基于直接线性变换的传感器模型与严密传感器模型间存在直接关系，因此基于直接线性变换的传感器模型经常应用于近景摄影测量中对摄影相机内方位元素的标定。在已知 DLT 系数的情况下，摄影相机内方位元素的计算公式如下：

$$\begin{aligned} x_0 &== \frac{L_1L_9 + L_2L + L_3L_{11}}{L_9{}^2 + L_{10}{}^2 + L_{11}{}^2} \\ y_0 &= \frac{L_5L_9 + L_6L + L_7L_{11}}{L_9{}^2 + L_{10}{}^2 + L_{11}{}^2} \\ f_x^2 &= - x_0^2 + \frac{L_1{}^2 + L_2{}^2 + L_3{}^2}{L_9{}^2 + L_{10}{}^2 + L_{11}{}^2} \\ f_y^2 &= - y_0^2 + \frac{L_5{}^2 + L_6{}^2 + L_7{}^2}{L_9{}^2 + L_{10}{}^2 + L_{11}{}^2} \\ f &= \frac{1}{2}(f_x + f_y) \end{aligned} \tag{4-13}$$

式中，$(x_0,\ y_0)$ 为相机的主点位置坐标；f_x、f_y 分别为使用 x 方向和 y 方向像点坐标计算得到的相机主距；f 为相机主距平均值。

上述几种几何处理方法均可获得较高对地定位精度，但也存在不少问题。这些方法都要求在遥感影像区域内必须有足够数量的地面控制点(GCP 点)。定位过程基本是从"地"到"空"。以地面上控制点的地理坐标决定空间遥感图像在地理坐标空间中的位置，即以"静"(地面)制"动"(太空移动图像)的方法。如果在大面积水域或某些地面工作极难开展的无图区，用上述影像的几何处理方法是无法完成遥感影像的定位工作的。在我国无图区的面积约占总国土面积(含海洋)的 25%，此外全世界 70% 的地区是水域，对这些区域的遥感影像定位方法将不能直接简单地采用上述方法来完成。

4.3.2 RFM 通用成像模型影像纠正

线阵 CCD 传感器采用推扫式成像，获得连续的影像条带。每一扫描行影像与被摄物体之间具有严格的中心投影关系，并且都有各自的外方位元素。线阵 CCD 传感器属于多中心投影方式，不存在唯一的摄影基线，在进行双像解析摄影测量时，多采用空间后方交会+前方交会法，或光束法平差的方法，而不采用相对定向+绝对定向方法(张过，2005)。

目前常用的国外的 SPOT、IKONOS 和 Quickbird 等、国内的资源一号、资源二号等卫星影像均利用单线阵推扫式传感器获取影像(刘军，2003)。单线阵推扫式成像传感器是逐行以时序方式获取二维图像的。一般是先在像面上形成一条线图像，然后卫星沿着预定的轨道向前推进，逐条扫描后形成一幅二维影像，成像方式如图 4.11 所示。影像上每一行像元在同一时刻成像且为中心投影，整个影像为多中心投影。

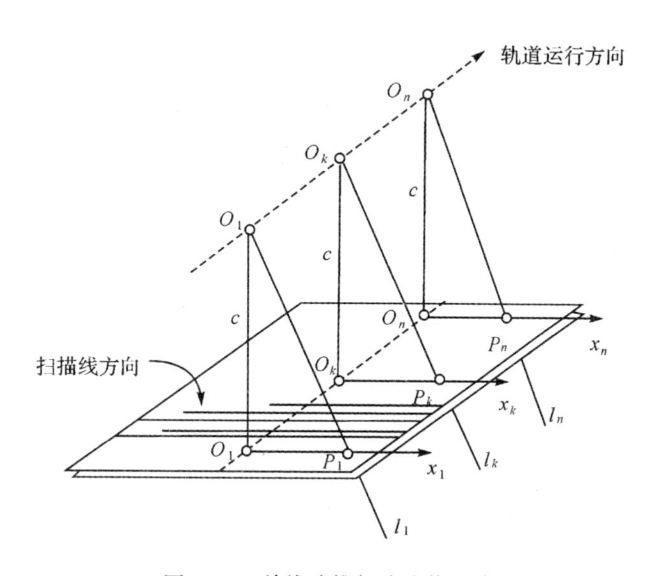

图 4.11 单线阵推扫式成像方式

其中，P_k 为影像上任一像点，X_k 为扫描线 k 上影像点的 x 坐标，c 为传感器主距，Q_k 为

扫描线 k 的投影中心，q_k 为扫描线 k 的主点，l_k 为扫描线 k 从投影中心 q 发出的光线。

由于卫星的轨道运动、相机的扫描运动和地球自转，遥感图像定位是空间几何和时序的结合。成像模型指的是地物点的影像坐标（x，y）和地面坐标（X，Y，Z）之间的数学关系。对任何一个传感器成像过程的描述都可以通过一系列点的坐标来进行。这里的严格成像模型是建立在图像坐标系和 CIS 坐标系(空间固定惯性参考系)之间的坐标关系。

$$\begin{bmatrix} X - X_S \\ Y - Y_S \\ Z - Z_S \end{bmatrix}_{CIS} = mR_{GF}R_{FB}R_{BS}\begin{bmatrix} x_k \\ 0 \\ -c \end{bmatrix} \tag{4-14}$$

式中，m 为尺度因子；R_{GF}，R_{FB}，R_{BS} 为图像坐标系和 CIS 坐标系的旋转变换参数；x_k，y_k 为像点 k 在图像坐标系下的坐标；X，Y，Z 为地面点 k 在 CIS 下的坐标；X_s，Y_s，Z_s 为地面点 k 成像时刻卫星在 CIS 下的坐标。

利用卫星运动基本矢量、姿态和相机的侧视角所建立的单线阵推扫式传感器影像坐标与其地面点在 CIS 坐标系下的坐标关系式，即单线阵推扫式卫星遥感影像的严格成像模型。式中卫星的基本运动矢量、姿态和侧视角可以从影像的辅助参数文件读出。严格成像模型的主要作用有，单片和多片空间后交、空间前方交会、区域网平差中的基本误差方程、计算模拟数据、数字微分纠正、单片侧图等。

RFM 模型即有理函数模型，是一种通用的广义成像模型，在高分辨率立体影像定位中逐渐取代严格成像模型。RFM 模型的建立一般采用“独立于地形”的方式，即首先利用立体影像的轨道参数和姿态参数建立严格成像模型；然后利用严格成像模型生成大量均匀分布的虚拟地面控制点，再利用这些控制点计算 RFM 模型参数，其实质是利用 RFM 模型拟合严格成像模型。无控的 RFM 直接定位模型直接定位原理近似于空间前方交会，其结果存在较大的系统误差，可以采用两种方法进行补偿，即少控的 RFM 直接定位优化模型和无控/少控的 RFM 区域网平差模型。

RFM 模型即有理多项式模型，是将地面点大地坐标 $D(D_{\text{lat}}、D_{\text{lon}}、D_{\text{het}})$ 与其对应的像点坐标 $d(l、s)$ 用比值多项式关联起来。为增强参数求解的稳定性，将地面坐标和影像坐标标准化到-1 和 1 之间。对于一个遥感影像，定义如下比值多项式：

$$Y = \frac{N_L(P,\ L,\ H)}{D_L(P,\ L,\ H)} \tag{4-15}$$

$$X = \frac{N_s(P,\ L,\ H)}{D_s(P,\ L,\ H)} \tag{4-16}$$

式中，

$$\begin{aligned} N_L(P,\ L,\ H) = {} & a_1 + a_2L + a_3P + a_4H + a_5LP + a_6LH + a_7PH + a_8L^2 \\ & + a_9P^2 + a_{10}H^2 + a_{11}PLH + a_{12}L^3 + a_{13}LP^2 + a_{14}LH^2 + a_{15}L^2P \\ & + a_{16}P^3 + a_{17}PH^2 + a_{18}L^2H + a_{19}P^2H + a_{20}H^3 \end{aligned}$$

$$\begin{aligned} D_L(P,\ L,\ H) = {} & b_1 + b_2L + b_3P + b_4H + b_5LP + b_6LH + b_7PH + b_8L^2 \\ & + b_9P^2 + b_{10}H^2 + b_{11}PLH + b_{12}L^3 + b_{13}LP^2 + b_{14}LH^2 + b_{15}L^2P \\ & + b_{16}P^3 + b_{17}PH^2 + b_{18}L^2H + b_{19}P^2H + b_{20}H^3 \end{aligned}$$

$$N_s(P, L, H) = c_1 + c_2L + c_3P + c_4H + c_5LP + c_6LH + c_7PH + c_8L^2 + c_9P^2 + c_{10}H^2 + c_{11}PLH + c_{12}L^3 + c_{13}LP^2 + c_{14}LH^2 + c_{15}L^2P + c_{16}P^3 + c_{17}PH^2 + c_{18}L^2H + c_{19}P^2H + c_{20}H^3$$

$$D_s(P, L, H) = d_1 + d_2L + d_3P + d_4H + d_5LP + d_6LH + d_7PH + d_8L^2 + d_9P^2 + d_{10}H^2 + d_{11}PLH + d_{12}L^3 + d_{13}LP^2 + d_{14}LH^2 + d_{15}L^2P + d_{16}P^3 + d_{17}PH^2 + d_{18}L^2H + d_{19}P^2H + d_{20}H^3$$

式中，b_1 和 d_1 为 1，(P, L, H) 为标准化的地面坐标，(X, Y) 为标准化的影像坐标，其标准化公式如下：

$$P = \frac{D_{\text{lat}} - D_{\text{lat\_off}}}{D_{\text{lat\_scale}}}$$

$$L = \frac{D_{\text{lon}} - D_{\text{lon\_off}}}{D_{\text{lon\_scale}}}$$

$$H = \frac{D_{\text{het}} - D_{\text{het\_off}}}{D_{\text{het\_scale}}}$$

$$X = \frac{s - s_{\text{off}}}{s_{\text{scale}}}$$

$$Y = \frac{l - l_{\text{off}}}{l_{\text{scale}}}$$

式中，a_1，b_1，c_1，d_1 为 RPC 模型参数，$D_{\text{lat\_off}}$、$D_{\text{lat\_scale}}$、$D_{\text{lon\_off}}$、$D_{\text{lon\_scale}}$、$D_{\text{het\_off}}$、$D_{\text{het\_scale}}$ 为地面坐标的标准化参数，为影像像素坐标的标准化参数，其中 b_1 和 d_1 通常为 1。SAMP_OFF、SAMP_SCALE、LINE_OFF、LINE_ SCALE 为影像坐标的正则化参数。RFM 模型有 9 种不同的形式，见表 4.12。

表 4.12 **RFM 模型形式**

形式	分母	阶数	待求解 RFM 模型参数个数	需要的最小控制点数目
1	$px \neq py$	1	14	7
2		2	38	19
3		3	78	39
4	$px = py$！ $= 1$	1	11	6
5		2	29	15
6		3	59	30
7	$px = py = 1$	1	8	4
8		2	20	10
9		3	40	20

上表给出了在 9 种情况下待求解 RPC 模型参数的形式和需要的最少控制点。当 RFM 模型分母相同且恒为 1 时，即 C 模型退化为一般的三维多项式模型，当即 C 模型分母相同但不恒为 1($Ds(P, L, H)=D(P, L, H)=1$)，且在一阶多项式的情况下，RFM 模型退化为 DLT 模型，因此 RPC 模型是一种广义的成像模型。

在 RFM 模型中，光学投影系统产生的误差用有理多项式中的一次项来表示，地球曲率、大气折射和镜头畸变等产生的误差能很好地用有理多项式中二次项来模型化，其他一些未知的具有高阶分量的误差如相机震动等，用有理多项式中的三次项来表示。

(1)基于视线方向矢量的严格几何成像模型构建

从 CCD 推帚式遥感卫星影像成像机理出发，利用卫星的星历参数、姿态参数及轨道信息等建立基于视线方向矢量的各类高分辨率卫星影像严密成像模型。

基于视线方向矢量的严格成像模型构建主要方法为：

根据像元在传感器坐标系中的视线矢量或根据像元的传感器坐标计算其在传感器坐标系中的视线矢量：

$$\boldsymbol{u}_C = \frac{[x \quad y \quad f]}{\sqrt{x^2 + y^2 + f^2}} \tag{4-17}$$

式中，(x, y, f) 为像元在传感器坐标系中的坐标。

将上述矢量方向转换至地心直角坐标系中，有

$$\boldsymbol{u}_E = (\boldsymbol{R}_{\mathrm{o}}{}^{\mathrm{E}} \boldsymbol{R}_{\mathrm{b}}{}^{\mathrm{o}} \boldsymbol{R}_{\mathrm{c}}{}^{\mathrm{b}}) \cdot \boldsymbol{u}_C \tag{4-18}$$

式中，$\boldsymbol{R}_{\mathrm{o}}{}^{\mathrm{E}}$、$\boldsymbol{R}_{\mathrm{b}}{}^{\mathrm{o}}$、$\boldsymbol{R}_{\mathrm{c}}{}^{\mathrm{b}}$ 分别为轨道坐标系到地心直角坐标系，卫星本体坐标系到轨道坐标系，传感器坐标系到卫星本体坐标系的转换矩阵。

根据像元在地心直角坐标系中的视线矢量与地球椭球模型，计算视线矢量与地球椭球的交点：

$$\begin{cases} X = X_s + \mu \times (u_E)_X \\ Y = Y_s + \mu \times (u_E)_Y \\ Z = Z_s + \mu \times (u_E)_Z \\ \dfrac{X^2 + Y^2}{(a+h)^2} + \dfrac{Z^2}{(b+h)^2} = 1 \end{cases} \tag{4-19}$$

式中，h 为地面对应点的高程，a，b 为地球长短轴长度，上式共四个方程，可求解出包含地面点坐标的四个未知数(μ, X, Y, Z)。

(2)基于共线方程的高分辨率卫星影像严格几何成像模型构建

高分辨率卫星一般为 CCD 推帚式传感器，因此必须建立各扫描行的外方位元素与时间的正确关系。即根据时间相关，利用拉格朗日多项式插值出每条线阵摄影时刻的空间位置、姿态，并利用外方位元素建立线阵影像在地心直角坐标系中的瞬时构像模型：

$$\begin{bmatrix} X \\ Y \\ Z \end{bmatrix} - \begin{bmatrix} X_S \\ Y_S \\ Z_S \end{bmatrix} = \lambda \boldsymbol{R}_{\mathrm{o}}{}^{\mathrm{E}} \boldsymbol{R}_{\mathrm{b}}{}^{\mathrm{o}} \boldsymbol{R}_{\mathrm{c}}{}^{\mathrm{b}} \begin{bmatrix} x \\ y \\ -f \end{bmatrix} \tag{4-20}$$

式中，$\boldsymbol{R}_{\mathrm{o}}{}^{\mathrm{E}}$、$\boldsymbol{R}_{\mathrm{b}}{}^{\mathrm{o}}$、$\boldsymbol{R}_{\mathrm{c}}{}^{\mathrm{b}}$ 的意义与基于视线矢量定位模型一样。$[x, y]$ 为像元在像平面

坐标系中的坐标。

令 $\boldsymbol{M} = \boldsymbol{R}_{\mathrm{OE}}{}^{\mathrm{E}} \boldsymbol{R}_{\mathrm{B}}{}^{\mathrm{OE}} \boldsymbol{R}_{\mathrm{C}}{}^{\mathrm{B}} = [m_{ij}]$，$i$，$j=1$，2，3。根据式(4-20)，构建地心直角坐标系共线方程：

$$\begin{cases} x = -f\dfrac{m_{11}(X - X_s) + m_{21}(Y - Y_s) + m_{31}(Z - Z_s)}{m_{13}(X - X_s) + m_{23}(Y - Y_s) + m_{33}(Z - Z_s)} = -f \cdot \dfrac{\bar{X}}{\bar{Z}} \\ y = -f\dfrac{m_{12}(X - X_s) + m_{22}(Y - Y_s) + m_{32}(Z - Z_s)}{m_{13}(X - X_s) + m_{23}(Y - Y_s) + m_{33}(Z - Z_s)} = -f \cdot \dfrac{\bar{Y}}{\bar{Z}} \end{cases} \tag{4-21}$$

(3)有理函数模型(RFM)参数的稳健估计

利用卫星影像的轨道姿态模型生产虚拟控制点来解算 RFM 模型系数的算法。利用 RFM 模型替代原有的严格几何成像模型的精度及其对不同类型卫星影像的适用性。

1)用控制点调整严格成像模型参数

为了利用地面控制点对严格成像模型中的参数进行调整，首先要对严格成像模型进行线性化。

$$F_1 = a_2(X - X_S) + b_2(Y - Y_S) + c_2(Z - Z_S) = 0 \tag{4-22}$$

$$F_2 = xa_3(X - X_S) + xb_3(Y - Y_S) + xc_3(Z - Z_S) + ca_1(X - X_S) + cb_1(Y - Y_S) + cc_1(Z - Z_S) = 0 \tag{4-23}$$

式中，$\begin{bmatrix} a_1 & b_1 & c_1 \\ a_2 & b_2 & c_2 \\ a_3 & b_3 & c_3 \end{bmatrix} = \boldsymbol{R}_{BS}^{\mathrm{T}} \boldsymbol{R}_{BF}^{\mathrm{T}} \boldsymbol{R}_{GF}^{\mathrm{T}}$，$a_k$，$b_k$，$c_k(k = 1, 2, 3)$ 为卫星系统参数的函数。

若将 F_1、F_2 当作观测值，将待调整的模型参数视为未知数，可将其线性化。该过程的关键在于选择合适的函数模型来调整卫星和传感器的参数。可选择间接平差模型为参数调整模型，具体如下：

$$\begin{cases} v = \boldsymbol{B}x - \boldsymbol{l} \\ \boldsymbol{W}_x = \boldsymbol{D}_x^{-1}\sigma_0^2 \end{cases} \tag{4-24}$$

式中，x 为待校正的卫星系统参数的改正数(包括卫星轨道矢量、姿态矢量和传感器侧视角)，$\boldsymbol{l} = \begin{bmatrix} -F_1 \\ -F_2 \end{bmatrix}$ 为常数项，W_x 为参数先验权矩阵。最后，根据最小二乘平差原理计算待调整卫星系统参数的改正数。

$$\boldsymbol{x} = (\boldsymbol{B}^{\mathrm{T}}\boldsymbol{B} + \boldsymbol{W}_x)^{-1}\boldsymbol{B}^{\mathrm{T}}\boldsymbol{l} \tag{4-25}$$

在缺少地面控制点的条件下，这是一个秩亏平差问题，给定未知数的权矩阵对保证解稳定性和精度十分重要。

2)运用严格成像模型进行正反变换

根据原始的、控制点调整后的或外推得到的轨道数据、姿态数据、侧视角和选择地球的模型以及地图投影方式，可以进行模型的正反变换。所谓正变换就是从原始影像和每个像素对应的高程数据到一定地图投影的变换模型；反变换是指某一地面点在一定地图投影的平面位置及其高程数据到原始影像像素坐标的变换模型。对于单线阵推扫式传感器影像的几何纠正而言，正变换是一个迭代的过程，反变换也是一个迭代的过程。

①正变换：为了进行正变换，像点坐标可通过影像量测获得，模型中地面的 Z 坐标代表该像点对应的高程，可以人工给定或程序自动读取，每行影像对应的卫星轨道参数、姿态参数和侧视角已知，因此为求解像点的地面坐标，该公式中所要解求的未知数仅为地面点坐标（X，Y）和尺度因子 m 。

对于一幅推扫式遥感影像，所量测的像点 y 坐标是一个与成像时刻相关联的量。任一扫描行上的像元所对应的摄影时刻 t 为：

$$t = t_c + \mathrm{lsp} \cdot (y - y_c) \tag{4-26}$$

式中，t_c 为中心扫描行的摄影时刻；y_c 为中心扫描行的 y 坐标；lsp 为每行的扫描时间。

根据某一扫描行的成像时刻，利用轨道统计模型可内插出卫星在该扫描行成像时刻的速度和位置，再由姿态统计模型内插得到该行成像时刻的传感器姿态，可得到地面点坐标和尺度因子的关系表达式，再将该表达式代入 WGS-84 椭球模型，就可以得到该点的尺度因子和坐标。整个过程示意图如图 4.12 所示。

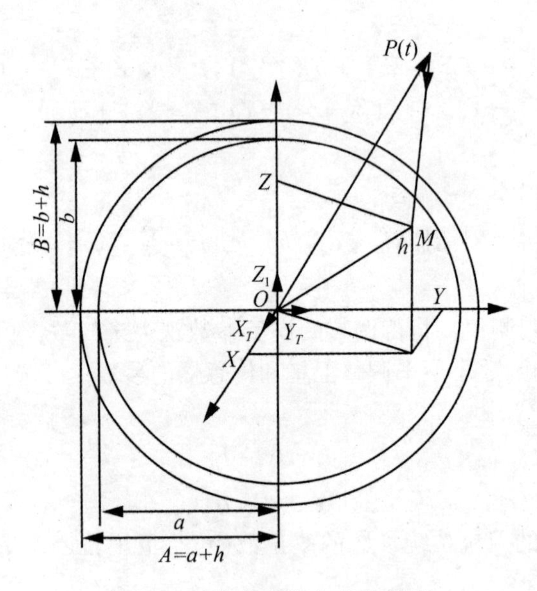

图 4.12　单点定位方法示意图

②反变换：单线阵推扫式卫星遥感原始影像各扫描行与相应地面行之像点与地面点存在严格的中心投影关系，但各扫描行卫星轨道参数和姿态参数各异，根据严格成像模型由地面坐标计算图像像素坐标时，需先求出该点所在扫描行的卫星轨道参数和姿态参数。

3）分块纠正

在纠正过程中，一般采用间接法，就是从地面投影到原始影像，在原始影像中进行重采样，因此首先要计算该采样点在原始影像的位置，然后用插值算法内插出该点的灰度数值，如图 4.13 所示。

利用反变换计算采样点在原始影像中的位置时，每个点的计算要迭代 4 次左右才能获得该点的位置，并且每点计算都很复杂，如果每个点都计算，非常耗费时间，因此，对目

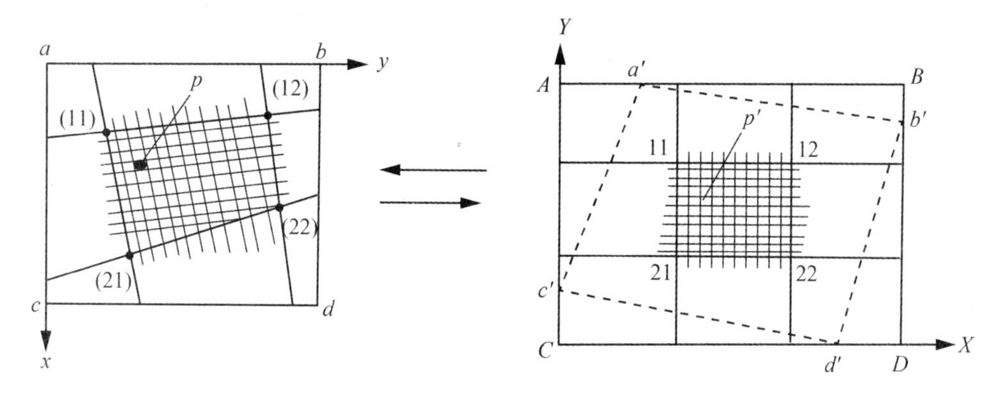

图 4.13　分块纠正原理

标影像建立全局格网，计算格网点上对应原始影像的位置，格网内的数据点对应原始影像的位置用双线性内插算法计算。为了节约计算时间和内存空间，并且保证必要的纠正精度，通常的措施是整幅图像划分为若干规则的图像块，并按双线性变形的规律分别对每块数字图像进行纠正。这个操作的合理性是显而易见的，正如一条连续曲线可以由一系列分段的直线来逼近一样，只要图像片分得合适，就能保证所要求的纠正精度。在采样位置计算和灰度采样过程中，都需要应用到内插算法，可以建立查找表，将插值函数中的权值运算从乘法运算变为加法运算以提高计算速度。

4.4　海岛礁识别定位流程

海岛礁识别定位整个作业可分为三个大的阶段。利用航天航空遥感影像进行海岛礁识别定位涉及众多工序任务，具体内容如下：

(1)海岛礁识别定位数据采集阶段

①前期准备，踏勘，收集资料，特别是已有海岛礁的数据资料、技术设计等。

②航天遥感影像订购获取。

③外业像片控制点测量，建立陆海一体的似大地水准面模型。

④影像定向、区域网空中三角测量。

⑤影像正射纠正，制作航天影像 DOM 数据集。

⑥基于 DOM，采集海岛礁位置数据集(点、线、面图形数据及其属性)、图像数据集(标识点点之记影像、海岛快视影像)等。

(2)海岛礁独立地理统计单元界定阶段

①基于 DOM，按大潮陆海分界痕迹线采集大陆岸线数据。

②基于大陆岸线，对照航空、航天立体测图成果，如 DOM(地面分辨率 0.2m)、DLG 数据(平均大潮高潮时的海岸线)，对海岛礁识别定位成果进行核查，改正识别错误，提高定位精度，必要时用测图成果取代识别定位成果，包括：用高分辨率 DOM，优化同名海岛的定位点位置及其点之记影像、全貌影像；用测图的海岛岸线数据取代同名海岛识别

定位的岸线数据。

③依据《海岛界定技术规程》、大陆岸线等参照数据，对海岛礁数据采集成果进行界定，确定海岛礁独立地理统计单元。

(3)海岛礁单体审核分类汇总统计阶段

①利用已有的海岛礁资料，对界定为独立地理统计单元的海岛礁逐一进行审核、分类，并制作“海岛礁信息表”。

②汇总形成海岛礁位置数据集、图像数据集、正射影像数据集及其元数据等成果，并对海岛礁进行分类汇总统计。

③成果整理上交。

4.4.1 航天遥感影像订购获取

根据海岛礁识别定位的要求，选择订购航天遥感影像数据，基本要求如下：

①影像地面分辨率尽可能高，如优于1m，一般不低于2.5m。

②影像时相尽可能相近，同轨道影像更好，一般应是近2年新获取的影像。

③实现遥感影像对海域全覆盖，特别是有海岛礁分布的区域。

④有云层及其阴影遮盖海岛礁的区域，必须重新订购影像。

⑤影像质量应符合相关规范要求。

4.4.2 影像控制点测量

(1)像片控制点外业测量精度要求

像片控制点为平面高程控制点，一般通过外业实测，其平面位置中误差要求不大于1.0m，高程中误差不大于0.5m，困难地区可放宽1倍。

(2)像片控制点布设

①单景影像，正常情况下像片控制点可按标准分布的5点或9点位置布设。

②若单景影像内分布有大面积海域及分散海岛，像片控制点可参考图4.14(a)(b)(c)布设。

③若多景影像相连接构成区域网，则可按区域网要求布设像片控制点。不同源两景相邻影像重叠区内应有2~3个公共像片控制点，如图4.14(c)所示。相邻的区域网与区域网之间也应有至少3个公共点。

④除了像片控制点，一般情况下还应布设一定数量的检查点，以验证影像纠正的平面精度。

(3)像片控制点测量

平面测量一般采用以下3种方法：

① GPS静态或快速静态相对定位。GPS网的观测、记录、数据处理、成果检查参照E级网的规定执行。GPS网点包括基础控制点、像片控制点、检查点、网间公共点、网平差用的起算点以及为改善网形而加的过渡点等。

② GPS RTK测量。像片控制点按(CH/T 2009)中图根点规定要求施测。

③ GPS精密单点定位。通过单台双频双码接收机，利用GPS精密卫星轨道和精密卫

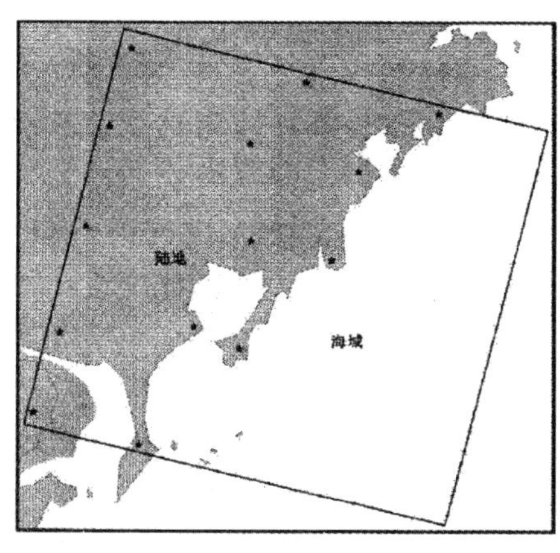

(a)大陆沿海像片控制点布设

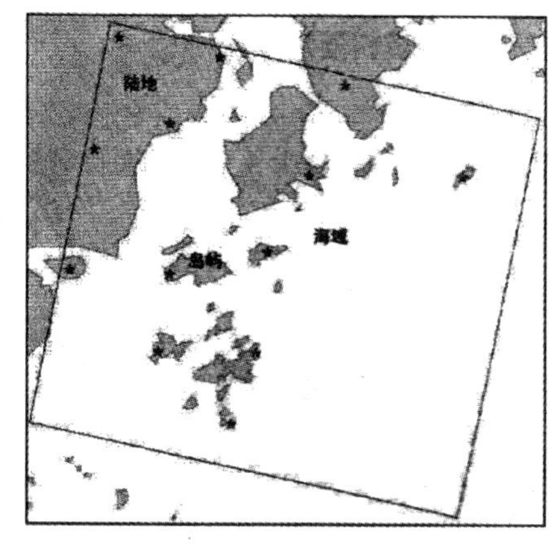

(b)分散海岛像片控制点布设

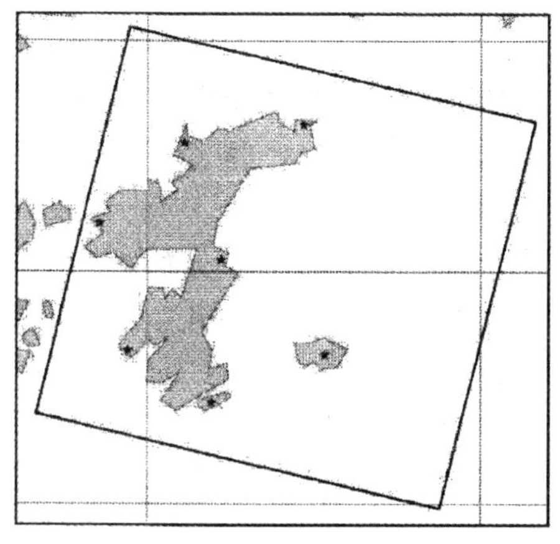

(c)大、小海岛像片控制点布设

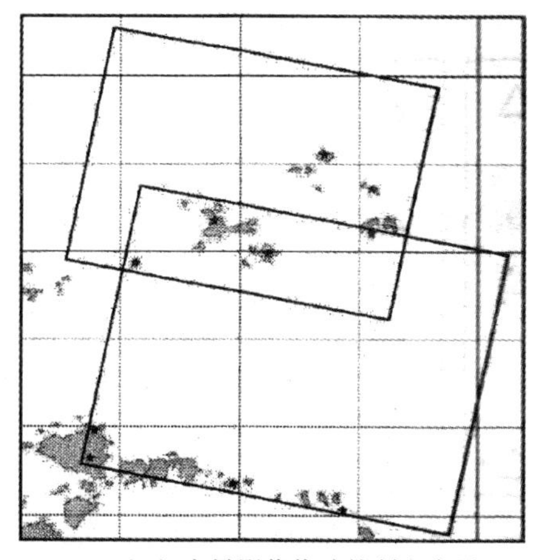

(d)多景影像像片控制点布设

图 4.14 像片控制点布设示意图

星钟差，经过清除周跳、消除电离层延迟和相位平滑伪距等数据预处理工作，得到高质量的非差相位和伪距观测值，进而计算得到定位结果。精密单点定位的误差改正除了考虑电离层、对流层等误差影响外，还要进行卫星天线相位中心偏差改正、固体潮改正、海洋负荷改正，以减少系统误差影响。GPS 精密单点定位初始化时间依据像片控制点精度而定，一般不应少于 15min，宜对数据作双备份，防止数据丢失。

高程测量一般采用以下 3 种方法：

① GPS 水准高程拟合。一个 GPS 网中不应少于 8 个(困难地区不少于 6 点)分布均匀的国家等级水准点或者是通过等级水准联测的 GPS 点，作为高程起算点。任选 5~6 个高程起算点，循环拟合产生多种高程异常面拟合结果，通过其余水准点对拟合结果进行综合分析，剔除精度差的水准点，利用精度可靠、分布均匀的水准点进行高程异常面拟合，求得最佳拟合结果。所有待求点宜在起算点连成的几何图形以内。

② GPS 高程测量。利用区域似大地水准面数据，内插计算出像片控制点位置的高程

异常值，从而将像片控制点的大地高转换为正常高。

③ GPS RTK 测量。采用 GPS RTK 作业方式直按获得像片控制点的正常高高程，按(CH/T 2009)中图根点施测，并应符合该规范的规定。

像片控制点的编号、刺点、整饰要求，一般按相关的标准规范执行。需要强调的是，为了保证内外业对刺点位置理解的高度一致，给每个像片控制点编制“像片控制点点之记”是必要的。在“像片控制点点之记”上将刺点影像放大，同时对刺点的实测位置进行现场拍照，加以简要的点位文字说明，这样就能确保刺点位置的准确判定。

4.4.3　稀少(无)控制区域网平差

随着数字成像技术、精确卫星测高技术和基于 GPS/星敏感器/IMU 组合定位定姿技术的发展，目前大多数国外卫星成像系统，特别是高分辨率卫星成像系统本身具有较高的对地定位精度，法国 SPOT5、HRS/HRG 卫星成像系统的无控标称定位精度可达 10~100m，IKONOS、Quickbird 可以达到 10~20m 的标称定位精度，最新的 WorldView-1、GeoEye-1 卫星成像系统甚至可以达到 5m 的标称定位精度。

然而，单景卫星影像中的对地定位误差一般呈现系统性，因此，在面对大范围遥感数据时仍然需要一定数量的地面控制来消除单景卫星影像对地定位误差的系统性，以达到更高的定位精度。若采用多源异构、多时相的卫星影像进行联合无地面控制区域网平差，使存在于不同卫星影像之间的系统误差可以相互抵消，来提高卫星影像定位及纠正精度。

海岛礁由于具有登岛困难，控制点稀少等特点，在影像定位时往往存在一定的困难。对难以到达或不可到达的海岛礁影像定位，可利用各种遥感卫星在运行过程中提供的轨道或姿态变化参数，来外推和反演出高精度遥感卫星预处理所需要的高频度、高精度轨道和姿态信息，基于这些信息依赖稀少地面控制点来进行高精度自动化的几何定位与区域网平差。

海岛礁稀少控制遥感影像区域网平差作业流程如图 4.15 所示。

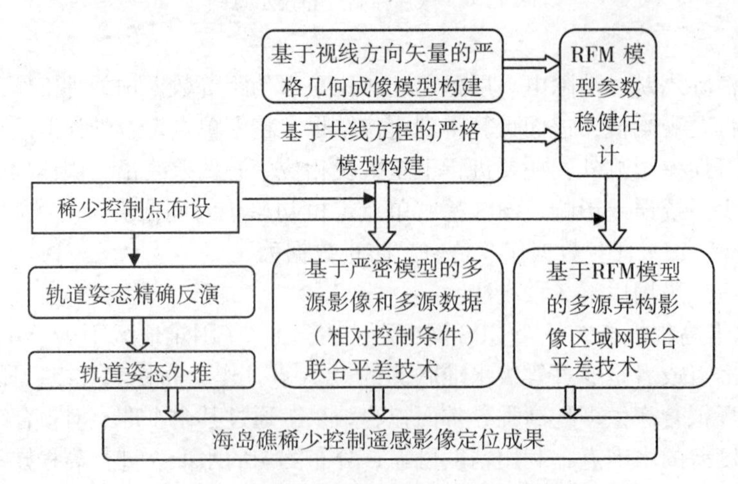

图 4.15　海岛礁稀少控制遥感影像区域网平差作业流程

对于稀少(无)控制点的情况，可考虑利用多源影像，通过异构遥感传感器构成区域网，进行联合平差(张永军，2006)。

(1)控制点库的控制点半自动量测技术

遥感卫星应用需要一定数量的控制点。传统的控制点选取方法是根据所规定的图像投影参照系统，利用一些通用或专用图像处理软件在原始图像上逐一确定特征明显的地物、地貌位置，这一过程是人工选点，费时又费力，且控制点的量测精度受主观因素影响较大，限制了影像几何纠正的处理效率。

控制点影像库的建立首先需要在地面应用系统的数据库中创建有关地面控制点列表，然后通过提取地面控制点，将有关控制点的信息存入数据库中，具体提取地面控制点流程为：

①在经扫描纠正的地形图上利用选取控制点的工具选取地面控制点；

②在原始的卫星遥感影像上找到同名点，并选择其周围的邻域(窗口图像)，该窗口图像的元数据和影像被存入控制点数据库的控制点表中。

因此，地面控制点影像库在几何纠正处理过程中逐渐建立和丰富，最终形成完整的控制点库。控制点库建立后，应根据实际情况随时更新。控制点影像库调用流程如图 4.16 所示。

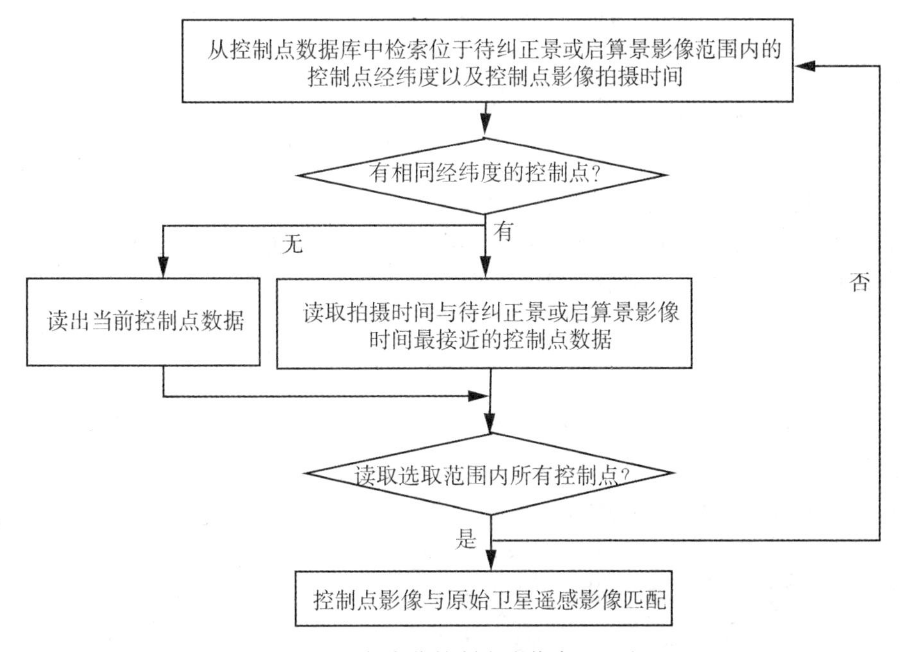

图 4.16 几何定位控制点影像库调用流程

(2)RFM 模型区域网平差技术

卫星影像的 RFM 模型一般采用与地面无关的模式，采用卫星遥感影像的严格成像模型获得，故存在较大的系统性误差。因此，可以通过影像自身之间的约束关系补偿有理函数模型的系统误差来提高立体定位精度，这就是基于有理函数模型的缺少控制点卫星遥感影像的区域网平差。

有理函数模型的区域网平差就是利用影像之间的约束关系来补偿模型的系统误差。先对 RPC 模型适当变形为：

$$\begin{aligned} S &= S_S F(X_n,\ Y_n,\ Z_n) + S_0 \\ L &= L_S G(X_n,\ Y_n,\ Z_n) + L_0 \end{aligned} \tag{4-27}$$

式中，$F(X_n,\ Y_n,\ Z_n) = \dfrac{P_1(X_n,\ Y_n,\ Z_n)}{Q_1(X_n,\ Y_n,\ Z_n)}$，$G(X_n,\ Y_n,\ Z_n) = \dfrac{P_2(X_n,\ Y_n,\ Z_n)}{Q_2(X_n,\ Y_n,\ Z_n)}$；$S_S$、$L_S$、$S_0$、$L_0$ 为标准化平移参数。

根据同名像点的像坐标 $(S_l,\ L_l)$，$(S_r,\ L_r)$ 可以列出如下误差方程：

$$\begin{bmatrix} v_{S_l} \\ v_{L_l} \\ v_{S_r} \\ v_{L_r} \end{bmatrix} = \begin{bmatrix} \dfrac{\partial S_l}{\partial X_n} & \dfrac{\partial S_l}{\partial Y_n} & \dfrac{\partial S_l}{\partial Z_n} \\ \dfrac{\partial L_l}{\partial X_n} & \dfrac{\partial L_l}{\partial Y_n} & \dfrac{\partial L_l}{\partial Z_n} \\ \dfrac{\partial S_r}{\partial X_n} & \dfrac{\partial S_r}{\partial Y_n} & \dfrac{\partial S_r}{\partial Z_n} \\ \dfrac{\partial L_r}{\partial X_n} & \dfrac{\partial L_r}{\partial Y_n} & \dfrac{\partial L_r}{\partial Z_n} \end{bmatrix} \begin{bmatrix} \Delta X_n \\ \Delta Y_n \\ \Delta Z_n \end{bmatrix} - \begin{bmatrix} S_l - \hat{S}_l \\ L_l - \hat{L}_l \\ S_r - \hat{S}_r \\ L_r - \hat{L}_r \end{bmatrix} \tag{4-28}$$

$$\boldsymbol{v} = \boldsymbol{A\Delta} - \boldsymbol{l} \tag{4-29}$$

根据最小二乘原理可以解算出地面坐标改正数：

$$\boldsymbol{\Delta} = [\Delta X_n \quad \Delta Y_n \quad \Delta Z_n]^{\mathrm{T}} = (\boldsymbol{A}^{\mathrm{T}}\boldsymbol{A})^{-1}\boldsymbol{A}^{\mathrm{T}}\boldsymbol{l} \tag{4-30}$$

地面坐标可以由迭代算出，初始值取标准化平移参数的平均值。

分析卫星系统参数对影像几何精度的影响，需要改正行方向和列方向的误差。可以定义在影像面的仿射变换来减小系统误差：

$$\begin{cases} F_x = a_0 + a_1 S + a_2 L + S - x \\ F_y = b_0 + b_1 S + b_2 L + L - y \end{cases} \tag{4-31}$$

式中，$(x$、$y)$ 为控制点在影像面的量测坐标，$(S$、$L)$ 为控制点利用 RPC 模型的投影值。

根据公式(4-31)可以列出每个连接点相应的误差方程：

$$\boldsymbol{v}_1 = \boldsymbol{Bt} + \boldsymbol{CX} - \boldsymbol{D} \tag{4-32}$$

同理，可以列出每个控制点相应的误差方程：

$$\boldsymbol{v}_2 = \boldsymbol{Bt} - \boldsymbol{D} \tag{4-33}$$

$$\boldsymbol{B} = \begin{bmatrix} \dfrac{\partial F_x}{\partial a_0} & \dfrac{\partial F_x}{\partial a_1} & \dfrac{\partial F_x}{\partial a_2} & \dfrac{\partial F_x}{\partial b_0} & \dfrac{\partial F}{\partial b_1} & \dfrac{\partial F_x}{\partial b_2} \\ \dfrac{\partial F_y}{\partial a_0} & \dfrac{\partial F_y}{\partial a_1} & \dfrac{\partial F_y}{\partial a_2} & \dfrac{\partial F_y}{\partial b_0} & \dfrac{\partial F_y}{\partial b_1} & \dfrac{\partial F_y}{\partial b_2} \end{bmatrix} \tag{4-34}$$

$$\boldsymbol{t} = [\Delta a_0 \quad \Delta a_1 \quad \Delta a_2 \quad \Delta b_0 \quad \Delta b_1 \quad \Delta b_2]^{\mathrm{T}} \tag{4-35}$$

式中，$\boldsymbol{C}=\begin{bmatrix}\dfrac{\partial F_x}{\partial X_n} & \dfrac{\partial F_x}{\partial Y_n} & \dfrac{\partial F_x}{\partial Z_n}\\ \dfrac{\partial F_y}{\partial X_n} & \dfrac{\partial F_y}{\partial Y_n} & \dfrac{\partial F_y}{\partial Z_n}\end{bmatrix}$，$\boldsymbol{X}=[\Delta X_n \quad \Delta Y_n \quad \Delta Z_n]^{\mathrm{T}}$，$\boldsymbol{D}=[-F_{x0} \quad -F_{y0}]^{\mathrm{T}}$，$\boldsymbol{v}=[\nu_x \quad \nu_y]^{\mathrm{T}}$

式(4-34)，式(4-35)可以采用直接列改化法方程求解，然后采用传统的光束法平差解算出最终结果。

(3)稀少控制的航天影像区域网平差技术

卫星成像系统一般在高空飞行，影像覆盖范围广大，地面少量控制点便可控制较大区域且可以满足成图要求，因此需要研究大面积覆盖的遥感影像区域网平差所需要的控制点的数量、分布，能达到的定位精度等。

在无控制点的条件下，利用星历数据和姿态数据解算外方位元素的方法，对于线元素，利用

$$\bar{P}(t)=\sum_{j=1}^{8}\frac{\bar{P}(t_j)\times\prod\limits_{\substack{i=1\\i\neq j}}^{8} t-t_i}{\prod\limits_{\substack{i=1\\i\neq j}}^{8} t_j-t_i} \tag{4-36}$$

式中，$\bar{P}(t_i)$ 为 t_i 时刻卫星的位置，t_i 为格林尼治时间。

式(4-36)可以内插出每一条 CCD 扫描行中心的摄站坐标。对于角元素，通过下面公式可以求出旋转矩阵。

像空间坐标系到导航坐标系的旋转变换：当传感器线阵列以其卫星轨道方向为轴向两旁倾斜 Ψ_y 角、传感器阵列在其卫星轨道面内向前或向后倾斜 Ψ_x 时，其变换关系为：

$$\begin{bmatrix}X\\Y\\Z\end{bmatrix}_{\text{导航}}=\boldsymbol{M}_1(\Psi_x)\cdot\boldsymbol{M}_2(-\Psi_y)\begin{bmatrix}x_i\\0\\-f\end{bmatrix} \tag{4-37}$$

式中，

$$\boldsymbol{M}_1(\Psi_x)\boldsymbol{M}_2(-\Psi_y)=\begin{bmatrix}1&0&0\\0&\cos\Psi_x&-\sin\Psi_x\\0&\sin\Psi_x&\cos\Psi_x\end{bmatrix}\cdot\begin{bmatrix}\cos\Psi_y&0&\sin\Psi_y\\0&1&0\\-\sin\Psi_y&0&\cos\Psi_y\end{bmatrix}$$

$$=\begin{bmatrix}\cos\Psi_y&0&\sin\Psi_y\\ \sin\Psi_x\sin\Psi_y&\cos\Psi_x&-\sin\Psi_x\cos\Psi_y\\ -\cos\Psi_x\sin\Psi_y&\sin\Psi_x&\cos\Psi_x\cos\Psi_y\end{bmatrix} \tag{4-38}$$

导航坐标系到轨道坐标系的旋转变换：通常使用卫星姿态来描述卫星导航坐标系和卫星轨道坐标系之间的空间关系，

$$\begin{bmatrix} X \\ Y \\ Z \end{bmatrix}_{轨道} = \boldsymbol{M}_p \cdot \boldsymbol{M}_r \cdot \boldsymbol{M}_y \cdot \begin{bmatrix} X \\ Y \\ Z \end{bmatrix}_{导航} \tag{4-39}$$

式中，$\boldsymbol{M}_p$、$\boldsymbol{M}_r$、$\boldsymbol{M}_y$ 为卫星姿态角 Pitch、Roll、Yaw 的三个旋转矩阵。

轨道坐标系到地球坐标系的转换：

$$\begin{bmatrix} X \\ Y \\ Z \end{bmatrix}_{地球} = \boldsymbol{M}_3 \cdot \begin{bmatrix} X \\ Y \\ Z \end{bmatrix}_{轨道} \tag{4-40}$$

其中，

$$\boldsymbol{M}_3 = \begin{bmatrix} (\boldsymbol{X}_2)_X & (\boldsymbol{Y}_2)_X & (\boldsymbol{Z}_2)_X \\ (\boldsymbol{X}_2)_Y & (\boldsymbol{Y}_2)_Y & (\boldsymbol{Z}_2)_Y \\ (\boldsymbol{X}_2)_Z & (\boldsymbol{Y}_2)_Y & (\boldsymbol{Z}_2)_Z \end{bmatrix} \tag{4-41}$$

其中，$\boldsymbol{X}_2$、$\boldsymbol{Y}_2$ 和 $\boldsymbol{Z}_2$ 为轨道坐标系的三个坐标轴矢量，则从像空间坐标系到地球坐标系的旋转变换的旋转矩阵为：

$$\boldsymbol{M} = \boldsymbol{M}_3 \cdot \boldsymbol{M}_p \cdot \boldsymbol{M}_r \cdot \boldsymbol{M}_y \cdot \boldsymbol{M}_1(\Psi_x) \cdot \boldsymbol{M}_2(-\Psi_y) \tag{4-42}$$

(4)基于高精度相对控制条件的卫星影像稀少控制区域网平差

充分利用较高精度的海水潮汐预报与水位推算、高精度卫星静态定位基线测量、卫星静态定位、大范围稀少控制的高精度高分辨率卫星遥感测图等新技术，采用基于特征点/线的影像与图形数据配准算法，或引入相对高程控制条件的影像与海水面高程模型的配准技术，从而实现基于高精度相对控制条件的卫星影像稀少控制区域网平差技术。

4.4.4　数字正射影像(DOM)制作

(1) DOM 制作的作业流程

利用航天影像及提供的轨道参数/RPC 参数、像片控制点与区域网平差成果以及 DEM 数据，进行影像正射纠正，再经影像融合、镶嵌、裁切，生产数字正射影像。

作业流程如图 4.17 所示。

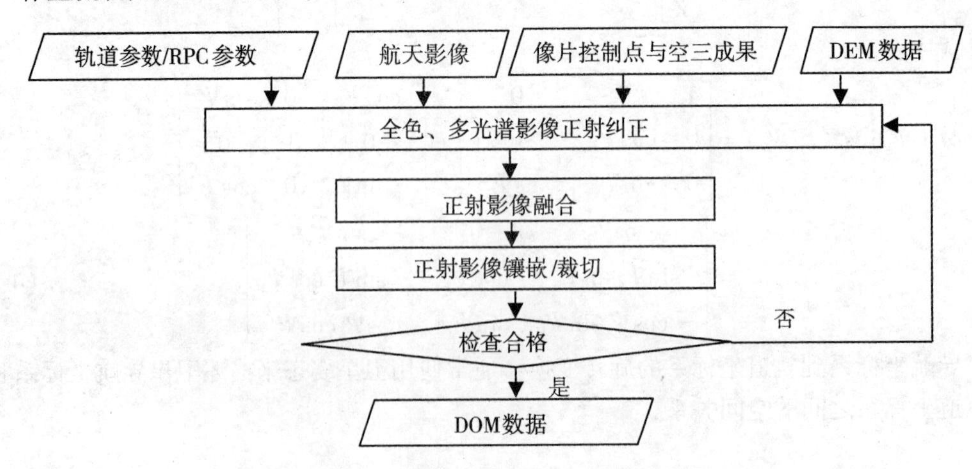

图 4.17　单景/条带航天影像 DOM 制作作业流程图

(2) DOM 技术指标

数字正射影像(DOM)是海岛礁识别定位的基础底图，其平面精度直接决定了海岛礁的定位精度，应高度关注、把控 DOM 的平面精度。

原则上，用于海岛礁识别定位的 DOM 相对于国家基本比例尺地形图其平面位置精度可适当放宽。在采用稀少像片控制点布点的情况下，平面精度一般可放宽 1~2 倍，详见表 4.13。

表 4.13 **DOM 平面位置中误差**

影像数据源	地面分辨率	像片控制点条件	DOM 平面中误差
航空影像	优于 0.2m	像片控制点满足 1∶2000 测图要求	2 m
	优于 0.5m	像片控制点满足 1∶5000 测图要求	4 m
航天影像	优于 1.0m	像片控制点满足 1∶10000 测图要求	5 m
	优于 2.5m	稀少像片控制点，基本满足 1∶25000 测图要求	15 m
	优于 8.0m	无像片控制点	30 m

航天 DOM 影像的地面分辨率详见表 4.14。

表 4.14 **航天 DOM 影像地面分辨率**

原始航天影像地面分辨率(m)	分幅存储的影像比例尺	DOM 影像地面分辨率(m)	色彩
0.5	1∶5000	0.5	DOM 为 24bit 的合成彩色模式或 8bit 的全色灰度模式
2.5	1∶25000	2.5	
5	1∶50000	5	

单波段正射影像一般按 8bit 制作；多波段正射影像应保持其全部波段原有分辨率数据(如 RapidEye 影像有蓝、绿、红、红外、近红外 5 个波段，16bit 数据)，制作分幅 DOM 时只取其中红、绿、蓝三个彩色波段，并转换为 8bit 制作。灰度直方图基本呈正态分布。

(3)数字微分纠正

利用数字影像技术，可将纠正单元缩小为一个像元大小(可小到 25μm×25μm)；通过使用相适应的数学模型，可以纠正各种成像方式的影像。

数字微分纠正须在已知影像的内定向参数和方位元素以及数字高程模型(DEM)的情况下进行。由于纠正影像是地面模型的正射投影，因此两者之间仅存在比例尺的差异。为此，首先按图比例尺的要求将作业范围内的地面模型格网的间隔 ΔX 和 ΔY 的值重新确定，而将地面模型格网缩小到图比例尺大小，即得纠正影像的格网。

为了获得纠正影像格网的灰度值可采用两种方案，分别称为直接法和间接法，如图

4.18 所示。

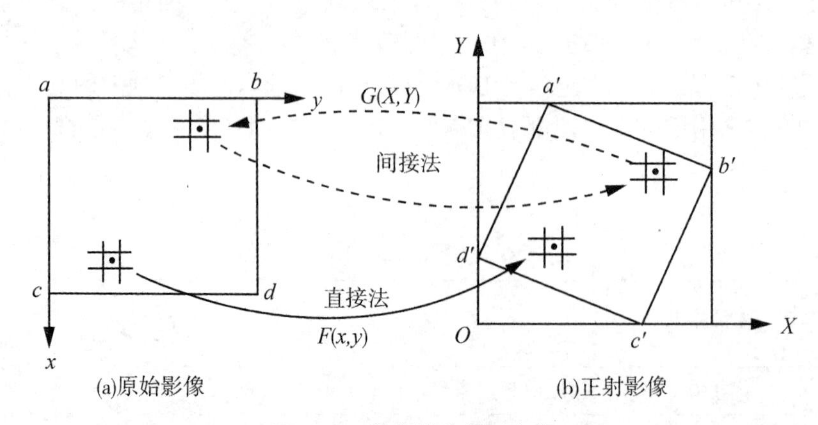

图 4.18　数字微分纠正方案

所谓直接法，是将原始影像上每个像元点位(像片坐标)按纠正变换函数转换到正射影像上的点位(大地坐标)，在正射影像平面上形成离散的不规则灰度点云，再根据正射影像像元中心点大地坐标，进行灰度重采样，得到整个正射影像每个像元的灰度值。

所谓间接法，是从正射影像出发，根据正射影像像元中心点大地坐标 (X, Y) 及该点的高程 Z (由数字高程模型 DEM 提供)按共线方程反求其在原始影像上的点位：

$$\begin{cases} x = G_x(X,\ Y) \\ y = G_y(X,\ Y) \end{cases}$$

由于该像点坐标不一定恰好落在原始影像的像元中心上，需要根据周围像元的坐标及其灰度值进行内插重采样得到 $g(z,\ y)$ 。依次按行列顺序求得正射影像上每个像元的灰度值。

在实际作业中，一般都采用间接法制作 DOM。在完成全色影像的正射纠正后，再对多光谱影像进行配准、正射纠正。

(4)正射影像的融合、镶嵌与裁切

对单景全色影像与多光谱影像进行处理，融合为彩色影像。将相邻的融合彩色影像进行镶嵌，再按规定要求的图幅大小进行裁切，得到分幅 DOM。

4.4.5　海岛礁识别定位数据采集

(1)海岛礁识别定位数据采集作业流程

基于 DOM 对海岛礁进行识别定位、数据采集作业流程如图 4.19 所示。

(2)海岛礁数据采集

每个海岛礁都要采集一个标识点，记录其地理坐标，作为该海岛礁的标识位置。标识点采集原则及方法如下：

①标识点应选在海岛礁中心附近的明显地形特征点上。当没有特征点时，标识点选在海岛礁中心区域。

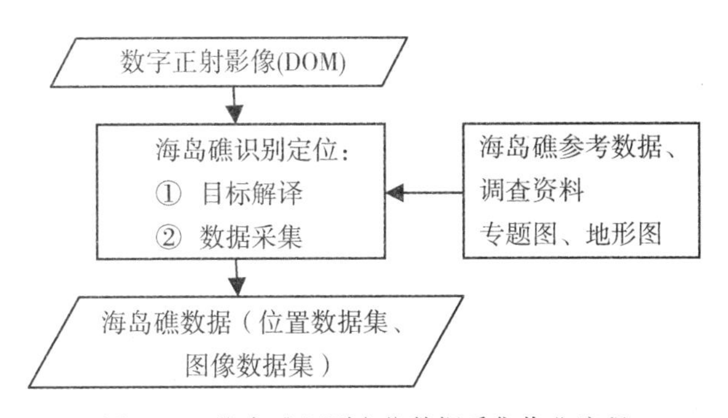

图 4.19 海岛礁识别定位数据采集作业流程

②标识点在正射影像上采集其位置坐标，并用文字和点之记影像说明标识点的位置，点之记影像以标识点为中心截取。

③采集标识点时应将影像放大到像素级，精确确定所选标识点的位置。

根据海岛礁面积的大小，海岛礁定位数据包括面定位数据和点定位数据两类。面定位数据由海岛岸线封闭的范围构成，点定位数据通过采集海岛的中心位置生成。海岛礁定位数据包括图形数据及其属性数据，在采集几何图形数据的同时按规定要求采集其属性数据：

①海岛岸线的采集。能够清楚识别陆海分界痕迹线的海岛都应采集海岛岸线，礁则应采集其范围线。海岛岸线应尽可能按大潮高潮时的位置进行采集。

②微型海岛礁定位数据的采集。不能以面采集的海岛礁，采集其中心位置作为点定位数据。

遥感影像海岛礁识别定位数据如图 4.20 所示。对于遥感影像上船只等伪信息，采用人工目视解译容易区别，使用多个时相的遥感影像数据进行对比更能给以确认。

图 4.20 遥感影像海岛礁识别定位数据

每个海岛礁都要采集一幅全貌快视影像图，要求是覆盖全部海岛礁的矩形区域、融合后的真彩色正射影像。数据采集阶段不能完全确定的海岛礁，需留待后续处理。

①对现有海岛礁资料上没有的新增海岛礁，必须有地面分辨率为 0.2m 影像的验证或

到现场得到确认。

②对现有海岛礁资料上存在，但由于开发、围垦而消失的海岛礁，也应有地面分辨率 0.2m 影像的验证或到现场得到确认。

③对不能确定的疑似情况，应分类汇总归档，待将来有条件时集中处理。

4.4.6　大陆岸线的数据采集

(1)大陆岸线数据采集作业流程

大陆岸线数据采集作业流程如图 4.21 所示。

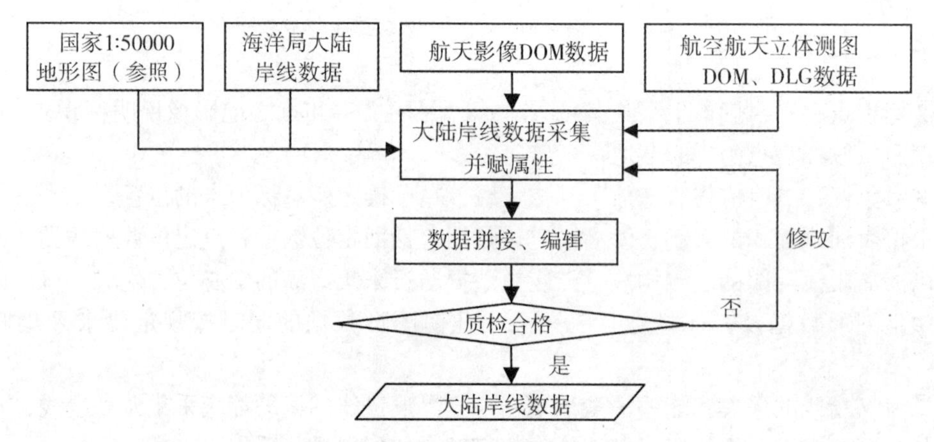

图 4.21　大陆岸线数据采集作业流程

(2)大陆岸线的界定

所谓大陆岸线，是特指我国大陆陆地与海洋平均大潮高潮时的分界线，这意味着大陆岸线要采到海洋大潮高潮能到达的位置。大陆岸线向海一侧的岛屿才能称之为海岛，所以海岸线对海岛礁的识别定位及其界定有着决定性的影响。海岸线有以下 3 种类型：

①自然岸线，由海陆相互作用形成的岸线，如沙质岸线、粉砂淤泥质岸线、基岩岸线、生物岸线等。

②人工岸线，由永久性人工构筑物组成的岸线，如防潮堤、防波堤、护坡、挡浪墙、码头、防潮闸、道路等挡水(潮)构筑物组成的岸线。

③河口岸线，指入海河流(沟渠)与海洋的水域分界线。

随着海洋经济的发展，海洋国土的开发，大陆沿岸围海造地、港口工程、海洋养殖、油田、盐田建造，使我国的海岸线不断向海洋扩展，造成原有不少岛屿消失。不同时期的大陆岸线发生了很大变化。

(3)大陆岸线数据采集方法与要求

①按海岸线的定义(平均大潮高潮时海陆分界的痕迹线)，采集自然状态下的大陆岸线，即以自然属性为原则，排除管理属性或规划属性对大陆岸线定位的影响。

②以数字正射影像(DOM)为底图，基于影像解译高潮时海陆分界线位置，并参照其他资料，采集我国完整的大陆岸线。

③大陆岸线区域如有航空影像及其 DOM 以及立体测图资料覆盖，则应参照立体测图的海岸线及航空影像 DOM 采集大陆岸线。

④采集大陆岸线时，应认真分析大陆岸线出现的变化，主要考虑人工开发形成的变化如码头、防波堤、填海造地等，以及管理岸线、规划岸线造成的影响。

⑤由于影像源不同、时相不同，应处理好相邻影像之间、作业区之间、省(市)之间大陆岸线的接边。

(4)大陆岸线采集示例

①自然岸线。基岩大陆岸线位于陆海交界处，沙质大陆岸线应采集在平均大潮高潮时海水能达到的位置，如图 4.22 所示。

图 4.22　基岩大陆岸线与沙质大陆岸线

②人工岸线是指由永久性构筑物组成的岸线，包括防潮堤、防波堤、护坡、挡浪墙、码头、防潮闸以及道路等挡水(潮)构筑物。人工构筑物视为海岸线必须具备两个特性：一个是永久性，另一个是挡海潮。人工构筑物大陆岸线的界定如图 4.23 所示。

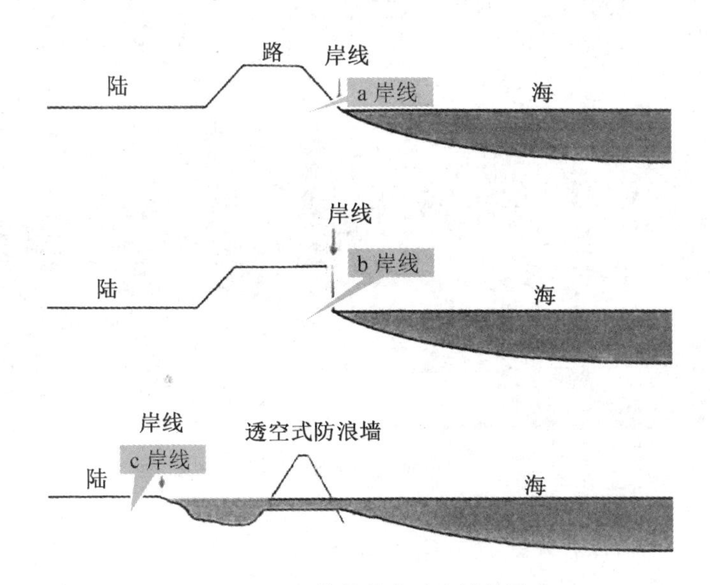

图 4.23　人工构筑物大陆岸线的界定

以围海养殖池塘和盐田、填海造地所形成的区域，取能挡住高潮海浪的永久性非透空海挡(如道路、大规模围垦堤坝等)的外缘线作为大陆岸线。没有与陆地封闭的人工构筑物不能作为海岸线，如图4.24所示。

图4.24　没有与陆地封闭的人工构筑物

③河口岸线，即河与海的分界线，应该是大陆岸线的组成部分。河海分界线如何界定，目前在我国学界还存在不同意见。一般主张以河口区地貌形态划定河口岸线，即在河口突然展宽处、岸线向海突出的点与陆地岸线顺势连接起来，形成一条包络线，作为河口-海洋的分界线，如图4.25所示。

图4.25　河口岸线与大陆岸线的衔接处理

④潟湖岸线，与海洋有水动力联系的潟湖海岸线按大潮高潮时水陆分界痕迹线采集，与海洋没有水动力联系的潟湖海岸线可参照河口岸线在出口外侧沙坝处采集。

4.4.7 海岛礁独立地理统计单元

(1)海岛礁识别定位数据核查作业流程

对生产阶段采集的海岛礁识别定位数据成果需要进行系统核查与界定，包括与海岛礁名录对照、与测图成果对照、与新大陆岸线对照，最终确定独立地理统计单元，作业流程如图 4.26 所示。

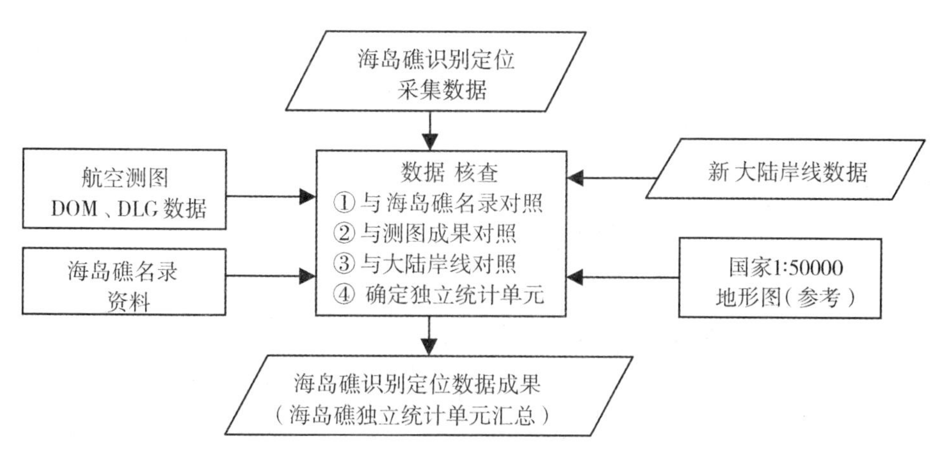

图 4.26 海岛礁识别定位数据核查作业流程图

(2)海岛礁所在岸线环境的空间划分

为了对海岛礁进行界定，首先要了解海岛礁的空间分布环境。由于沿海地带海洋开发使大陆岸线向海域推移，不同时期形成了不同的大陆岸线，如新大陆岸线、上一代大陆岸线，如图 4.27 所示。这两条岸线将海岛礁所在环境划分为三个区域：

①海域区：位于新大陆岸线向海一侧，该区域受到大潮高潮的影响，符合海洋的定义。

②中间区：处于新大陆岸线与上一代大陆岸线之间，该区域为围海形成的中间区，原有的一些海岛可能被围于其中，处于消失状态。

③陆域区：位于上一代大陆岸线向陆一侧的陆地区域。

图 4.27 表达了各种海岛礁在上述三个区域中的空间分布。

(3)海岛礁数据的核查

首先制作测区“海岛礁核查表”，提取生产阶段采集的全部海岛礁数据(包括点状、面状)，按以下步骤进行对照核查。

对照“海岛礁名录”。对测区内每一个海岛礁进行逐一核查，核对名称、代码，并在作业平台上通过叠加 DOM 影像、海岛礁矢量数据等资料进行详查。通过核查得到以下信息：

① 海岛礁的存在状态：区分为存在、消失、新增、保留、疑似新增等不同状态。

② 海岛礁的分类：区分为主岛、单岛、丛岛、干出礁、暗礁、人工岛等不同类型。

- 主岛(≥500 m^2海岛)；

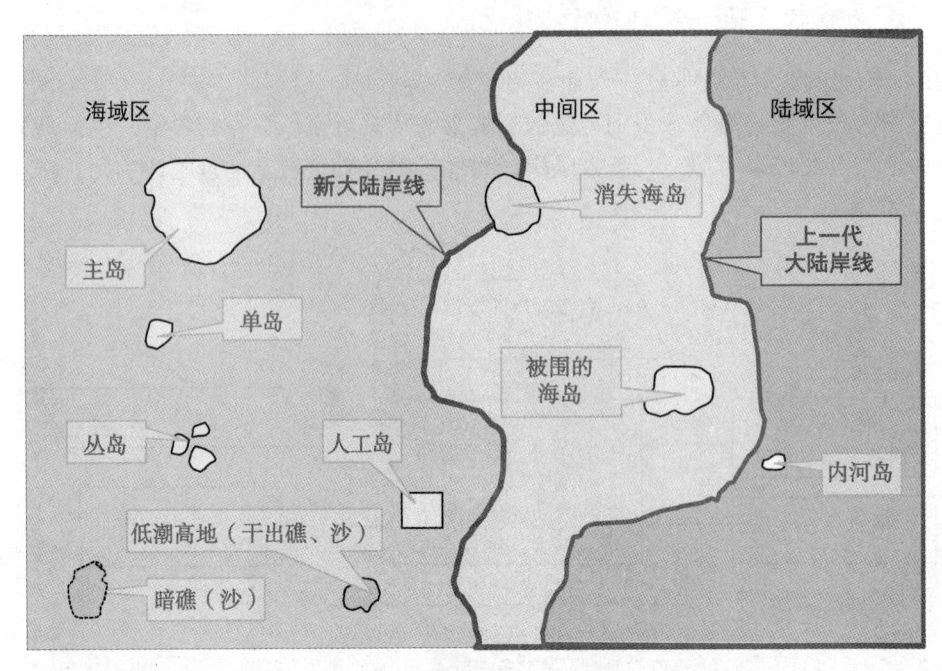

图 4.27　海岛礁空间分布示意图

- 单岛(单个<500 m^2海岛)；
- 丛岛(多个<500 m^2海岛)；
- 低潮高地(干出礁、沙)；
- 暗礁(沙)；
- 人工岛(作为特殊类型，单独统计)；
- 内河岛(作为特殊类型，单独统计)。

③ 海岛礁的成因：区分为基岩岛、火山岛、堆积岛、珊瑚岛等不同类型。

④ 海岛礁的面积等有关信息。

对照立体测图成果。将 DLG 数据中的点状海岛、面状海岛叠加在识别定位采集的海岛数据上，可能出现以下两种情况：

① 测图海岛与识别定位海岛相差很大，已影响海岛礁独立地理统计单元计数，例如：

- 测图数据中存在的海岛礁，识别定位数据中无。
- 测图海岛面积≥500m^2，而识别定位海岛面积<500m^2。
- 测图海岛面积<500m^2，而识别定位海岛面积≥500m^2。
- 其他，如测图数据中微小海岛之间距离已影响到海岛独立地理统计单元等。

② 立体测图海岛与识别定位海岛图形数据相近，不影响海岛礁独立地理统计单元分类统计，此种情况不作替换。

对照大陆岸线位置。将大陆岸线与识别定位海岛数据叠加，可能出现 3 种情况：

① 位于海域区的岛屿，界定为真正的海岛，符合四面环海水。

② 位于中间区的岛屿，界定为被围海岛，如图 4.28 所示，已不具备海岛全部特性。

③ 位于陆域区的岛屿，属于内河岛，非海岛。

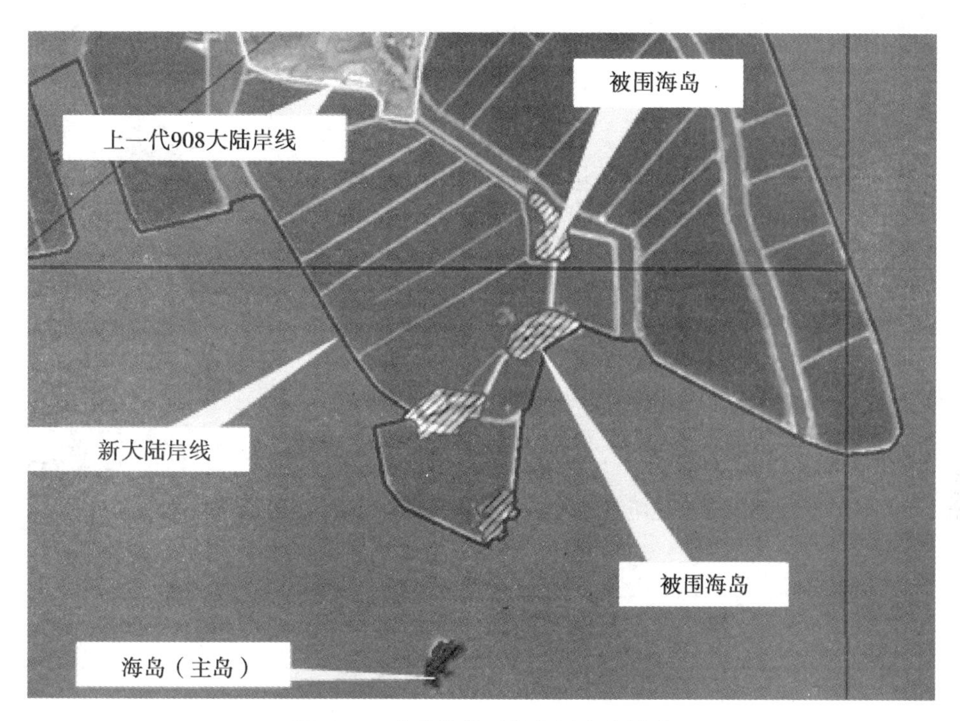

图 4.28 大陆岸线对海岛界定的影响

4.5 海岛礁遥感影像识别定位案例

(1) 识别案例

光学遥感的工作区间一般位于可见光和红外波段，在海域成像容易受到云层的干扰。而主动成像的雷达遥感采用微波波段，对云层和水体具有一定的穿透能力，可以全天候、全天时获取数据。为此，实验在海岛礁识别中使用雷达数据，以期发挥其消除云层干扰及提取水下弱信息的有利作用，和光学影像实现优势互补，见表 4.15。

随着影像分辨率的提高，船只等伪信息在影像上反映明显，对海岛特别是小面积海岛要素造成干扰。在单时相的光学或雷达影像上，港湾内和洋面上的大型船只等地物有可能被误判为海岛或海礁。海岛礁相对稳定，在较小间隔不同时相影像的同一位置上表现为相同的显隐性，而船只等地物具有灵活运动、随机分布的特点，在不同时相影像的同一位置上表现为不同的显隐性，通过移动目标在不同影像上相对于固定目标距离不同的规律，采用配准后的多源、多时相数据，综合利用遥感影像变化检测技术，实现移动目标如船只、海浪等伪信息剔除，见表 4.16。

表4.15　雷达数据消除云层干扰及提取水下弱信息实验结果

遥感数据		海岛影像表现效果
光学数据	雷达数据	
IRS-P5(2.5m)	COSMO-SkyMed (1.0m)	IRS-P5　COSMO-SkyMed
IRS-P5 (2.5m) Quickbird (0.6m)	COSMO-SkyMed (1.0m)	IRS-P5　Quickbird　COSMO-SkyMed

表4.16　多时相数据用于船只等伪信息剔除实验结果

实验数据	时相	不同时相影像动目标剔除效果
SPOT5 (10.0m)	08.01.04/ 09.02.08	2008.01.04 影像　2009.02.08 影像

(2)定位试验案例

选择海南省三亚市东南部沿海及亚龙湾海域作为试验区，区内包含野猪岛、东洲、西洲、东排、西排等岛屿，分布形态均为孤岛，离岸距离类型均为沿岸岛，有无居民类型均为无人岛。岛上及大陆沿岸无现成控制点。其中，东洲与大陆之间有长堤相连，东洲、西洲、野猪岛彼此之间均有长堤延伸并建有码头，东洲上建有工厂，野猪岛上也有个别房屋分布。

试验收集示范区3轨IKONOS 1m分辨率全色立体像对和相应RPC参数，在大陆沿岸布测 11 个地面控制点坐标作为数据源。影像覆盖关系及控制点分布如图 4.29 所示。

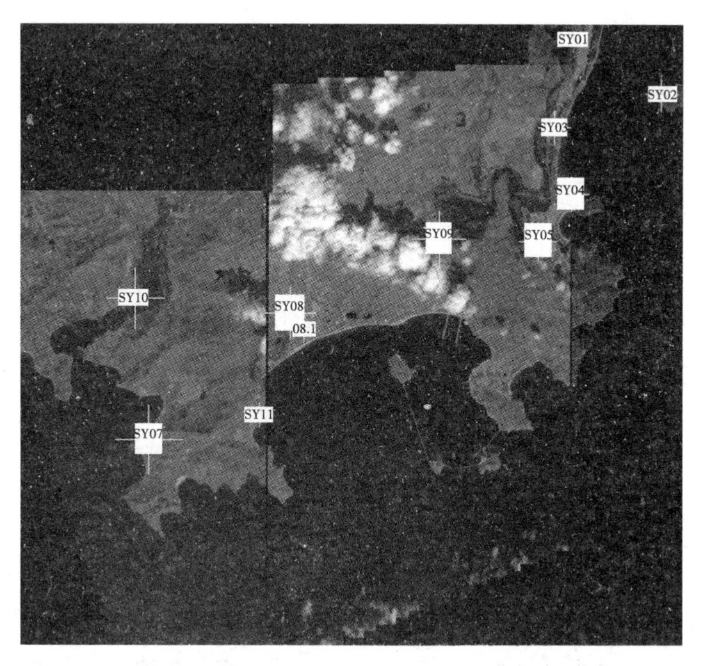

图 4.29　海岛礁遥感定位试验影像(矩形框内 SY_{XX} 表示控制点)

第5章　滩涂与岸线测量

海岛滩涂是海岛与海水相互作用最为激烈的地带。海岛岸线描绘出海岛形状，是海岛面积量算的依据，是海岛地图最重要的地形要素之一。海岛滩涂和岸线测量是海岛礁地形测图的重要组成部分，也是海岛礁测绘的一项重要任务。

本章介绍海岛滩涂与岸线测量技术和方法，着重阐述海岛滩涂与岸线测量的主要内容和技术要求，在此基础上介绍海岛滩涂地形测量与潮位辅助的海岛岸线测量技术。

5.1　海岸带、海岸线与滩涂

5.1.1　*海岸带*

海岸带是海洋与陆地相互接触、相互作用和相互影响的地带，是海岸线向陆地、海洋扩展一定宽度的带状区域，海岸带兼有陆海两种环境特征。划定海岸带的范围有自然、行政边界、任意距离和环境单元四个标准，我国对海岸带范围的界定在不同时间、不同的调查目的和不同的实测单位具有不同的界定方法。通常将海岸带划分为三个部分，如图5.1所示。

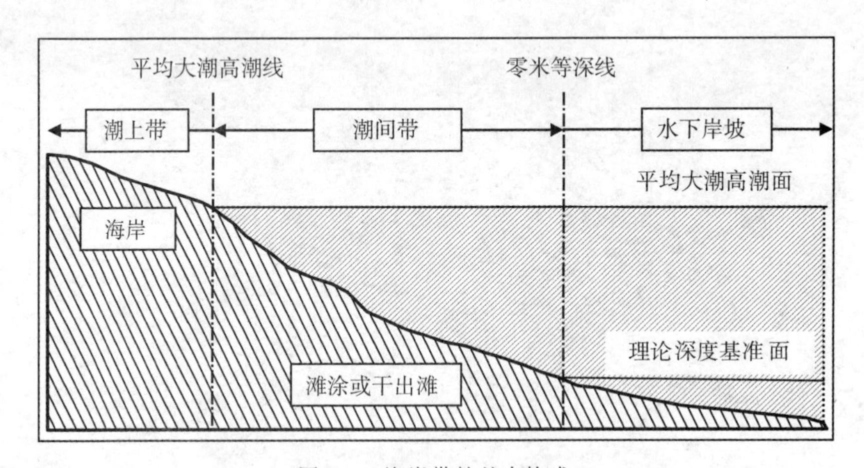

图5.1　海岸带的基本构成

①海岸：平均大潮高潮线以上沿岸陆地的狭窄地带，也称为潮上带；

②潮间带：在高潮时被淹，低潮时出露的潮浸地带，其宽度受潮差影响大，通常认为

介于平均大潮高潮线与零米等深线之间，也称为滩涂或干出滩；

③水下岸坡：零米等深线以下一直到波浪作用所能到达的浅水部分，也称为潮下带。

我国国家海洋局颁布的《海岸带调查技术规程》中，将海岸带调查范围规定为：从平均大潮高潮线向陆地方向延伸2km，从零米等深线向海域方向延伸至水深15m等深线处。为叙述方便，这里将与海岸(大陆海岸和海岛岸边)相连的干出滩称为滩涂，对于海域中平均大潮高潮面以下且独立存在的干出滩，考虑到其地形测量方法与沿岸滩涂地形测量差别较大，仍称为干出滩。

5.1.2 海岸线

海岸线一般被认为是陆地与海洋的分界线，有大陆海岸线和岛屿岸线两种。海岸线具有不断变化的性质。海岸线时而向海洋推进，时而向陆地推进。以我国天津为例，公元前海岸线在河北省的沧县和天津西侧一带的连线上，经过两千多年的演化，海岸线向海洋推进了几十千米。

(1)海岸线定义

在自然地理学上，通常用海洋最高的暴风浪在陆地上所达到的线来划定海岸线，在海岸悬崖地区则以悬崖线来划分。在海图上，海岸线在有潮海为多年平均大潮高潮的水陆分界线，在无潮海为平均海面的水陆分界线。

在其他领域中，海岸线是指海水面与陆地接触的分界线。由于此分界线会因潮水的涨落而变动位置，大多数沿海国家规定以海水大潮时连续数年的平均高潮位与陆地(包括大陆和海岛)的分界线为准。

(2)“痕迹”岸线

在实际应用中，通常将位置最接近海岸线理论定义的“痕迹线”作为海岸线，可称其为“痕迹岸线”。这种上冲流形成的痕迹线，一般断续存在，其向陆深入的距离和高度差异，受海岸类型、岸线走向和地形坡度等影响而不同。《我国近海海洋综合调查与评价专项》将自然海岸分为四类：基岩海岸、砂质海岸、淤泥质海岸和生物海岸(宋伟富，2011)。

①基岩海岸的痕迹岸线：基岩海岸由岩石组成，一般是陆地山脉或丘陵延伸且直接与海面相交，经海浸及波浪作用形成，主要分布在半岛、岬角和岛屿。基岩海岸有明显的起伏状态和岩石构造，近岸水深较大。海蚀陡坎或海水浸泡岩石形成的“痕迹线”(岩石表面颜色存在差异)，一般取上界为痕迹岸线。基岩海岸由于受波浪的反复冲击及海水浸泡而痕迹明显，较易识别。

②砂质海岸的痕迹岸线：砂质海岸主要分布在基岩岬角之间较为开敞的海域，一般在海滩后侧有海岸沙堤(沿岸堤)，沙堤堤顶处以内(向陆)，包括沙堤内侧的凹洼地，因不常经受海水的淹没和冲击(除特大潮、风暴潮外)，有植物生长；沙堤外侧，因波浪作用会将大量物质较集中地携带到海滩上部堆积，形成一条或多条由小砾石、粗砂、贝壳碎片、流木、水草残体等构成的痕迹岸线。

③淤泥质海岸的痕迹岸线：泥质海岸主要由江河携带入海和沿岸侵蚀的大量细颗粒泥沙，在波浪和潮流作用下运输沉积所形成，主要在比较隐蔽的港湾。对于淤泥质潮滩，在

平均大潮高潮线以上部分，仅为特大潮淹没，土壤脱盐程度较好，茅草类植物生长茂密；而平均大潮高潮线以下部分，海水淹没次数较多、时间较长，仅能生长一些耐盐植物，如盐蒿等。

淤泥质海岸主要由潮汐作用形成，受上冲流的影响，滩面坡度平缓，滩面宽度可达数千米甚至更宽。以陆生植物界线为界，同时海水作用痕迹线也较明显，一般可形成小型的浪蚀陡坎或贝壳堤。痕迹岸线取陆生植被的外边缘线或浪蚀陡坎坡脚的最高痕迹线。

④生物海岸的痕迹岸线：生物海岸主要有红树林海岸、海草海岸、珊瑚礁海岸等，其中红树林海岸和海草海岸以红树林或海草植物上界或参照淤泥质海岸确定痕迹岸线；珊瑚礁海岸参照基岩海岸确定痕迹岸线。红树林一般生长在热带与亚热带的无大风浪、水动力较平静的淤长型淤泥质海岸，以及曲折多湾的堆积作用强烈的港湾内，最佳生长部位为平均潮位与平均高潮位之间。海草一般生长在淤泥质和粉沙质海岸。珊瑚礁海岸由珊瑚砂堆积而成，珊瑚砂外围为礁盘，礁盘区域常被海水浸没，水深较浅，痕迹岸线确定方法同一般砂质岸线。

(3)人工海岸的岸线

人工岸线是人工建筑物形成的岸线，建筑物一般包括防潮堤、防波堤、码头、凸堤、养殖区和盐田等。

①码头。有顺岸式码头、突堤式码头、引桥式码头、栈桥式码头、趸船码头(又称浮码头)、道头以及船坞。对于顺岸式码头，海岸线即码头前沿；其他形式的码头，海岸线则取在码头根部。

②海堤(护岸堤)。海堤一般指沿海岸边用土、石、砖、混凝土或其他材料修建的各种挡水护岸构筑物，主要形式有直立式、斜坡式和混合型。海岸线可取堤顶外沿。

③沿海道路。路堤根据地形地势、路基地质、临海侧海洋的水动力作用情况有多种形式，有的路堤外缘采用高标准防波堤，有的路堤外缘采用抛石防浪，而在海洋水动力较弱的淤积性海湾内侧，则直接在自然海岸的基础上通过。海岸线可取路堤外缘。

对于河口海岸，通常以河口入海口狭窄处的连线作为海岸线，即以河口入海突然展宽处的突出点(或者突出的岬角)连线为海岸线，同时，还要考虑在岛屿河口区域内防潮闸、道路、桥梁等地物的特征形态；已进行过河海划界的河口，一般以河海划界确定的界线为海岸线。

5.1.3　滩涂

滩涂在我国是对海滩、河滩和湖滩的习惯性称谓。滩涂是海岸带的一个重要组成部分，在地貌学上称为“潮间带”。为与海岸线定义保持一致性，这里将滩涂的上界取平均大潮高潮线，下界取为零米等深线。

根据物质组成成分，滩涂可分为岩滩、沙滩、泥滩三类。为客观准确地表达滩涂的质地性质，海道测量中进一步将滩涂(干出滩)划分为岩石滩、珊瑚滩、泥滩、沙滩、砾滩、泥沙混合滩、沙泥混合滩、沙砾混合滩以及芦苇滩、丛草滩、红树滩等类型。

由于潮汐的作用，滩涂有时被水淹没，有时又露出水面，其上部经常露出水面，其下部则经常被水淹没。根据潮汐活动的规律，滩涂可进一步分为三个区：

①高潮区(上区)：它位于潮间带的最上部，上界为平均大潮高潮线，下界是平均小潮高潮线。它被海水淹没的时间很短，只有在大潮时才被海水淹没。

②中潮区(中区)：它占潮间带的大部分，上界为平均小潮高潮线，下界是平均小潮低潮线，是典型的潮间带地区。

③低潮区(下区)：上界为平均小潮低潮线，下界是零米等深线。大部分时间浸在水里，只有在大潮落潮的短时间内才露出水面。

与海岸线变化一样，河流入海口处的泥沙质海滩位置变化最大，其他地区变化不大。例如，黄河口在1980年前后的8年中，海滩向外推移达23.5km，平均推进速率为3.0km/a；鸭绿江河口西侧平原型淤泥滩范围外移速率为2.5cm/a；红树林干出滩沉积速度较慢。人工围垦造成滩涂范围缩小的变化，在较短的周期内，其性质一般不变化。

5.1.4 几个常用的术语

①平均大潮高潮线：平均大潮高潮面与海岸的交接线。

②平均水位线：平均海面与海岸的交接线。

③零米等深线：深度基准面与海岸的交接线。零米等深线的水深值为零。

④半潮面与半潮线：高潮与低潮中间的潮位，称半潮面，半潮面与海岸的交接线称为半潮线。在半潮面附近的潮位随时间的变化特别快，而在高、低潮附近却比较缓慢。

⑤水涯线与水边线：水涯线泛指任意时刻海面与海岸的交接线。从遥感影像上获得的某一时刻水涯线，也称水边线。

⑥干出高：从深度基准面向上起算的高度。

⑦净空高(或保守高)：从平均大潮高潮面向上起算的高度。

⑧痕迹岸线：最接近平均大潮高潮线的痕迹线(带)。

5.2 海岛滩涂与岸线测量

海岛滩涂、岸线及周边海域测量是海岛地形测图不可或缺的重要组成部分。不难理解，如果海岛礁测绘产品仅有痕迹岸线以上的地理信息，只能称得上是中间测绘产品，其应用价值将大大降低。传统的陆地地形测量侧重于陆域要素获取，海道测量侧重于海域要素获取，它们对于海岛滩涂和岸线测量都不充分。而且，海图主要是为航海服务的，其上的海岛滩涂与岸线信息不一定是符合测绘学要求的最佳表达方式。为满足海岛礁测绘需求，需要拓展海岛滩涂与岸线测量的内容。

通常将海岛滩涂以半潮线为界分为陆部和海部。陆部需要陆地地形测量，海部需要进行水深测量，水深测量范围一般为海岛周边10m以浅的近内海域。陆部地形测量方法较多，主要包括常规测量方法和遥感地形测图方法(申家双，2007)。浅海水深探测方法主要有：声呐测深、双波段机载激光测深和遥感水深探测。

考虑到水深以深度基准面为基准表示，深度基准面以下的地形地物要素如暗礁、水下地形、海底底质应属于海岛测量任务(或应在海图上充分表达)。因此，海岛滩涂与岸线测量的任务可以界定为：海岛及周边海域平均大潮高潮面与深度基准面之间的全部地形要素(含海面要素)的测量。此外，为了精确测定平均水位线和零米等深线，应包括海岛周边浅水水深测量。

在我国，相对于陆地地形测量，海岛测量更重视海岛滩涂、岸线和周边海域要素测量，因此，在以海岛礁测绘为目的的海岛滩涂与岸线测量中，地形要素的选取可以海岛测量为主，进行适当调整，以满足海岛礁测绘需求。

综上所述，海岛礁测绘中的海岛滩涂与岸线测量的主要内容包括：

①滩涂及附近海岸地物：主要包括码头、道头、海堤、防波堤、船坞、渔堰、系船桩、验潮站、基础设施、跨海架空电缆、桥梁等。

②滩涂及附近海岸地貌：主要包括滩涂地形及类型，各类痕迹线或痕迹带(含痕迹岸线)，道路、河流、沟渠等。

③海岛周边礁石、干出滩：主要包括海岛周边海域的明礁、干出礁、群礁和干出滩等。

④岛上及周边助航标志：主要包括灯塔、灯桩、立标、导航台、信号台、测速标、无线电指向标、高烟囱、架杆、水塔、教堂尖屋顶、塔尖等。

⑤海岛周边水上要素：主要包括锚地、海上平台、各类浮标、渔栅、海上养殖场等水上建筑物。

⑥海岛礁的岸线要素：包括海岛和明礁的岸线、平均水位线和零米等深线，干出礁、干出滩的平均水位线(当高出平均海面时)和零米等深线。

5.3　海岛滩涂地形测量方法

5.3.1　机载激光雷达地形测量技术

(1)机载激光雷达测量(LiDAR)系统

激光雷达(LiDAR)技术利用激光发射和接收设备，通过探测激光回波得到目标信息。LiDAR 不依赖外部光源，属主动式测量技术。LiDAR 系统从载体上大致可分为地面、机载、星载三类。机载 LiDAR 是一种安装在飞机上的激光雷达系统，美国航空航天局(NASA)于 20 世纪 90 年代首次成功开发并投入商业化应用，随后加拿大、瑞典、德国、澳大利亚也相继开发出类似系统。它具有自动化程度高、数据精度高、生产周期短等特点。机载 LiDAR 传感器发射的激光脉冲能部分地穿透树林遮挡，直接获取高精度三维地表地形数据，生成高精度的数字表面模型和等高线图，具有传统摄影测量和地面常规测量技术无法取代的优越性。

实用的机载激光雷达测量系统一般集成激光扫描仪、定位定向系统(Position and Orientation System，POS)和数字航摄仪(或高分辨率数码相机)，这些设备通过中心控制单元(含时间测量模块)实现时钟同步，如图 5.2 所示。

激光扫描仪集空间点阵扫描技术和无棱镜长距离快速激光测距技术于一体，是机载 LiDAR 系统的核心。常见的激光测距方式有脉冲测距、相位法测距、干涉法测距和三角法测距四种。为实现长距离测距定位，大部分机载激光扫描仪采用脉冲测距方式，即通过测量激光脉冲从发射到被目标反射再到接收所经历的时间来计算目标到扫描仪的距离，其测量精度常常可以达到毫米级。

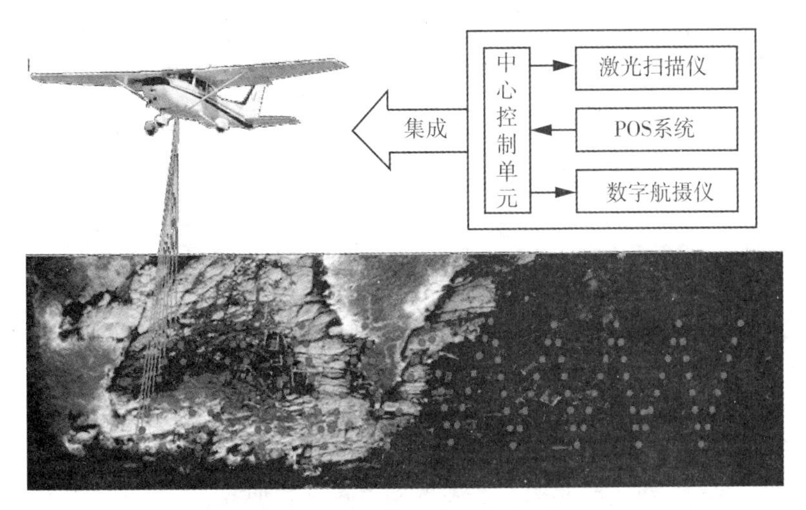

图 5.2　机载激光雷达测量系统

POS 系统是机载 LiDAR 系统的重要部件，采用高精度卫星动态定位和惯性测量单元(IMU)测定激光扫描仪的位置和姿态，按对应时刻估计发射点的位置和激光束的方向余弦，实现无地面控制情况下激光脚点(目标点)的三维定位。

LiDAR 直接获得目标点三维坐标的功能提供了传统二维数据缺乏的高度信息，但却忽略了对象特征的其他信息。为弥补 LiDAR 在这方面的不足，实用的机载 LiDAR 系统一般需要配置数字航摄仪或高分辨率的数码相机，获取地物地貌的光谱和纹理信息，以辅助目标分类识别、数据拼接和控制 DEM 算法质量。

(2)机载激光扫描仪

激光扫描仪一般由激光器、扫描镜，以及发射、接收、信号采集和信号处理系统构成，如图 5.3 所示。其工作原理是，激光器向扫描镜(光学机械扫描装置)不停地发射激光，经过扫描镜运动来控制激光束发射出去的方向，当激光束到达地面或遇到其他障碍物时被反射回来，接收系统接收到激光回波后由信号采集系统进行记录。

在扫描镜作用下，不同的脉冲激光束按垂直于飞机的飞行方向移动，形成对地面上一个条带的“采样”。不同类型的激光扫描仪主要区别在于激光器参数、扫描镜参数和回波测量参数不同。

①激光器参数：主要包括激光波长、发射激光的脉冲宽度与发散角。激光波长一般位于近红外的大气窗口，常用的有 1.064μm、1.047μm、1.550μm。

发射激光脉冲宽度、激光束发散角影响地面光斑大小和回波脉冲宽度，进而影响扫描仪的回波探测性能。激光脉冲宽度还是影响脉冲测距精度的重要因素。

②扫描镜参数：主要包括扫描方式、扫描频率和最大扫描角。常见的扫描方式主要有四种：摆动扫描、旋转棱镜扫描、光纤扫描和旋转正多面体扫描。

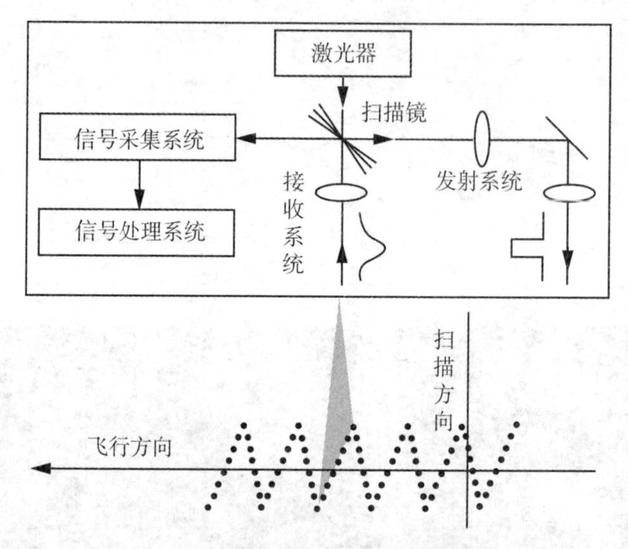

图 5.3　机载激光扫描仪工作原理

③回波测量参数：主要包括回波时间、回波宽度(回波波形)、回波强度等。回波时间测量的目的是计算扫描仪到目标的斜距；回波宽度包含目标倾斜度(地面坡度)信息；回波能量包含地面反射率信息。此外，通过对多个回波或其子波到达时间的测量可获取地物比高、植被等信息。

(3)机载 LiDAR 测量原理

1)激光雷达测距

机载激光扫描仪一般采用激光脉冲测距方式，通过时间测量模块测量激光脉冲从发射到接收之间的时间差 Δt(测时)来计算距离，即

$$S = c\Delta t/2 \tag{5-1}$$

式中，c 为光在空气中传播的速度。

影响测距误差的主要因素有激光回波展宽、回波强度与计时精度等。脉冲展宽导致地面光斑内距离的漂移，回波宽度与激光发散角、目标倾斜度、激光扫描角及目标反射特性有关。回波强度受目标反射率、大气衰减和背景光影响最大。测时精度由两个因素决定，一是产生计时脉冲的标准频率发生器的脉冲重复频率及其频率稳定性，这个频率越高、越稳定，则测时精度越高；二是脉冲宽度，脉宽越窄，前沿越陡，测时精度越高。

2)激光脚点三维定位

LiDAR 的激光测距只能获得距离信息，要得到目标的大地坐标，需要计算激光发射中心的大地坐标和激光束的三维大地方位(或方向余弦)。忽略扫描镜运动和飞行(与光速相比为无穷小)导致的激光射线弯曲影响，激光脚点(目标)的三维坐标通常由激光发射时刻 t、激光发射中心的三维坐标(X_d，Y_d，Z_d)、激光束的方向余弦(l，m，n)和距离观测量 S，按下式计算：

$$X_d = X_o + S \cdot l,\quad Y_d = Y_o + S \cdot m,\quad Z_d = Z_o + S \cdot n \tag{5-2}$$

其中，任意时刻激光发射中心的三维坐标(X_d, Y_d, Z_d)和激光束方向余弦(l, m, n)由POS系统观测数据进行估计。

激光扫描仪的工作过程，实际上就是一个不断重复的数据采集和处理过程，它通过具有一定空间分辨率的激光脚点组成的点云图来表达目标物体表面的采样结果。

3)激光回波测量

脉冲激光回波信号由目标反射信号和噪声叠加而成。激光脉冲和目标作用后被反射，由于地表各点到扫描仪距离不等、地表各点反射率不同等原因会导致回波信号脉宽展宽，回波波形发生畸变，如图5.4所示。

对于单个脉冲来说，当它在行进过程中遇到诸如架空电线、树上的树叶等细小物体(尺度小于光斑)时，就会产生多个反射(物体表面的反射和地面的反射)，回波信号由多个子波构成，系统能测量到同一脉冲的不同反射，如图5.4(1)所示。目前，大部分激光扫描仪都具备多种不同反射信号的测量能力。

脉冲激光回波有两种测量方式。其一，记录回波中一个或多个离散信号；其二，记录反射信号的波形。前者记录回波中(几个)特定的数据，这种数据记录模式被绝大多数商用系统所采用；后者一般通过对回波信号采样和数据处理重建整个波形。

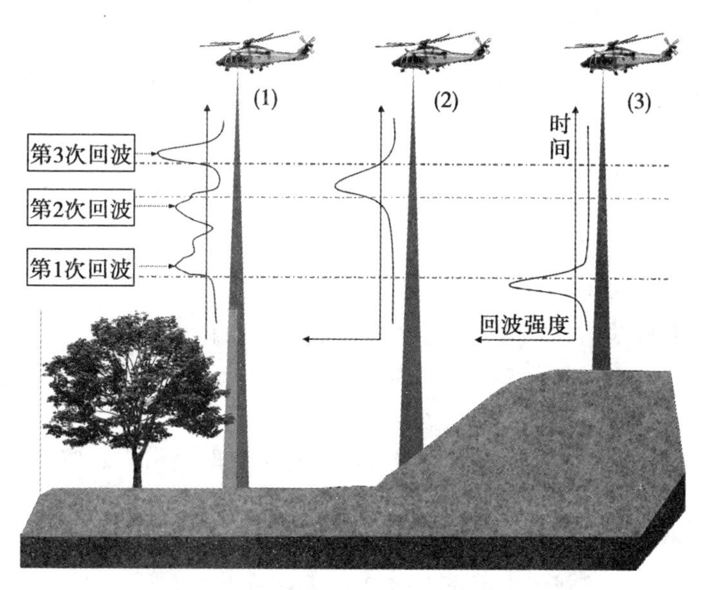

图5.4 扫描仪激光回波特性

4)目标属性探测

通过对回波波形特征的提取以及对回波各个子波返回时刻的记录，可以得到粗糙度、反射率、坡度、比高等目标属性信息。

①地表粗糙度与反射率：若地面粗糙，单个光斑内地面各点回波返回的时间有所差别，造成对回波的展宽。地表粗糙度与回波展宽的关系可以用下式表示：

$$\sigma^2 = \frac{4\mathrm{Var}(\xi)}{c^2 \cos^2\tau} \tag{5-3}$$

式中，$\mathrm{Var}(\xi)$是地表粗糙度，τ 为激光束偏离铅垂线方向的夹角。

通过对激光回波能量的测量，结合发射激光脉冲能量、激光发射角和距离，还可以得到地面反射率的信息。

②地面坡度测量：地面坡度会使地表光斑由圆形变成椭圆形，从而导致回波信号的拖尾效果，是激光脉冲回波展宽的最主要原因之一，如图 5.4(2)所示。因此通过对回波宽度的测量，考虑电子器件本身对回波的展宽作用，结合激光发射角，可以得到地面的坡度信息。

地形坡度是地面高程的一次微分，它能揭示局部地形变化。将数字高程模型与地形坡度模型结合，可以大大改善数字高程模型对地形起伏的平滑，因而能反映地形起伏的精细结构。精细的地形起伏对描述滩涂地形，提高海岛岸线测量精度具有重要的作用，这是 LiDAR 用于滩涂地形测量最突出的优势之一。

③地物比高测量：当地面呈现较大的高度差时，如城市楼房和地面同时反射回波或树冠和地面的回波反射，回波返回时刻将存在大的差别。当较高表面(如楼顶)回波的返回时刻和较低表面(如地面)回波的返回时刻的差别相对回波宽度显著时，回波将呈现多峰特性，甚至出现两个或多个分离的回波脉冲。各个峰值对应了不同高度的反射表面。

因此，通过对回波各个子波返回时刻的记录，可以得到建筑物比高和树木高度等信息。

(4)机载 LiDAR 数据处理

1)主要原始观测数据

机载 LiDAR 基本原始观测数据：POS 系统观测、激光扫描仪观测、光学影像数据以及中心控制单元的时间同步测量数据。

POS 系统观测数据：卫星定位信号采样、IMU 观测和时间参数。

激光扫描仪观测数据：回波时间、回波宽度(回波波形)和回波强度测量数据。

航摄数据：曝光时刻、光学影像数据。

扫描镜时间参数、回波到达时刻以及光学影像曝光时刻由中心控制单元测量得到。

2)激光点云计算

激光脚点三维定位需要采用的基础数据包括：POS 系统观测数据、激光脚点测距数据、时钟同步数据，以及载体坐标系中的 POS 系统安装(标定)参数、激光脉冲发射点在载体坐标系中的三维坐标、扫描仪安装和扫描镜摆动参数(标定)等系统参数。

定位计算一般先在大地坐标系中，然后将激光脚点的三维坐标转换为平面坐标和高程。激光脚点的三维定位计算流程如图 5.5 所示。

影响激光脚点三维定位误差的主要因素有：卫星动态定位精度、IMU 测量精度、测距精度、时钟同步精度和系统参数标定精度。

目前，大多数商用机载 LiDAR 系统中，IMU 的性能是制约激光脚点平面位置精度的最主要因素，卫星动态定位误差是影响激光脚点大地高(高程)精度的最主要因素。例如，当 IMU 姿态测量精度为 1/2000，航高为 H 时，激光脚点的平面位置精度一般为 $H/2000$；

采用高精度卫星动态定位技术，比较容易实现大地高精度优于 10cm，因此激光脚点大地高精度一般能达到 10cm 精度水平，当大地水准面精度达到厘米级时，也能使激光脚点的高程达到 10cm 精度水平。

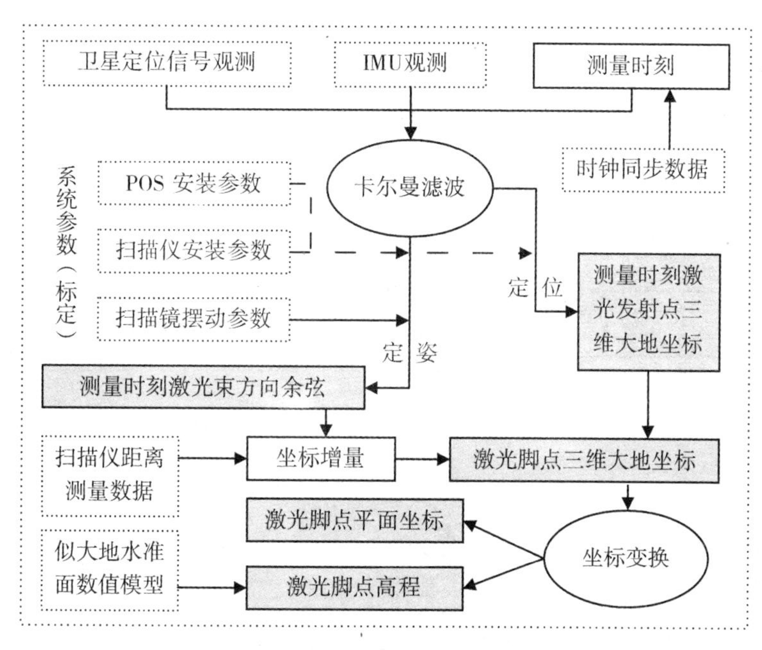

图 5.5　激光脚点三维定位计算技术流程

3)点云数据分类处理

点云数据分类处理的目的是剔除错误或异常的激光脚点数据，对测区内不同航带点云数据进行融合，构建数字表面模型 DSM；分离地面和非地面激光脚点，利用地面点云数据建立数字地面模型 DTM，经高程转换得到数字高程模型 DEM；对激光点云数据进行分类处理，综合激光回波的目标属性探测数据和高分辨率光学影像，提取地形要素，结合 DEM 生成数字线划图 DLG。

由于 LiDAR 技术没有三维立体测图环境，等高线与 DLG 绘制一般采用如下方式：

①根据 DEM 数据自动生成等高线；

②根据 DEM 点高程着色图与 DEM 表面晕渲图产生的平面立体编辑等高线；

③根据实际地面特征分布，标注合适的高程注记点；

④参考 DOM、DEM、等高线和高程注记点信息，在所谓的平面立体环境下，绘制 DLG 地物要素，检查等高线与 DEM、高程点、地物要素之间的符合关系。

4)影像镶嵌与三维模型重构

①光学影像外方位元素计算：光学影像外方位元素计算需要采用的基础数据包括：POS 系统观测数据、时钟同步数据，以及载体坐标系中的摄影平台安装参数。计算方案如图 5.6 所示。

②影像镶嵌与三维模型重构：综合激光点云数据、DSM、DLG、影像外方位元素等数

据，利用光学影像对DTM进行定向镶嵌，生成数字正射影像图DOM。在此基础上，面向用户需求制作地形电子沙盘、地物三维模型等数字产品。

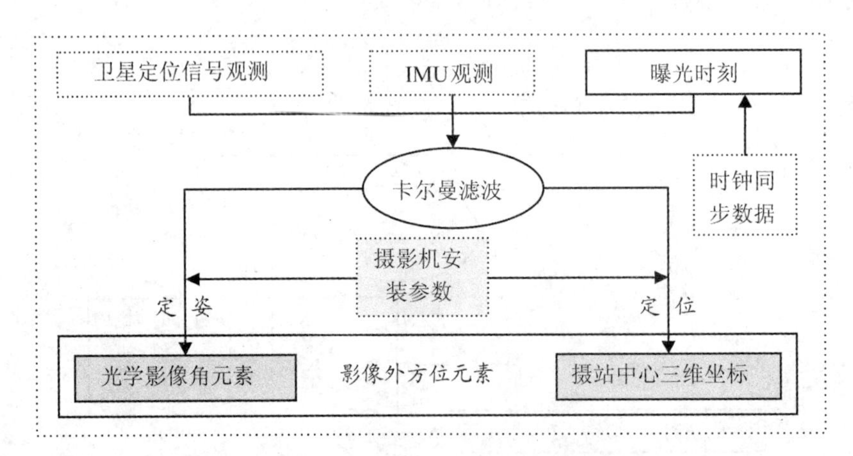

图5.6 光学影像外方位元素计算技术流程

5.3.2 双波段浅海机载激光测深技术

(1)机载激光测深系统概述

机载激光测深技术基于海水存在一个类似于大气的透光窗口(即海水对波长0.47~0.58μm范围内的蓝绿光衰减系数最小)，从飞机上向下发射高功率、窄脉冲的激光(典型功率5MW，脉宽5~10ns)，同时测量海面红外激光的反射光与海底蓝绿激光的反射光，利用光在海水中直线传播以及光速和折射率乘积不变的特点，结合定位定向技术，来测量浅水海域海底地形。

机载激光测深系统是一种不依靠太阳光反射的主动式测量系统，可全天候作业，具有速度快、覆盖率高、灵活性强以及能够对舰船不宜到达的海域进行水下探测的优点，国外已广泛用于近海或沿岸大陆架海底地形测量，美国、加拿大、澳大利亚、苏联等海洋大国早在1980年代就具备机载激光测深系统的生产能力。

机载激光测深系统的构成与机载LiDAR类似，测深激光扫描仪是其核心部件，其激光器主要特点是采用双波段激光，其中蓝绿激光测量海底，近红外激光测量海面。美国1975年6月的一次水上试验发现，水面回波受入射角大小以及海面起伏不同的影响较大；当信号入水后及自海底反射的过程中，受到入射角的影响较小。对水面反射来说，为了克服入射角的影响，要求使用较低功率的宽波束脉冲，但对水底反射来说，为了获得水底反射的良好信号，有必要使用大功率的窄波束脉冲。因此，对水面和水底需分别以不同功率发射两种不同宽度的脉冲信号。

光束在海水中传输要比在大气中传输复杂得多。当激光束由大气经海面射入海水时，在空气和海水的界面处会产生复杂的反射和折射过程，特别是激光束在海水中传输时其能量会快速衰减，克服这些影响是实现机载激光测深、提高系统最大探测深度的关键问题。

影响机载激光测深的主要因素之一是海水对激光的吸收和散射效应(钟晓春，2010)。

当光波长小于蓝绿光波长时，由于小粒子的散射作用，衰减增大；当光波长大于蓝绿光波长时，吸收使衰减增大。海水对激光束的吸收和散射衰减(即海水对激光的衰减系数)决定了激光能量在水下的分布规律。虽然蓝绿激光波长处于海水的传输窗口，但在海水中能量衰减仍然很严重，因此机载激光的探测深度一般为50~70m，在混浊水域更浅。

即便如此，机载激光测深系统对近海和大陆架海底地形地貌测量的作用还是不可低估的。我国大陆架水深在50m范围内的海域面积大约有50×10^4km^2，如果考虑南海岛礁周围清澈海域，可以进行机载激光测深的海域面积会更大。

(2)机载激光测深基本原理

机载激光测深工作原理如图5.7所示。安装在飞机上的激光器向海面同时发射两种波段的激光脉冲，激光脉冲到达海面后，1.064μm的红外激光被海面反射回来，通过测定红外光的往返时间可确定瞬时海面高度，而0.532μm的绿色光(部分被海面反射回来)穿透海面向海底传播，在海底被反射，再次穿过海面回到接收窗口，被系统接收。

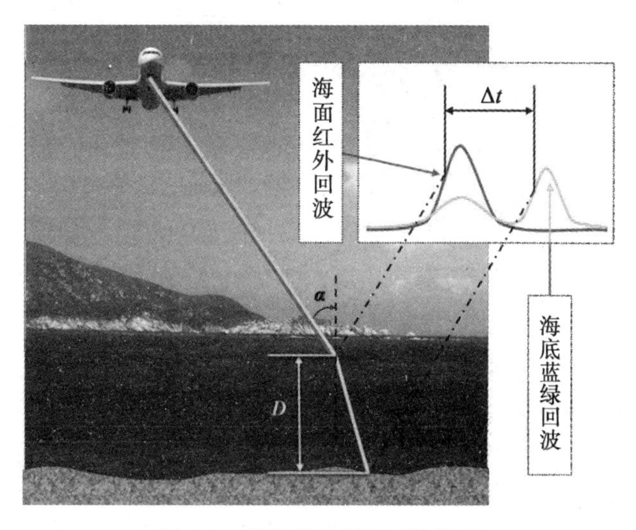

图5.7 机载激光测深工作原理

测深激光扫描仪通过量测红外与蓝绿光在海面和海底的往返时间差Δt，结合POS系统、扫描仪安装参数和扫描镜摆动参数，按下式计算出海面至海底的瞬时水深：

$$D=\frac{c\Delta t}{2n}\sqrt{1-n^{-2}\sin^{2}\alpha} \tag{5-4}$$

式中，α为绿色激光束的海面入射角，$n(=4/3)$为海水的相对折射率。

目前的商用机载激光测深系统有两种工作方式：第一种方式，发射系统发射的红外激光(1.064μm)和绿色激光(0.532μm)作共线扫描，采用式(5-4)测量瞬时水深，如美国的LARSEN系统；第二种方式，在发射系统发射的两束激光中，仅绿色激光作扫描，测量海底至飞机平台的高度，红外激光扩束后(发散角较大)垂直投射到海面，由红外激光的海面回波测量光斑范围内平均海面至飞机平台的高度，两种高度求差得到瞬时水深，如澳大利亚的LAD系统。两种工作方式如图5.8所示。比较而言，由于光在海水里的速度为

c/n，与空气中的速度 c 不相等，因此，第一种共线扫描方案比第二种方案具有更强的抗海况能力，其优越性较为明显。

两种方式的共同特点是：测量的是瞬时水深，需经水位改正后才能得到实际水深；对飞机平台的定位精度要求不高，一般达到米级精度即可满足测深要求(欧阳永忠，2003)。

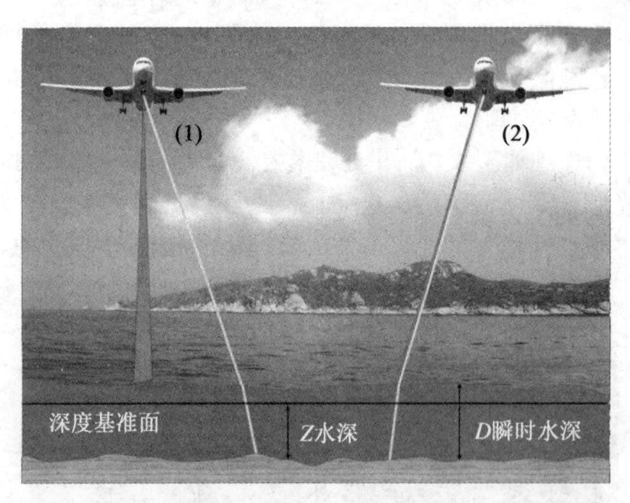

图 5.8　机载激光测深系统两种工作方式示意图

(3)蓝绿光穿透海-气界面的性质

海水存在着一个类似大气中的透光窗(大气中有 8 个透光窗)，海水对 0.470～0.580μm 波长范围内蓝绿光的衰减系数较小。

当蓝绿激光达到海面时，在海面处会发生反射和折射，海面上的反射将使激光束的能量受到损失，从而影响返回信号的强度，反射所损失的能量不仅与光束的入射角有关，而且与海面上的气候条件有关。通常将海-气界面分为海水-大气界面及大气-海水界面，对应激光的上行和下行信道。由于上下行信道的传输特性并非简单的互逆过程，所以信道就显得比较复杂。光在不同介质中的传播特性不同，关键是两种介质的折射率不同。

1)海-气界面上蓝绿光透射特性分析

取大气的折射率 n_1 为 1.0，海水的折射率 n_2 为 4/3。到达海面的光线，满足反射定律和折射定律。设 α 为入射角，β 为折射角，将入射光分解为平行和垂直于入射面的分量，由 Snell 公式可知，入射点处的反射特性和折射特性满足：

$$\begin{cases} R_{//} = \dfrac{\tan^2(\alpha - \beta)}{\tan^2(\alpha + \beta)} \\ R_{\perp} = \dfrac{\sin^2(\alpha - \beta)}{\sin^2(\alpha + \beta)} \end{cases} \quad \begin{cases} T_{//} = \dfrac{\sin 2\alpha \sin 2\beta}{\sin^2(\alpha + \beta)\cos^2(\alpha - \beta)} \\ T_{\perp} = \dfrac{\sin 2\alpha \sin 2\beta}{\sin^2(\alpha + \beta)} \end{cases} \tag{5-5}$$

反射波与折射波的振幅和入射波的偏振态有关，故应对入射波的垂直分量和平行分量分别计算其反射率和透射率。设入射波为线偏振光，振动面与入射面的方位角为 θ，则反射率和透射率分别满足如下关系：

$$\begin{cases} R = R_{//}\cos^2\theta + R_{\perp}\ \sin^2\theta \\ T = T_{//}\cos^2\theta + T_{\perp}\ \sin^2\theta \end{cases} \tag{5-6}$$

当界面无吸收损耗时，根据能量守恒的关系有

$$R + T = 1 \tag{5-7}$$

由 Snell 定理知

$$n_1\sin\alpha_i = n_2\sin\beta_i \tag{5-8}$$

$$\beta_i = \arcsin\frac{n_1\sin\alpha_i}{n_2} \tag{5-9}$$

将角度取平均值后可得到透射率 T_{wa1} 为:

$$T_{wa1} = \frac{1}{2}\left|\frac{\sin2\alpha\sin2\beta}{\sin^2(\alpha-\beta)}\cdot\frac{1+\cos^2(\alpha-\beta)}{\cos^2(\alpha-\beta)}\right| \tag{5-10}$$

令 T_{wa2} 为海面泡沫及其他条件决定的海面透射率，它与海面的风速有关。当风速 $U\leqslant$ 9m/s 时，表达式为:

$$T_{wa2} = 1 - 1.2\times10^{-5}U^{3.3} \tag{5-11}$$

当风速 $U>$9m/s 时，表达式为:

$$T_{wa2} = 1 - 1.2\times10^{-5}U^{3.3}(0.225U - 0.99) \tag{5-12}$$

激光束通过海面的总透过率为:

$$T_{wa} = T_{wa1}\cdot T_{wa2} \tag{5-13}$$

2)蓝绿激光光斑通过海-气界面的分析

在实际应用中激光器发出的激光有一个小的发散角，在传输一定的距离后会形成一个光斑，光斑的能量一般服从高斯分布，在光斑中心处的能量最大，光斑会随着距离的增大而增大，单位面积的能量减小。在海-气界面处，由于折射率的突变，整个光斑在界面上就会扩大，且界面处激光束会同时发生反射和折射，部分能量会损耗掉，光斑在单位面积上的能量也会减小。

大气和海水折射率的差别是影响激光传输的决定性因素。激光通过界面的入射角不同，透射率也不同，直接影响到光斑能量的大小。激光通过风浪界面时，应保证入射角在一个比较合理的范围内。目前，大多数商用机载激光测深系统的测深激光扫描仪的最大扫描角一般在 15°~25°，远比陆地机载 LiDAR 激光扫描仪的扫描角(50°~75°)小，就是基于上述原因的。

激光束由大气经过海面射入海水时，在海-气界面处产生复杂的反射与折射过程。在激光由水下反射回来再返回大气时同样也会产生类似的过程。界面上的反射将使预定光程上的能量受到损失，反射所损失的能量不仅与光束的入射角有关，而且与海面上的气候条件有关。因此，在条件允许的情况下，应选择好的气候条件进行作业。

(4)激光在海水中的衰减性质

海水中含有的溶解物质、悬浮体和种类繁多的活性有机体造成了海水的各种不均匀性，使得光在水中传输时能量衰减比在大气中严重。光在海水中的衰减来自吸收和散射两种不同的过程。吸收是在传输过程中光碰上具有吸收作用的粒子而使光能转换成其他形式

能量的过程；散射则是传输过程中光与其他粒子碰撞发散而使传输方向的光能不断减少的过程。这两者共同作用的结果是光在传输过程中不断减弱。

海水的光吸收特性表现为入射到海水中的部分光子能量转化为其他形式的能量。海水中所含物质成分的吸收特性决定着海水的吸收特性，吸收系数的大小依赖于波长。对于可见光，海水中吸收光的主要因素是纯水、浮游植物和黄色物质，而其余的影响很小。在沿岸比较混浊的水中，黄色物质对光的吸收占海水总的光吸收的 65%以上，海水吸收波长极小值在波长 0.550μm 左右；而对于大洋表层水，极小值在波长 0.510μm 处；在透明的深水中，极小值在波长 0.470~0.490μm 处，其吸收系数为 0.02~0.05/m。

光在海水中的散射方式主要有前向散射和后向散射两种。海水的散射主要集中于前向散射，一般占总散射的 90%以上；后向散射只占小部分，通常小于 10%。沿光线前进方向($\theta=0°$)的散射最强，垂直方向($\theta=90°$)最弱，后向方向的散射强度比前向方向附近的散射强度小 3~4 个量级，前向散射与后向散射之比随着粒子的尺寸增加而增加。

(5)海浪同步测量与射线改正方法

1)利用红外激光回波同步测量海浪波形

设测深激光扫描仪的红外激光和蓝绿激光作共线扫描。类似于机载 LiDAR 回波测量探测地面属性方法，当海面有风时，海浪会导致海面斜率，从而影响红外激光回波波形，因此，通过红外激光回波宽度测量或全波形测量可以求得海浪坡度等参数。当海面光斑相对海浪宽度较小时，考虑到测深激光扫描仪的扫描速度远大于波浪的运动速度，可通过综合临近的多个红外激光回波来测量海浪的宽度、浪高，结合海浪动力学参数模型，进一步估计有效波高等其他海浪参数，反演测深瞬时的海浪波形。

2)有浪情况下蓝绿激光海面入射角计算

飞机飞行一般需要较好的气象条件，风力不大，海况较好，因此机载激光测深系统作业期间由风浪引起的入射角变化进而导致折射角变化均是小量，下面的推导基于这个假设。

图 5.9 为蓝绿激光通过风浪海面的模型。当海面有浪时，蓝绿激光束在大地坐标系下的方向余弦保持不变，但入射角由于海面倾斜而发生变化：

$$\alpha' = \alpha + \delta\alpha \tag{5-14}$$

式中，$\delta\alpha$ 为由于海浪导致的入射点处海面倾角，由红外激光回波测量获得；α 为蓝绿激光无浪情况下的入射角，由 POS 系统、扫描仪安装参数和扫描镜摆动参数计算，为已知值；α'为蓝绿激光有浪情况下的海面实际入射角。

3)有浪情况下水下射线和水深改正

设 $n=n_2/n_1$，由 Snell 定律，平静海面入射角 α 与折射角 β 满足：

$$\sin\alpha = n\sin\beta \tag{5-15}$$

风浪海面入射角 α'与折射角 β'满足：

$$\sin\alpha' = n\sin\beta' \Rightarrow \sin(\alpha + \delta\alpha) = n\sin(\beta + \delta\alpha - \delta\beta) \tag{5-16}$$

将式(5-16)两边按泰勒级数展开，考虑到 $\delta\alpha$ 和 $\delta\alpha-\delta\beta$ 均为小量，取一次项得：

$$\delta\beta = \delta\alpha\left(1 - \frac{\cos\alpha}{n\cos\beta}\right) = \delta\alpha\left(1 - \frac{\cos\alpha}{\sqrt{n^2 - \sin^2\alpha}}\right) \tag{5-17}$$

式中，$\delta\beta$ 即为蓝绿激光由平静海面到风浪海面的水下射线改正量，单位为弧度，是一个比入射角变化量 $\delta\alpha$ 小得多的量，其值为 $\delta\alpha$ 的 1/5~1/4。

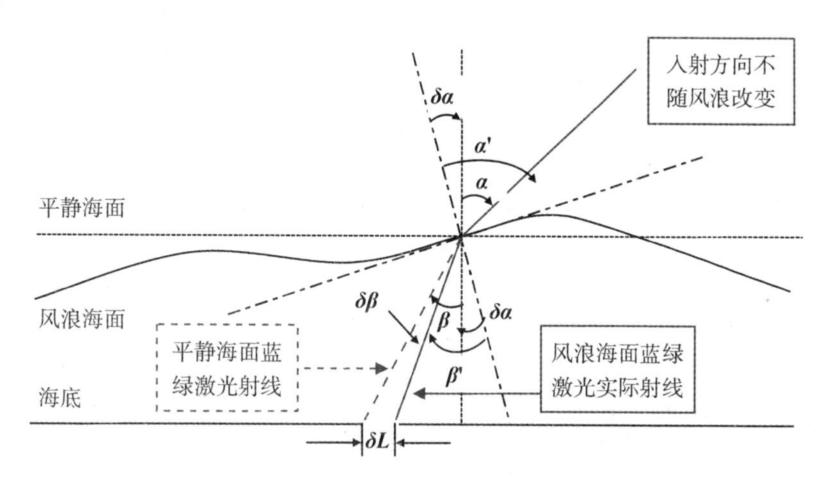

图 5.9　蓝绿激光通过风浪海面的模型

水深改正数 δh 按下式计算：

$$\begin{aligned}\delta h &= \frac{H}{\cos\beta}[\cos(\beta - \delta\beta) - \cos\beta] \\ &\approx H\delta\beta\tan\beta = Hn^2\delta\alpha\left(\sqrt{n^2 - \sin^2\alpha} - \frac{\cos\alpha}{n^2 - \sin^2\alpha}\right)\sin\alpha\end{aligned} \tag{5-18}$$

式中，H 为平静海面测深激光扫描仪测得的海底目标瞬时水深。

海底目标点水平位移改变量为：

$$\delta L = \frac{H}{\cos\beta}[\sin(\beta - \delta\beta) - \sin\beta] \approx - H\delta\beta = - H\delta\alpha\left(1 - \frac{\cos\alpha}{\sqrt{n^2 - \sin^2\alpha}}\right) \tag{5-19}$$

式中，δL 的方向为蓝绿激光束的射线面与当地水平面的交线，如图 5.9 所示。

至此，我们导出了风浪的情况下机载激光测深系统蓝绿激光水下射线方向、深度值、水平位移改正数的计算公式(5-17)~(5-19)。

表 5.1 是根据式(5-18)计算得到的水深 1m 时水深改正数随海面入射角和入射点处海浪倾角的变化关系，单位为 cm。例如，当入射角为 5°，入射点处海浪倾角为 1°时，1m 水深所需增加改正数为 0.21cm，10m 水深的改正数为 2.1cm，50m 水深的改正数为 10.5cm；当入射角为 10°，入射点处海浪倾角为 2°时，10m 水深的改正数为 8.2cm，25m 水深的改正数为 20.5cm，50m 水深的改正数为 41.0cm；当入射角为 10°，入射点处海浪倾角为 5°时，10m 水深的改正数为 20.4cm，25m 水深的改正数为 51.0cm，50m 水深的改正数为 102.0cm。

表 5.1　　**水深改正数随入射点处海浪倾角和入射角的变化**

	蓝绿激光海面入射角大小(°)														
入射点处海浪倾角(°)	1	2	3	4	5	6	7	8	9	10	11	12	13	14	15
0.5	0.02	0.04	0.06	0.08	0.10	0.12	0.14	0.16	0.18	0.20	0.22	0.24	0.26	0.28	0.30
1.0	0.04	0.08	0.12	0.17	0.21	0.25	0.29	0.33	0.37	0.41	0.45	0.49	0.52	0.56	0.60
1.5	0.06	0.13	0.19	0.25	0.31	0.37	0.43	0.49	0.55	0.61	0.67	0.73	0.79	0.84	0.90
2.0	0.08	0.17	0.25	0.33	0.42	0.50	0.58	0.66	0.74	0.82	0.90	0.97	1.05	1.12	1.19
2.5	0.10	0.21	0.31	0.42	0.52	0.62	0.72	0.82	0.92	1.02	1.12	1.21	1.31	1.40	1.49
3.0	0.13	0.25	0.37	0.50	0.62	0.75	0.87	0.99	1.11	1.23	1.34	1.46	1.57	1.68	1.79
3.5	0.15	0.29	0.44	0.58	0.73	0.87	1.01	1.15	1.29	1.43	1.57	1.70	1.83	1.96	2.09
4.0	0.17	0.33	0.50	0.67	0.83	0.99	1.16	1.32	1.48	1.63	1.79	1.94	2.09	2.24	2.39
4.5	0.19	0.38	0.56	0.75	0.93	1.12	1.30	1.48	1.66	1.84	2.01	2.19	2.36	2.52	2.69
5.0	0.21	0.42	0.62	0.83	1.04	1.24	1.45	1.65	1.85	2.04	2.24	2.43	2.62	2.80	2.98

4)机载激光测深质量控制

风的作用不仅改变了海面的法线和蓝绿激光的水下射线方向，而且还会使海面变得粗糙，导致反射率增大、透射率降低，能量衰减，进而影响系统的探测性能和最大测量深度。

测深激光扫描仪的最大扫描角规定了系统在正常作业时蓝绿激光海面入射角的范围，入射角超出此范围时，海面粗糙导致能量衰减，回波能量减弱，系统的探测性能降低。在有风浪的情况下，激光的入射角会发生变化，且能按上述方法测定。在机载激光测深数据处理过程中，可选最大扫描角的一半为入射角的最大值，作为有效测深数据筛选的标准之一，控制数据处理的质量。

当存在大量入射角超出最大扫描角的一半时，说明测量作业时海况已超出系统的适用范围，测量结果的可靠性和精度都难以保证。

(6)蓝绿激光海水折射率测量

海水折射率除了与温度、盐度有关外，还与光波波长有关，在可见光范围内，折射率常随波长的减小而增大。在激光测深技术中，折射率对水深测量精度影响包括两个方面：一是影响折射角导致的水深误差，二是影响光在海水中的传播速度进而影响测距导致的水深误差。按照激光测深最大工作深度(取为 100m)，为保证 0.3m 的测深精度，要求因折射率误差导致的测深误差不大于 0.1m(总误差的 1/3)，换算成折射率误差应不大于 0.0005。要达到这样的精度取 $n=4/3$ 不能满足要求，采用经验公式也不易达到此精度要求。

实际上，对应作业时段特定的蓝绿激光波长和海水温盐状态，假设作业海区的浅水折射率在作业时间段内为某一空间各向同性的定值，利用机载激光测深的自身多余观测量，可以高精度地测量作业时间段内，蓝绿激光在海水中的折射率。

在激光测深数据处理过程中，取出相邻航带的激光扫描重叠区域，根据原始深度观测值(折射率初始值取4/3)，从这些重叠区中选择水下地形坡度比较平滑的区域对应的激光测深数据。这样选择是保证内插过程中深度观测值精度损失最小。

如图5.10所示，取重叠区 t_1 时刻对应海底 A 点的激光测深系统观测量，由 t_2 时刻激光测深系统观测量内插海底 A 点的观测量。

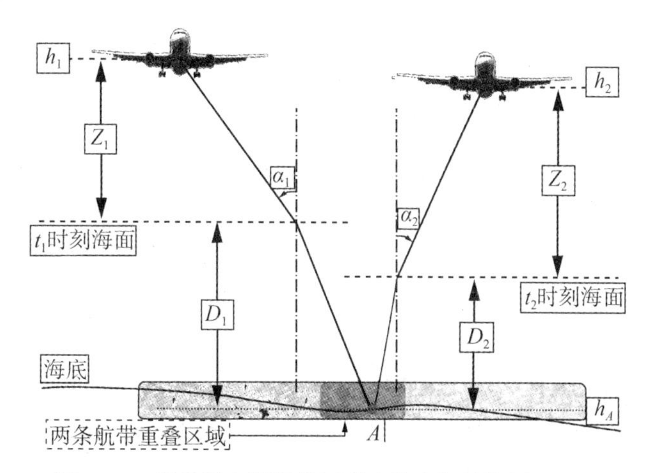

图5.10 机载激光测深蓝绿激光海水折射率测量原理

由 t_1 时刻观测量可求得海底 A 点的大地高为：

$$h_{A1} = h_1 - Z_1 - D_1 = h_1 - Z_1 - \frac{c\Delta t_1}{2n}\sqrt{1 - n^{-2}\sin^2\alpha_1} \tag{5-20}$$

式中，h_1 为 t_1 时刻激光扫描仪中心的大地高，由高精度卫星动态定位测量，精度优于0.1m；Z_1 为 t_1 时刻激光扫描仪中心到瞬时海面的高度，由红外激光波段测量，精度为厘米级；Δt_1 为 t_1 时刻系统测得的蓝绿激光海面入射点至海底 A 点的往返时间，由系统精确测量。

同理，由 t_2 时刻观测量可求得海底 A 点的大地高为：

$$h_{A2} = h_2 - Z_2 - D_2 = h_2 - Z_2 - \frac{c\Delta t_2}{2n}\sqrt{1 - n^{-2}\sin^2\alpha_2} \tag{5-21}$$

由于式(5-20)和式(5-21)测的是同一海底 A 点的大地高，不考虑其他误差影响，若折射率 n 准确的话，则由这两式得到的大地高应该相等，即 $h_{A1}=h_{A2}$。

令 n 近似值为 n_0，将式(5-20)、式(5-21)线性化(按泰勒级数展开，取一次项)，并顾及大地高相等条件，有

$$L = L_0 + \left(\frac{-n_0^2 + 2\sin^2\alpha_2}{n_0^3\sqrt{n_0^2 - \sin^2\alpha_2}} - \frac{-n_0^2 + 2\sin^2\alpha_1}{n_0^3\sqrt{n_0^2 - \sin^2\alpha_1}}\right)\delta n, \quad n = n_0 + \delta n \tag{5-22}$$

式中，

$$L_0 = (h_2 - h_1) + (Z_2 - Z_1) + \left(\frac{c\Delta t_2}{2n_0}\sqrt{1 - n_0^{-2}\sin^2\alpha_2} - \frac{c\Delta t_1}{2n_0}\sqrt{1 - n_0^{-2}\sin^2\alpha_1}\right) \tag{5-23}$$

以式(5-22)为观测方程，相对折射率改正数 δn 为待估参数，将激光扫描重叠区域的 m 个同名点观测数据代入，组成 m 个观测方程，就可按最小二乘间接平差法估计相对折射率改正数。

在组成以相对折射率改正数为参数的观测方程中，同名激光束的海面入射角相差越大，观测量相对于参数的协方差结构越强，对参数估计越有利。

此外，可以将首次估计得到的改正数与初始值相加，再作为初始值，采用迭代最小二乘间接平差法提高相对折射率的估计精度。

5.3.3　双介质水下地形摄影测量技术

双介质摄影测量是被摄物体与摄影机处于不同介质中的一种摄影测量方法。双介质摄影测量的成像光线必定穿过两种不同的介质(如空气和水)。当摄影机置于空中向水下摄影，海面就是两介质的分界面，此时，双介质摄影测量是利用像方空间与物方空间处在两种不同介质中拍摄的影像，来确定被摄水下目标的几何特性。由于摄影时成像光线穿过两种不同的介质，因而必须考虑两种介质的光学特性、介质分界面的位置和形状等问题。双介质摄影测量多用于测绘海底地形和研究水中物体。美国海洋测量局于 20 世纪 90 年代就开始了近岸、海岛礁、浅滩等周边海域的航空摄影水下地形探测和水深测量工作，在当时的航摄技术和成像条件下其测量深度可达到 5.5m，透明水域能达到 20m。

(1)共线条件方程(常本义，1991)

在双介质摄影测量中，物点、摄影中心、像点不共线，其关系如图 5.11 所示。取摄影测量坐标系的 XOY 平面与当地水平面平行，Z 轴指向天顶方向，并假设海面也与当地水平面平行。水下点 $A(X, Y, Z)$ 经过折射构像于 $a(x, y)$，(x, y) 为像坐标，$C(X, Y, Z')$ 在 $A(X, Y, Z)$ 的垂直上方，平面坐标相等。

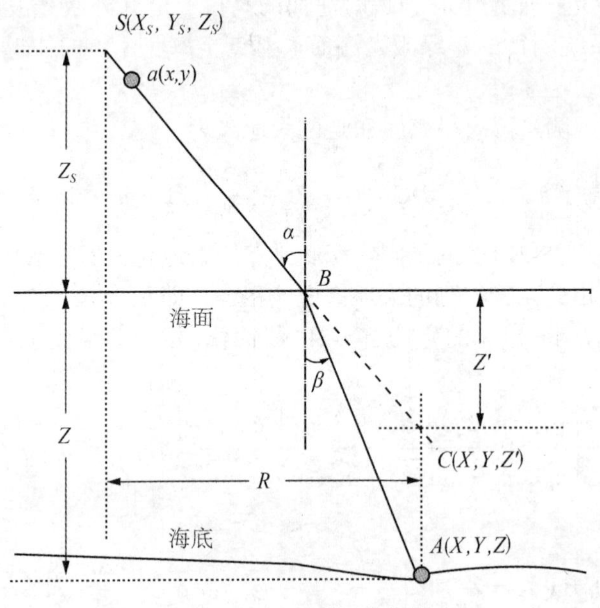

图 5.11　双介质摄影构像

由图 5.11 可知：

$$Z' = Z\tan\beta\cot\alpha \tag{5-24}$$

将 Snell 定律用于上式，得

$$Z' = \frac{Z}{\sqrt{n^2 + (n^2 - 1)\tan^2\alpha}} = Z/s \tag{5-25}$$

其中，

$$s = \sqrt{n^2 + (n^2 - 1)\tan^2\alpha} \tag{5-26}$$

称为该点由折射引起的高程改正系数，它是相对折射率 n 和入射角 α 的函数，每个像点对应一个值。

再由图 5.11 可以看出，$C(X, Y, Z')$ 与 $S(X_S, Y_S, Z_S)$ 和像点 $a(x, y)$ 共线，因此有

$$\begin{cases} x = -f\dfrac{a_1(X - X_S) + b_1(Y - Y_S) + c_1(Z/s - Z_S)}{a_3(X - X_S) + b_3(Y - Y_S) + c_3(Z/s - Z_S)} \\ y = -f\dfrac{a_2(X - X_S) + b_2(Y - Y_S) + c_2(Z/s - Z_S)}{a_3(X - X_S) + b_3(Y - Y_S) + c_3(Z/s - Z_S)} \end{cases} \tag{5-27}$$

式中，a_1，a_2，…，c_3为像片的方向余弦，f 为相机主距。

式(5-27)称为双介质摄影测量的构像方程或共线条件方程。

(2)共面条件方程

将摄影测量坐标系的原点置于左摄影中心，X_{SL}、Y_{SL}、Z_{SL}、X_{SR}、Y_{SR}、Z_{SR}分别为左右摄站坐标，x_1、y_1、x_2、y_2分别为左右影像的像点坐标，s_1、s_2为左右像点的高程改正系数，($\bar{x}_1$，$\bar{y}_1$，$\bar{z}_1$)，($\bar{x}_2$，$\bar{y}_2$，$\bar{z}_2$)分别为左、右影像像点的变换坐标，按下式计算：

$$\begin{bmatrix} \bar{x}_1 \\ \bar{y}_1 \\ \bar{z}_1 \end{bmatrix} = \begin{bmatrix} a_1 & a_2 & a_3 \\ b_1 & b_2 & b_3 \\ c_1 & c_2 & c_3 \end{bmatrix}_L \begin{bmatrix} x_1 \\ y_1 \\ -f \end{bmatrix}, \quad \begin{bmatrix} \bar{x}_2 \\ \bar{y}_2 \\ \bar{z}_2 \end{bmatrix} = \begin{bmatrix} a_1 & a_2 & a_3 \\ b_1 & b_2 & b_3 \\ c_1 & c_2 & c_3 \end{bmatrix}_R \begin{bmatrix} x_2 \\ y_2 \\ -f \end{bmatrix} \tag{5-28}$$

令 $B_X = X_{SR} - X_{RL}$，$B_Y = Y_{SR} - Y_{SL}$，$B_Z = Z_{SR} - Z_{SL}$，双介质摄影测量的共面方程为：

$$\begin{vmatrix} B_X & B_Y & s_2Z_{SR} - s_1Z_{SL} \\ \bar{x}_1 & \bar{y}_1 & s_1\bar{z}_1 \\ \bar{x}_2 & \bar{y}_2 & s_2\bar{z}_2 \end{vmatrix} = 0 \tag{5-29}$$

(3)水下目标点三维坐标计算

左右影像的投影系数分别为：

$$\boldsymbol{N}_1 = \frac{\begin{bmatrix} B_X & s_2Z_{SR} - s_1Z_{SL} \\ \bar{x}_2 & s_2\bar{z}_2 \end{bmatrix}}{\begin{bmatrix} \bar{x}_1 & s_1\bar{z}_1 \\ \bar{x}_2 & s_2\bar{z}_2 \end{bmatrix}}, \quad \boldsymbol{N}_2 = \frac{\begin{bmatrix} B_X & s_2Z_{SR} - s_1Z_{SL} \\ \bar{x}_1 & s_1\bar{z}_1 \end{bmatrix}}{\begin{bmatrix} \bar{x}_1 & s_1\bar{z}_1 \\ \bar{x}_2 & s_2\bar{z}_2 \end{bmatrix}} \tag{5-30}$$

计算水下目标点三维坐标的前方交会式：

$$
\begin{cases}
X = \dfrac{1}{2}(X_{SL} + N_1 \bar{x}_1 + X_{SR} + N_2 \bar{x}_2) \\
Y = \dfrac{1}{2}(Y_{SL} + N_1 \bar{y}_1 + Y_{SR} + N_2 \bar{y}_2) \\
Z = \dfrac{1}{2}[(Z_{SL} + N_1 \bar{z}_1) s_1 + (Z_{SR} + N_2 \bar{z}_2) s_2]
\end{cases}
\tag{5-31}
$$

5.4　立体测图环境中海岛岸线测量方法

在立体测图环境中，影像水边线的平面和高程已知，其高程精度也与相应比例尺地物点的高程精度相当。假设影像水边线为一近似等高线，若能采用潮汐和水位推算方法求得水边线与海岛岸线的高差，就可由水边线高程得到海岛岸线的高程。这样，在立体测图环境中，可依据海岛岸线高程，采样跟踪出海岛岸线的平面坐标。这就是立体测图环境中海岛岸线跟踪方法的基本思路，其技术流程如图 5.12 所示。

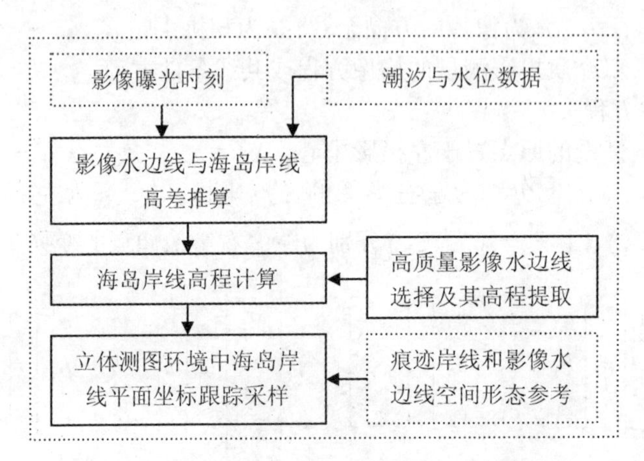

图 5.12　立体测图环境中海岛岸线跟踪技术流程

(1)影像水边线的选择与高程提取

影像水边线高程是计算海岛岸线高程的起算基准，要求所选水边线高程不符值尽量小些，即满足水边线为近似等高线的条件。

影像水边线高程及其不符值一般具有如下性质：

①曝光时刻海况越好，水边线不符值越小。

②附近有浪花的影像水边线，其高程不符值相对较大。

③海岛背风面的影像水边线，其高程不符值相对较小。

④对于有风浪影响的影像，在迎风面的开阔地带、岸线平滑地方或能阻挡风浪的海湾处，其水边线的高程不符值相对较小。

⑤海岸地形坡度越小，立体测图环境中水边线高程提取的准确度越高。

⑥当海况条件较好时，曝光时间间隔短（如小于5分钟）的不同影像，在一定空间范围内（如小于10千米），其水边线的高程值应比较接近。

（2）海岛岸线高程推算

当水边线为近似等高线时，利用提取后的水边线高程计算水边线平均高程。

利用潮汐模型计算平均大潮高潮位，依据影像曝光时刻，结合周边水位观测数据推算水边线瞬时水位；将平均大潮高潮位与水边线瞬时水位相减，求得海岛岸线与水边线的高差；由该高差值加上水边线平均高程，求得海岛岸线的高程。

平均大潮高潮位精度仅受潮汐模型精度影响，但是水边线瞬时水位精度不仅受潮汐模型影响，还受余水位和海况条件影响，因此，海岛岸线与水边线高差计算时，最好有曝光时刻前后该海区的同步水位观测数据支持。

（3）立体测图环境中海岛岸线采样跟踪

在立体测图环境中，依据计算的海岛岸线高程，按类似等高线跟踪方法采样跟踪出海岛岸线。

在海岛岸线采样跟踪过程中，应参考痕迹岸线、水边线的空间形态及附近地貌特征，最大限度地保持海岛岸线的逼真信息。当跟踪出的海岛岸线与实际地形要素发生矛盾时，可在一定的高程限差范围内，调整岸线平面位置，消除矛盾。

通常情况下，海岸地形坡度越大，立体环境下采样跟踪海岛岸线的平面位置越准确。因此，实际作业过程中，当遇到地形坡度很小或海岸地形复杂的地方，应仔细采样跟踪，以提高岸线的准确性。

第 6 章　海岛航空航天遥感影像测图

为科学、精确了解海岛的客观形态，需要获取海岛地貌的高低起伏以及海岛地形要素的空间分布等信息，需要对海岛进行大比例尺地图测绘，建立海岛的数字高程模型(DEM)、数字正射影像(DOM)、数字线划图(DLG)、数字地形图(DGM)。目前，最有效的海岛测图手段是利用航空或航天遥感影像对海岛进行立体测图。

本章重点介绍海岛遥感影像测图的基础知识、作业流程，以及航空航天遥感影像获取、像片控制点布测和像片调绘、空中三角测量、海岛测图等技术方法。

6.1　概述

全野外海岛测图由于测绘技术水平低、仪器装备落后，劳动强度大，作业效率低，生产周期长。从 20 世纪 80 年代随着精密立体测图仪器的出现，开始利用模拟时代的航空摄影测量技术进行海岛大比例尺测图。20 世纪 90 年代由于计算机技术的迅速发展与普及应用，测绘进入了数字时代，出现了数字平板仪、数字摄影测量等一系列数字测图新技术，模拟测图仪迅速被数字摄影测量工作站所取代，胶片航摄仪也逐步被数字航摄仪取代。进入 21 世纪，推扫式三线阵卫星遥感数字影像的地面分辨率从米级逐步提升到亚米级(优于 0.5m)，利用航天遥感立体影像进行 1：10000、1：5000 比例尺测图成为可能，逐步成为海岛航空摄影测量的重要补充手段，对无法进行航空摄影与外业控制、调绘的海岛也可进行测图；同时，网络化、分布式集群处理的计算机技术迅速应用普及，单机版的数字摄影测量工作站也被网络化、智能化的集群式数字摄影测量工作站所取代，海岛测图进入数据处理自动化的信息化测绘新时代。

当前，根据海岛的特点及其位置分布，除少数特殊情况仍需采用登岛方式进行全野外数字测图外，近岸海岛主要采用有人驾驶的飞机进行航空摄影、立体测图，而不能到达或远海的海岛则采用无人机航空摄影或航天遥感影像进行立体测图。随着遥感技术的发展，除了光学遥感影像测图技术之外，还出现了机载或星载合成孔径雷达、激光雷达等遥感技术应用于海岛调查与测图。

与常规的大陆测图工作一样，海岛航空、航天遥感影像测图过程一般也分为外业工作与内业工作两大部分。外业工作包括像片控制测量与调绘，内业工作包括空中三角测量区域网平差、地面高程模型采集，影像正射纠正、地物地貌要素数据采集与编辑等内容。由于海岛测图环境特殊，绝大部分海岛面积小、零星分布、远离大陆，登岛困难，像片控制测量环境差、适合航飞的气象条件受到很大限制，因此面对海岛测图需要探索一些新的技术，主要包括采用稀少甚至无像片控制点的航空摄影测量技术，以及远距离、长航时无人机低空航空摄影测量技术等。

6.2 遥感影像测图基础

6.2.1 立体测量原理

(1)立体视觉

摄影测量立体测图是基于人眼的立体视觉原理，人眼好比一架完美的自动摄影机，水晶体如同摄影机物镜，瞳孔如同光圈，视网膜如同底片，当观察不同远近物体时，人眼能自动聚焦，视网膜就能接收物体的影像信息，得到清晰的物体构像。而在观察物体时，人总是要用双眼观测，双眼才能形成景物的立体效应，判断景物的远近，这种效应称为人眼的立体视觉(图6.1(a))。

摄影测量正是模拟了人眼的立体视觉原理，通过在左右两个不同摄站(模拟人的双眼)对同一区域地面景物进行拍摄，得到左右两张像片，由于景物远近不同，它们在这两张像片上的构像将存在左右方向上的视差；当用人的双眼(左眼看左像、右眼看右像)观察这两张像片时，景物的影像视差在人眼的视网膜上变成生理视差，此时人眼就能看到地面上虚拟的远近立体景物，即所谓人造立体视觉，重建了空间景物的立体模型(图6.1(b))。通过对虚拟立体模型进行量测即可测图，由此奠定了立体摄影测量的基础。

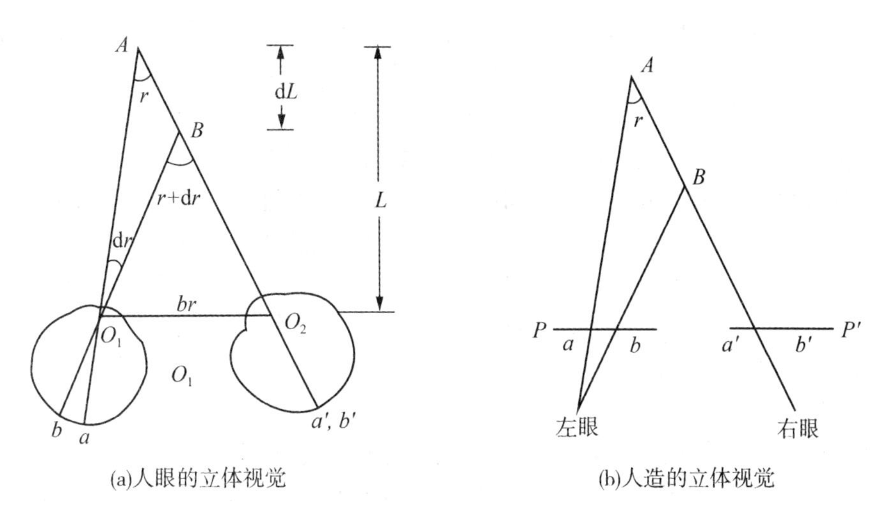

图6.1 立体成像原理

(2)立体量测理论

立体量测需要借助立体观察镜、测标和量测工具进行。将两张构成立体的像片(一般称为像对)安置在平台上，经沿眼基线定向，眼睛就可观察到虚拟的立体影像。紧贴两张像片上设置两个相同的标志作为测标，两个测标可在像片上做 x 和 y 方向共同移动和相对移动，在立体观察下，当左测标对准左像点 a、右测标对准右同名像点 a' 时，就能看到空间测标与立体模型上的A点相切，如图6.2所示。左像点a坐标(x_1, y_1)、右像点a'坐标(x_2, y_2)即为像点坐标量测值，其同名像点的x坐标之差(x_1-x_2)称为左右视差，y坐标之差(y_1-y_2)称为上下视差。此时左右移动右测标，可观察到空间测标相对于模型点A做上下升降运动，或浮于模型上方或沉入立体模型内部。可见，摄影测量的立体量测基本原理就是通过立体观测，操控左右测标同时对准左右同名像点，此时空间测标将切准立体模型上相应的地面点，并记录其地面坐标(X, Y, Z)。

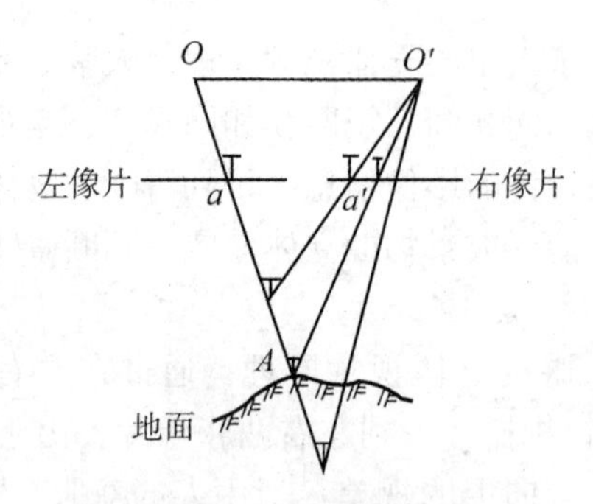

图6.2 立体量测原理

6.2.2 摄影测量基础

框幅式航摄仪的像片是中心投影，而地图是正射投影。摄影测量影像处理的目的之一就是把中心投影的影像变为正射投影的地图。用摄影测量方法测定被摄地面物体的位置和几何形态，必须建立该物体与像片之间的数学关系，为此首先要确定摄影瞬间摄影中心(亦称摄站点)与像片在地面空间坐标系中的位置与姿态。

像片的方位元素用于确定摄影瞬间摄影中心与像片在地面设定的空间坐标系中的位置与姿态。像片的方位元素有内方位元素和外方位元素之分，其中内方位元素表示镜头摄影中心与像片之间的位置参数，由于在像方空间是由航摄仪内部决定的，所以称为“内方位”；外方位元素则是在外部的物方空间中表示摄影中心在地面坐标系中的位置和像片在地面坐标系中的姿态，所以称为“外方位”。

(1)内方位元素

像片的内方位元素由3个参数(f, x_0, y_0)构成，其中，f是摄影中心(摄站点)S到像片面的垂距，即摄影机主距；x_0，y_0是像主点O在像片框标坐标系中的坐标，如图6.3所示。

能够获知精确内方位元素并专门用于摄影测量的摄影机称为量测摄影机，其他的摄影机一般称为非量测摄影机。

为了获知精确的内方位元素，需要通过专门的摄影机检校进行测定。量测用摄影机在出厂前由厂家对摄影机进行检校，出厂后则需由具有相应资质的检定单位进行定期检测。

(2)外方位元素

像片的外方位元素由6个参数$(X_S, Y_S, Z_S, \varphi, \omega, \kappa)$构成，其中3个线元素$(X_S$,

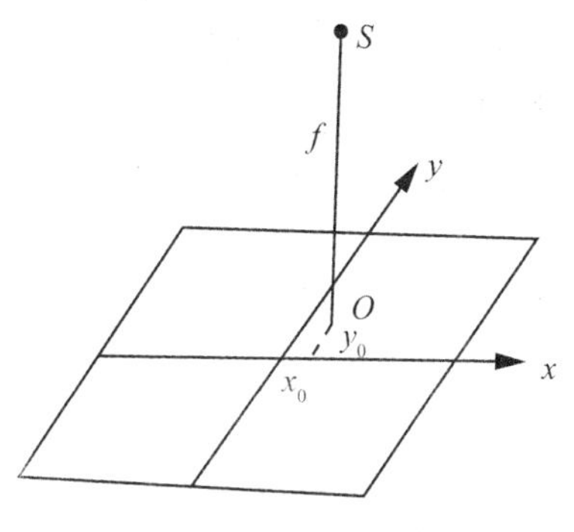

图 6.3　内方位元素

Y_S，Z_S）表示摄影瞬间摄影中心 S 在地面坐标系中的空间位置，3 个角元素（φ，ω，κ）表示摄影瞬间像片的空间姿态，一般用相对于 3 个坐标轴的旋转角表示（图 6.4）。

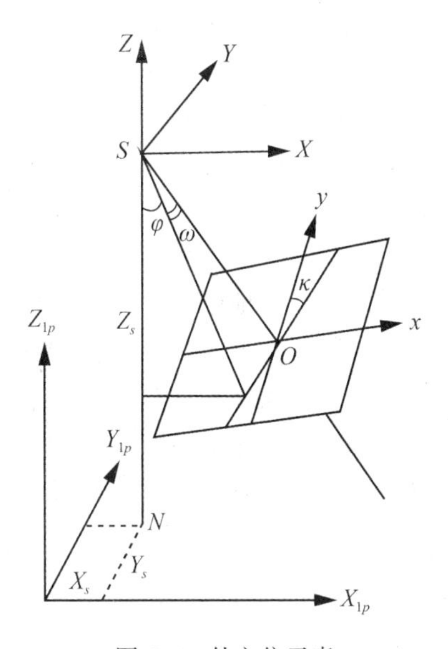

图 6.4　外方位元素

从图 6.4 可知，旋转角 φ，ω，κ 也定义了两个坐标系间的转角，在不同的摄影测量系统中转角的转动顺序也不同。

(3)共线方程

为了确定像点坐标与相应地面点坐标的关系，参见图 6.5，像点 a 的像片坐标为（x，y），地面上相应点 A 的坐标为（X，Y，Z），投影中心 S、像点 a、地面点 A 三点共线。

像点坐标与地面点坐标的关系可采用中心投影的共线方程式表达。

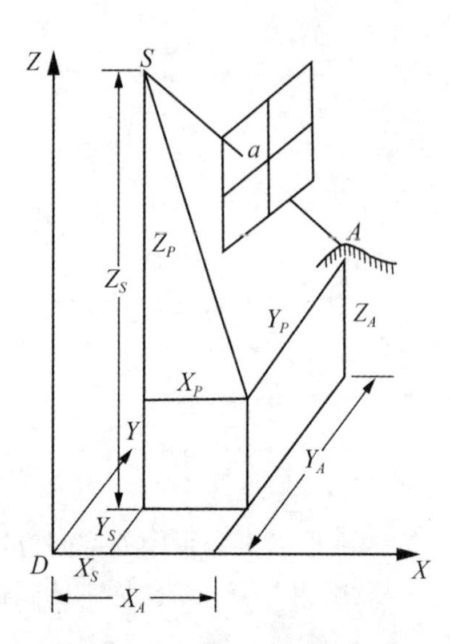

图 6.5　中心投影的构像关系

$$
\begin{cases}
x = -f\dfrac{a_1(X_A - X_S) + b_1(Y_A - Y_S) + c_1(Z_A - Z_S)}{a_3(X_A - X_S) + b_3(Y_A - Y_S) + c_3(Z_A - Z_S)} \\
y = -f\dfrac{a_2(X_A - X_S) + b_2(Y_A - Y_S) + c_2(Z_A - Z_S)}{a_3(X_A - X_S) + b_3(Y_A - Y_S) + c_3(Z_A - Z_S)}
\end{cases}
\tag{6-1}
$$

式中，X_S，Y_S，Z_S 为摄站点(摄影中心)S 坐标，f 为航摄仪主距，系数 a_1、b_1、c_1、a_2、b_2、c_2、a_3、b_3、c_3 为三维坐标系旋转变换的方向余弦。从公式可知，若已知像片的外方位元素(X_S，Y_S，Z_S，φ，ω，κ)，根据地面点坐标(X_A，Y_A，Z_A)，即可计算得到对应的像片坐标(x，y)。

共线方程是摄影测量中最基本、最重要的公式，其逆算式为：

$$
\begin{cases}
X_A - X_S = (Z_A - Z_S)\dfrac{a_1x + a_2y - a_3f}{c_1x + c_2y - c_3f} \\
Y_A - Y_S = (Z_A - Z_S)\dfrac{b_1x + b_2y - b_3f}{c_1x + c_2y - c_3f}
\end{cases}
\tag{6-2}
$$

从逆算式可知，仅靠单张像片的像点坐标(x，y)只能构建 2 个方程，无法同时求解地面点坐标(X_A，Y_A，Z_A)3 个未知数，必须利用左右两张像片构成立体像对，这样，左、右同名像点坐标就可建立 4 个方程，从而求得地面点坐标。

共线方程也是数字测图的基础，其主要应用包括：

①单像空间后方交会和多像空间前方交会。

②解析空中三角测量光束法平差中的基本数学模型。

③构成数字投影的基础。

④计算模拟影像数据(根据已知影像内外方位元素和物方坐标，解求像点坐标)。

⑤利用数字高程模型与共线方程制作正射影像。

⑥利用 DEM 与共线方程进行单幅影像测图。

6.2.3 航空影像立体测图

在航空摄影测量中，相邻像片需要具有一定的重叠度组成立体像对、构建立体模型才能进行立体测图。所以为了进行海岛测图，首先需要对海岛进行航空摄影，需要通过一条一条航线的像片，像房屋上面的瓦片一般相互重叠覆盖整个测图区域。根据航空摄影规范，一般规定像片的航向重叠度需在 60%以上，旁向重叠度需在 30%以上，这样相邻立体模型之间能互相连接，没有漏洞。通过外业控制测量与空中三角测量，得到每一张像片的外方位元素，即可重建模型进行立体测图。

6.2.4 航天影像立体测图

航天测图影像的获取要求与航空摄影相似，只是卫星按设定的轨道飞行，相邻轨道的影像具有必要的重叠度，这样不同轨道的影像将依次覆盖整个地球。以测绘为目的的遥感卫星一般采用三线阵推扫式 CCD 传感器，一次飞行即可获得前视、下视、后视的地面影像，近乎 100%的航向重叠度构成立体影像。同样，通过外业控制测量与空中三角测量，得到每一条线阵影像的外方位元素，即可重建模型进行立体测图。

6.2.5 测图产品

(1)数字高程模型(DEM)

数字高程模型(Digital Elevation Model，DEM)是用一组有序数值阵列形式表示地面高程的一种实体地面模型，是数字地形模型(Digital Terrain Model，DTM)的一个分支。数字高程模型的表示形式主要有规则格网(DEM)与不规则三角网(TIN)两种。规则格网(DEM)储存量最小，便于使用，容易管理，是目前使用最普遍的一种形式；而不规则三角网(TIN)较规则格网能更好地顾及地貌特征点、线，表示复杂地形表面比矩形格网更精准，实际生产中常采用该方法进行数字高程模型的初始数据采集，再经 TIN 内插生成 DEM，如图 6.6 所示。

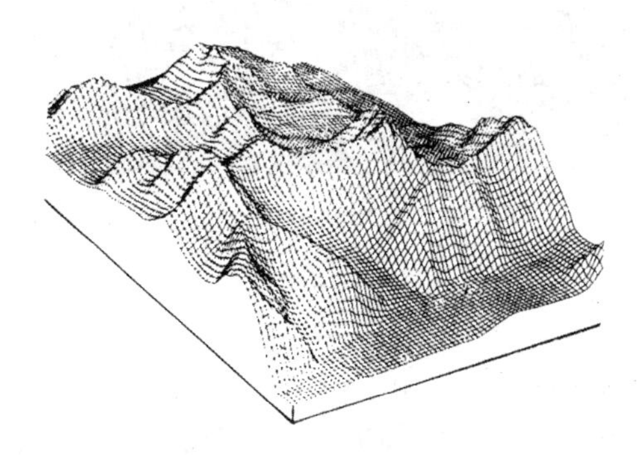

图 6.6　数字高程模型(DEM)

(2)数字正射影像(DOM)

数字正射影像图(Digital Orthophoto Maps，DOM)是利用航空像片或遥感影像，经像元纠正，按图幅范围裁切生成的影像数据，如图6.7所示。

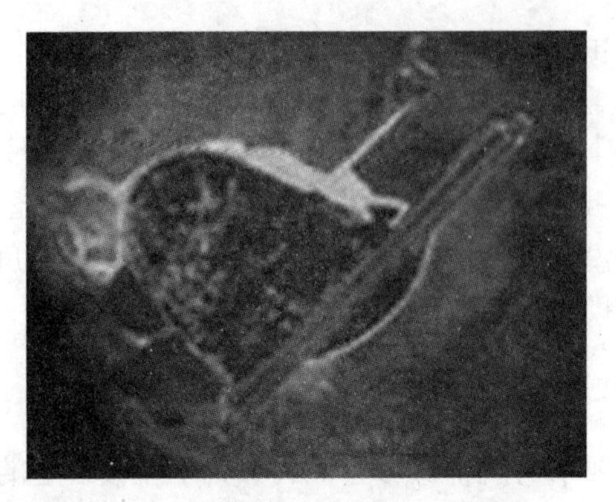

图6.7　数字正射影像(DOM)

(3)数字线划图(DLG)

数字线划图(Digital Line Graphs，DLG)是按地形要素分类代码进行采集、存储的矢量数据集。DLG数据包括地形要素的空间位置信息及其属性信息，可作为地理空间数据用于各种综合或专题地理信息系统(GIS)进行资源管理、空间分析，如图6.8所示。

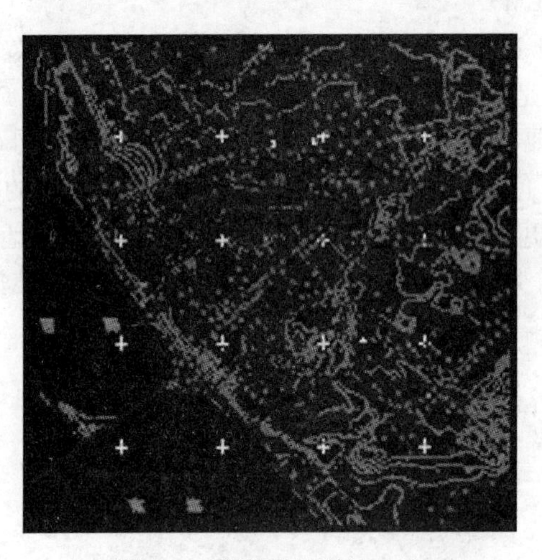

图6.8　数字线划图(DLG)

(4)数字地形图(DGM)

数字地形图(Digital Geographical Map，DGM)是数字化、符号化的地形图，是通过将数字线划图(DLG)数据按地形图图式要求进行符号化，并进行编辑、整饰而成的，也可以将印刷地形图经扫描、纠正、归化为栅格地图。数字地形图数据可以是矢量数据、栅格数据或印前数据，如图6.9所示。

图 6.9 数字地形图(DGM)

6.3 海岛遥感测图

海岛航空、航天遥感影像测图原理基本相同，数据处理作业流程相近，一般由项目准备、影像获取、潮位推算、外业、内业等几个工序构成。总体作业流程如图 6.10 所示。

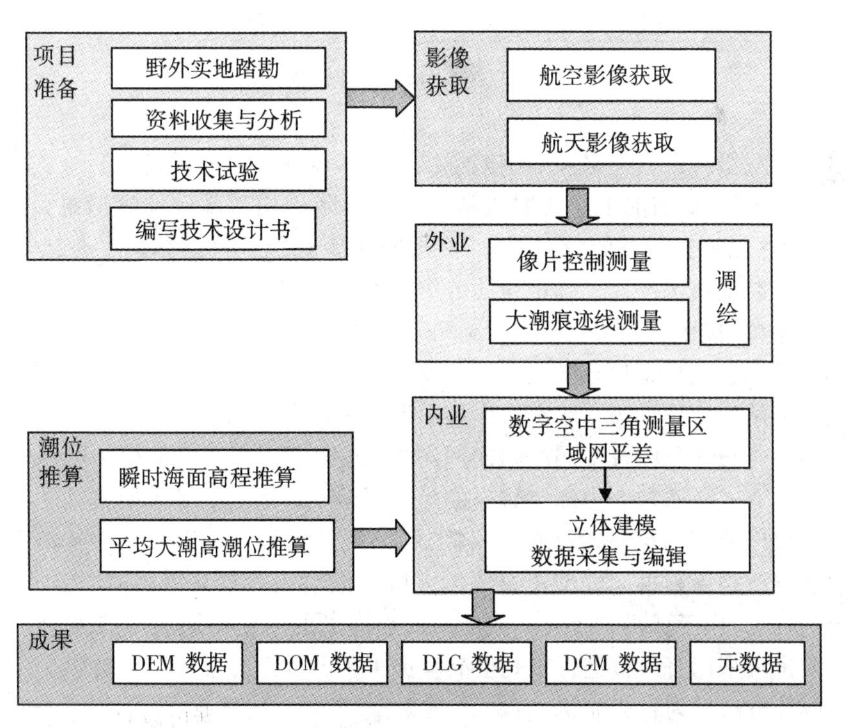

图 6.10 遥感影像测图总体作业流程图

6.3.1　海岛遥感影像获取

为了对海岛进行测图，首先需通过航空或航天摄影的方法获取遥感影像。一般情况下，由于受地面分辨率、测图高程精度的制约，1∶2000、1∶5000等较大比例尺海岛测图常采用航空摄影方法，1∶10000或更小比例尺的海岛测图则采用航天摄影(即卫星遥感影像)方法。

6.3.1.1　海岛航空摄影

航空摄影获取海岛影像的作业流程如图6.11所示。

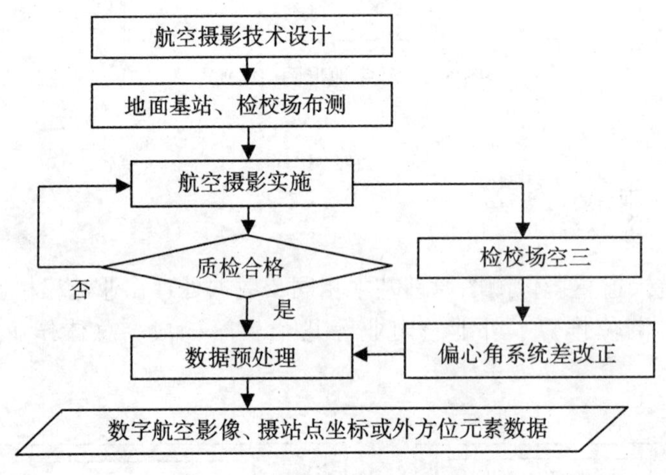

图6.11　航空摄影作业流程

为了进行航空摄影，首先必须编制航空摄影技术设计，根据所确定的航飞区域收集相关的地形图、卫星影像、DEM等数据资料，了解摄区的相关基础地理信息(如境界、机场、道路、CORS站或控制点的分布等)，必要时还要对摄区进行踏勘，在此基础上按相关标准规范进行航摄技术设计，确定地面分辨率、航向旁向重叠度等航摄参数，选择航摄仪，根据相机参数(焦距、像素尺寸)、摄区的平均高度确定飞行高度(航高)，根据摄区的范围大小、高程起伏状态划分航摄分区，设计航线，形成像主点概略坐标文件；并根据需要布设地面基站、检校场等。航空摄影技术设计获得审批同意后即可按步实施。

根据海岛的分布情况以及不同测图比例尺的精度要求，海岛航空摄影可以选择中高空或低空航空摄影方式。通常，中高空航空摄影采用运五、运十二等大型航摄平台，搭载量测型数字航摄仪以及高精度IMU/GNSS等附属设备，适用于面积较大或分布密集的海岛分布区域；低空航空摄影采用轻型飞机、无人机等低空飞行器，搭载GNSS或小型IMU/GNSS附属设备，适用于孤岛、小海岛或远离大陆海岛的航空摄影。一般来说，为了获得较好的航摄质量常采用有人机进行中高空航空摄影，但低空无人机航空摄影在海岛测图中也不可少，两种方法互为补充。

随着现代航空摄影测量技术的发展，新型数字航摄仪不断涌现，幅面越来越大，采用三线阵扫描数字航摄仪，特别是配合高精度的POS定位定姿系统，可获取精确的外方位元素，为实现稀少甚至无地面控制点的海岛测图带来了全新的希望与机遇。

(1)机载 POS 定位定姿系统

为了精确获取像片的6个外方位元素(3个线元素和3个角元素)，传统的摄影测量方法是利用足够多的地面控制点，通过空中三角测量反求光束的外方位元素。成图过程包括航空摄影、外业控制与调绘、内业空中三角测量加密及测图等，工序复杂、内外业交叉，工期长、成本高；特别是该方法严重依赖地面控制点，而且其点位布测要求严苛，这对零散分布的海岛、大片落水的海域，人迹罕至、无明显地物点的沙漠、草原等地区，是难以实现的。因此，如何采用稀少或无地面控制点而直接获取像片的外方位元素一直是航测工作者梦寐以求的目标。

POS 定位定姿系统是将 GNSS 全球导航定位技术和 IMU 惯性导航测量技术集成于一体，利用机载 POS 组合导航系统，在航空撮影的同时，可以准确地获取像片的三维空间位置和三轴向的姿态参数，基本可实现在稀少或无地面控制点情况下直接建模测图。

POS 辅助航空摄影技术是将 GNSS 接收机、IMU 惯导测量仪与航摄仪固定连接(图6.12)，协同进行航空摄影。在获取航摄影像的同时利用装在飞机上的 GNSS 接收机和设在地面上的一个或多个基站上的 GNSS 接收机同步而连续地观测 GNSS 卫星信号，通过 GNSS 载波相位测量差分定位技术获取航摄仪的位置参数，应用 IMU 惯性测量单元直接测定航摄仪的姿态参数，通过 IMU、GNSS 数据的联合后处理技术获得测图所需的每张像片高精度外方位元素。

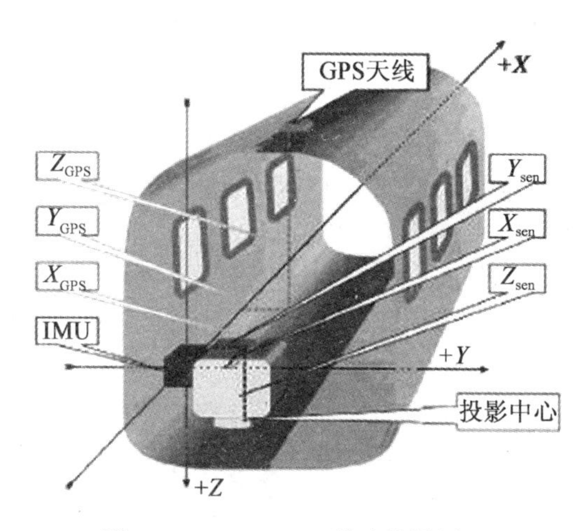

图6.12 IMU/GNSS 辅助航摄原理

(2)POS 辅助航空摄影

目前，定位定姿技术辅助航空摄影的实际应用中主要有以下两种方法：

1)无控 POS 直接地理定位航空摄影

通过 POS 系统进行航空摄影，获取每张像片精确的6个外方位元素，采用直接地理定位(Direct Georeferencing，简称 DG)方法定向建模，通过立体像对进行测图，无需地面控制点。目前，由于 IMU、GNSS 的测量精度及其稳定性相对较低，传感器集成时存在偏心分量变化等因素使获取的6个外方位元素存在某种系统误差，达不到大比例尺地形图测绘的精度要求，所以一般需要布设检校场，如图6.13（a）所示，对集成系统的主要误差进行校正，消除其影响。同时令人鼓舞的是，已有厂商通过严格的系统参数检校，所提供的集成航空摄影系统，无需布设检校场就能达到DG方法直接测图的精度要求。无疑，DG技术可以实现无地面控制测图，大大减少工作量，缩小测图周期，极大地提高了生产率。这对于海岛测图以及戈壁荒漠、崇山峻岭等难以通行地区的测绘，都是极为宝贵的技术方法，具有广泛的应用前景。

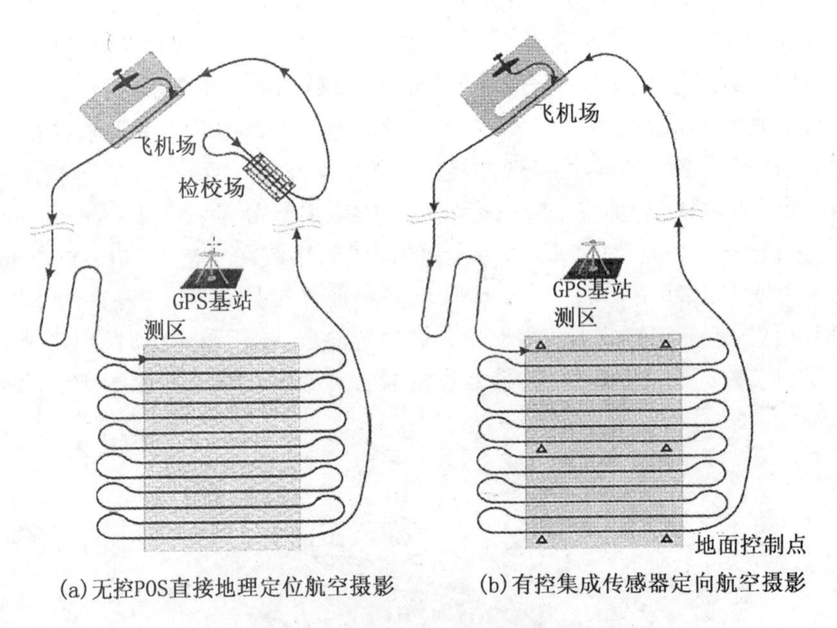

图6.13　机载POS系统辅助航空摄影

2)GNSS辅助航空摄影

通过GNSS/IMU或GNSS辅助航空摄影，可以获取每张像片的定位定向6个参数或仅定位3个参数(摄站点坐标)。采用集成传感器定向(Integrated Sensor Orientation，简称ISO)方法，将获取的定位定向参数引入到空中三角测量区域网平差中，采用统一的数学模型和算法，利用少量的地面控制点，如图6.13(b)所示，即可获得精确的像片外方位元素和测图控制点地面坐标。

ISO方法相对于DG方法较为复杂，实质为空中三角测量区域网联合平差，因为引入了定位定向参数，仅需利用少量地面控制点即可获得很高的定位精度。该方法虽然降低了地面控制测量的工作强度，但依然不能彻底摆脱地面控制点。

(3)海岛航空摄影要求

海岛航摄不同于大陆，因海岛的不规则形态、分布零散的特性，按常规大陆航摄方法会造成大量航摄像片像主点及像片大量落水，影响后续数据处理与测图精度。因此在海岛航摄中，应注意以下几方面：

①航摄重叠度。海岛航摄应加大影像重叠度，尽量减少落水影像，增强测图模型的连

续性。一般航向重叠度增加至 80%，旁向重叠度增加至 60%；对于未落水区，采用隔片抽取航片，仍可按常规航摄重叠度要求方法进行影像处理。

②航摄时间。在满足航摄光照要求的前提下，需选择摄区低潮位时段摄影，尽可能多地获取潮间带的实地影像信息，并记录航摄时间。通过航摄时间，可查出航摄当天的海况、潮汐情况，也可通过潮汐预报模型获得该时刻瞬时海岸线的 85 高程，为海岛岸线的准确描绘提供依据。

③航摄分区。航摄分区前，首先分析海岛形状及其空间分布特征，考虑空中三角测量加密选点需求及地面像控测量的可行性，制定合理的航摄分区方案。如对于区域模型连通性较好的多个海岛(礁)可设为一个分区，孤立的海岛(礁)可划分为一个独立的航摄分区；但应注意，尽量避免一个海岛(礁)被划分在两个以上不同的航摄分区。

④航线敷设。针对海岛(礁)航空摄影测量的特殊要求，利用摄区已有的地形图、海图、遥感影像、国家海岛(礁)专项调查成果资料等信息，分析海岛(礁)的形状与空间分布特征，设计航摄重叠度及航线敷设方案，通过增大航向及旁向重叠度，以保证模型连通性。

图 6.14 为几种不同的航线敷设形式。

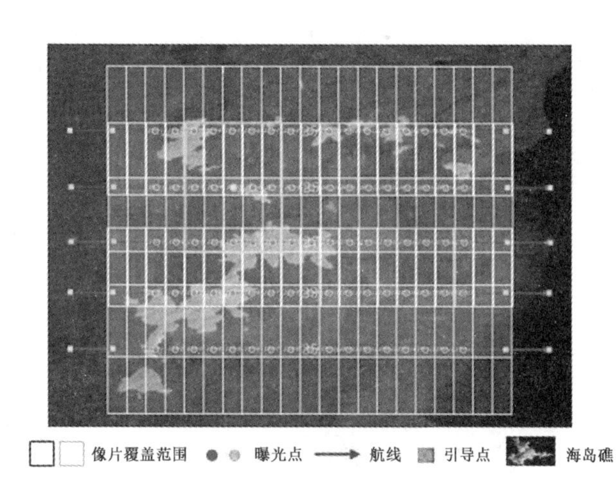

(a)面状分布海岛(礁)航线敷设图

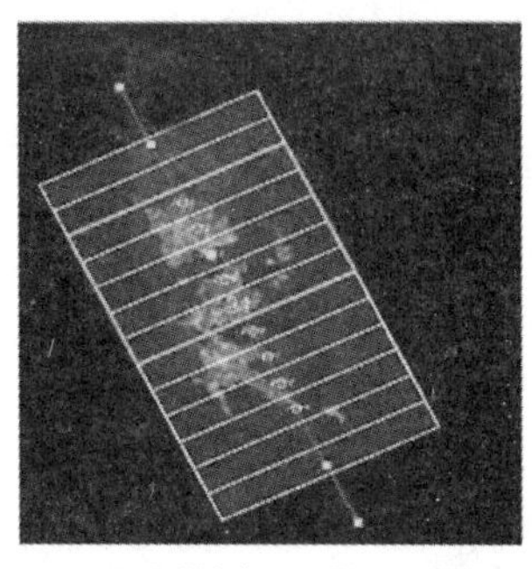

(b)带状分布海岛(礁)航线敷设图

图 6.14(A)

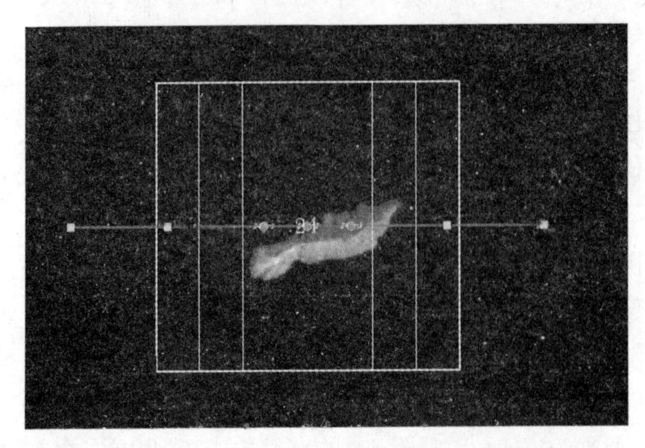

(c)面积较小的孤岛(礁)航线敷设图

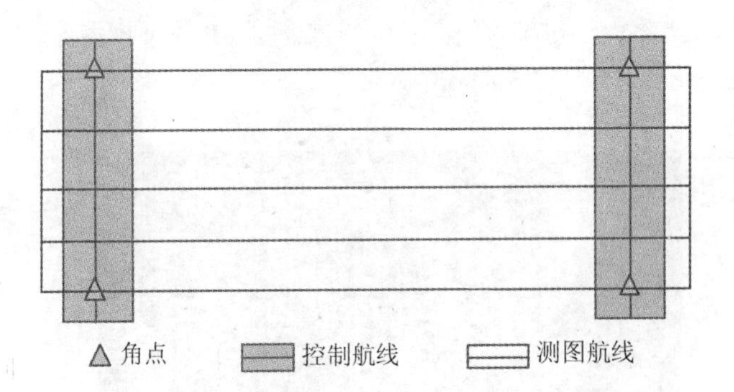

(d)GNSS 辅助航摄时构架航线敷设示意图

图 6.14(B)

图 6.14　海岛航摄航线敷设示意图

(4)地面基站布设

在海岛航摄过程中需根据航空摄影技术设计方案，综合考虑地面基站、像片控制点、检测点的布设和施测。地面基站主要作用是在航摄期间连续采集 GNSS 数据，与机载 GNSS 同步观测。选取合适的基站，通过事后载波相位差分处理解算 GNSS 摄站坐标。同时，在像片控制点施测期间，保持基站连续观测，为像片控制点精确定位提供基准。一般作业时，地面基站通常在航摄区域内选取 2 个基站互为备份，确保有效控制范围覆盖整个摄区。同样，随着 GNSS 技术的发展，精密单点定位(PPP 技术)解算精度有了很大提高，对无法架设基站的海岛航摄区域，也可不布设地面基站。

(5)检校场布设

为了确定姿态测量单元 IMU 与航摄仪之间的角度系统差(即偏心角)以及 GNSS 线元素分量偏移值，需要考虑设立检校场。检校场布设是通过检校场和航摄区域的同一架次航摄飞行，在检校场范围内进行空中三角测量加密和外业控制测量，获得偏心角、线元素分量的系统改正量，并对整个摄区进行系统误差改正，消除系统误差，提高摄区影像的外方位元素精度。

目前，国际上主要从事 IMU/GNSS 系统设备生产的两家公司分别有不同的检校场布设设计方案。每种方案由不同的软件来支持。

其中，德国 IGI 公司建议的检校场设计方案如下(图 6.15)：

①检校场应按照比例尺设置两条相邻的平行航线，每条航线 10 个像对；

②保证航向重叠和旁向重叠均为 60%；

③在检校场的周边布设 6 个平高控制点，控制点点位距像片边缘约为像片宽的 20%；

④航摄飞行高度与摄区高度相同。

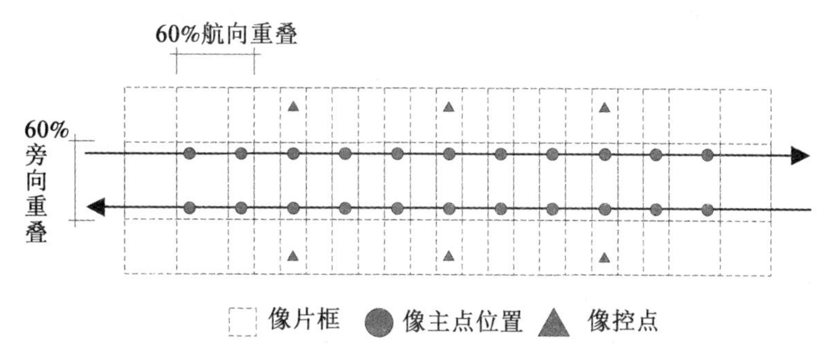

图 6.15 IGI 公司检校场布设方案示意图

加拿大 Applanix 公司建议的检校场设计方案，如图 6.16 所示：

①检校场的航向重叠和旁向重叠可按照常规布设，即旁向 30%，航向 60%；

②一般可选取摄区的 2 或 4 条平行航线或交叉航线，每条航线一般不少于 6 片；

③无须在地面布设平高控制点，航摄飞行高度与摄区高度相同。

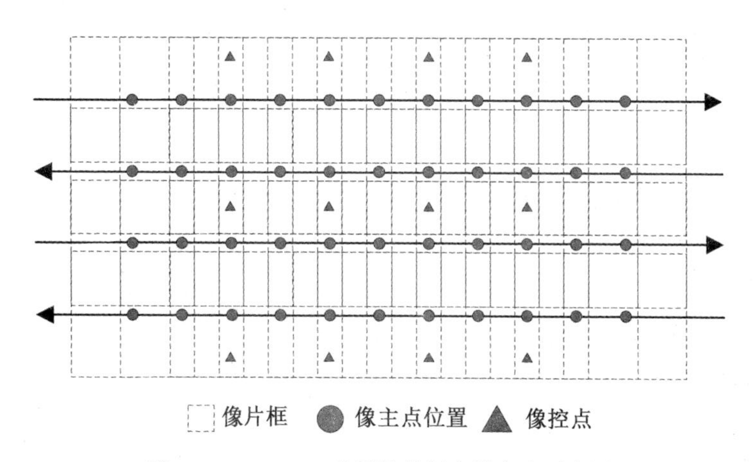

图 6.16 Applanix 公司检校场布设方案示意图

(6)精度检测样区布测

因海岛分布零散、远离大陆、像片控制点布测困难等原因造成单立体像对或区域网内无法进行像控测量，对于此类无法进行控制和精度检测的区域，可采用无控制 IMU/GNSS

或 GNSS 辅助区域网平差方法，但须选择同架次易于布测检查点的区域进行无控制区域网平差精度检测，加以验证。

6.3.1.2 海岛航天遥感影像获取

对地观测遥感卫星可连续、重复采集地面影像数据，随着卫星光谱分辨率、地面分辨率、时相分辨率的逐步提高，利用卫星遥感技术进行大中比例尺测图已日趋成熟。目前，国际上可用于立体测图的卫星，除要求有高分辨率影像判读特征外，还要求具备立体观测能力。在海岛礁测图中，卫星遥感影像具有像幅宽、获取周期短、无需大量地面控制点等优势，在海岛礁测图中的优势已日渐突出。

(1)卫星遥感影像测图的优势

高分辨率卫星已经成为航天遥感的一个重要发展方向。随着卫星遥感测图技术的发展，高分辨率测图为经济发展、国防、灾害应急、科学研究提供快速高效率、高质量的基础数据，也为海岛测图提供了新的技术手段(John R. Jensen，2007)。卫星影像的主要优势包括：

①传感器多。既提供高分辨率全色波段，又提供多光谱波段数据。随着单色波段光谱分辨率的提升，利用光谱空间特征来解译、判绘地物，减少外业调绘成为可能。

②专题图制作。以专题制图图上 0.2mm 作为适宜专题制图遥感像元空间分辨率的限定，0.41~2.5m 的高空间分辨率数据可用于制作和更新 1∶10000 至 1∶3000 甚至更大比例尺的地形图。利用这些数据的立体像对产品，可同时获得 DEM，同时其正射影像也将成为相应比例尺的国家数字影像库的重要数据源。

③时效性强。随着时间分辨率不断提高，同地区成像时间周期显著缩短，平均覆盖周期为 1~3d，使得数据的更新速度更快。对于高空间分辨率数据，其解决方案也与以前的中、低分辨率数据的解决方案不同，数据处理的周期大大缩短。所以，高分辨率数据完全可以满足有关部门对“动态监测”的时效性要求。

④数据应用从宏观到微观、从定性到定量。过去中、低分辨率数据主要应用于宏观领域，进行定性分析，形成物理模型；现在的高空间分辨率数据完全可应用于微观领域，进行定量化分析，最后形成地理模型。中、低分辨率数据更多是进行研究型应用，高空间分辨率数据已可基本实现工程化应用。

⑤信息丰富、数据量大。高空间分辨率数据包含了精确的地理信息和高精度的地形信息，高空间分辨率数据所含数据量是相同面积中、低分辨率数据的 100 倍以上。例如，一幅地面覆盖面积为 1117km ×719km 的全色波段 IKONOS 影像的数据量可达 80MB，而相同覆盖面积的多波段影像高达 250MB，整景影像的数据量更高达 2GB。用全色高空间分辨率数据与多光谱数据融合生成的彩色数据，可以对城市概貌进行详细准确的解译，用以辅助城市规划，并作为基础地理信息与城市 GIS 集成。

⑥地面分辨率逐步提高。卫星影像上地物的几何结构和纹理信息更加明显，可以从中获取更多的关于地物结构、形状和纹理方面的信息。

(2)航天遥感影像获取能力

表6.1列出了当前同轨立体像对观测的测图卫星或传感器。其中，IKONOS、Quickbird、GeoEye-1、WorldView系列的分辨率在0.5m到1.0m之间，IRS-P5的分辨率为2.5m，SPOT5 HRS与ASTER的分辨率分别为10m和15m。

表6.1　现有高分辨率影像制图卫星系统

卫星系统	发射者	发射时间	扫描宽度/km	地面分辨率/m	重访周期	立体模式
IKONOS	美国	1999	11	全色1 多光谱4	重访3~4天左右	同轨立体
Quickbird	美国	2001	16.5	全色0.61 多光谱2.44	1~3.5天，视纬度位置（偏离星下点30°）	同轨立体
WorldView-1	美国	2006	17.6	全色0.46	1~3天	同轨立体
GeoEye-1	美国	2008	15.2	全色0.41 多光谱1.65	<3天	同轨立体
SPOT5 HRS	法国	2002	60	轨道方向10 线阵方向5	1~2天	同轨立体
IRS-P5	印度	2005	30	全色2.5	<3天	同轨立体
资源3号	中国	2011	185	全色2.1 多光谱10	26天	同轨立体

①SPOT5 HRS，在卫星测图中应用得最早最广泛，获取立体影像的模式如图6.17所示。

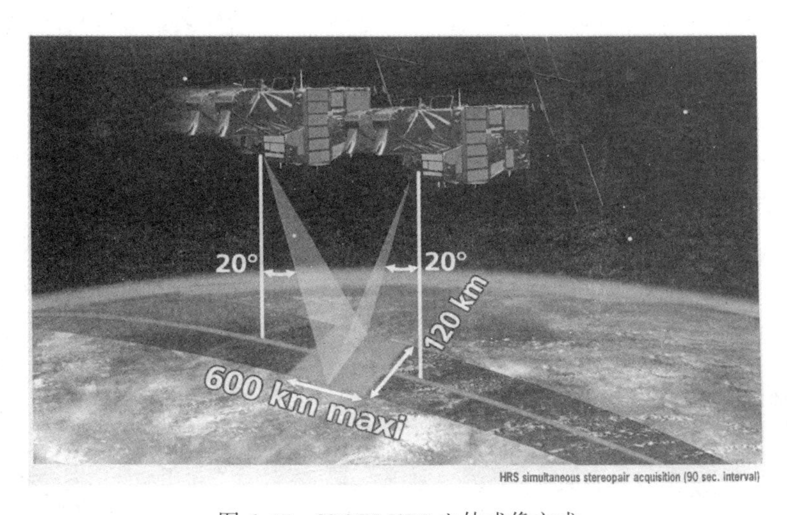

图6.17　SPOT5 HRS立体成像方式

②IKONOS，获取立体影像的模式如图6.18所示。由于轨道参数精度较高，在无控制情况下定位精度达到10m左右，如有少量控制点即可达到1m以内。

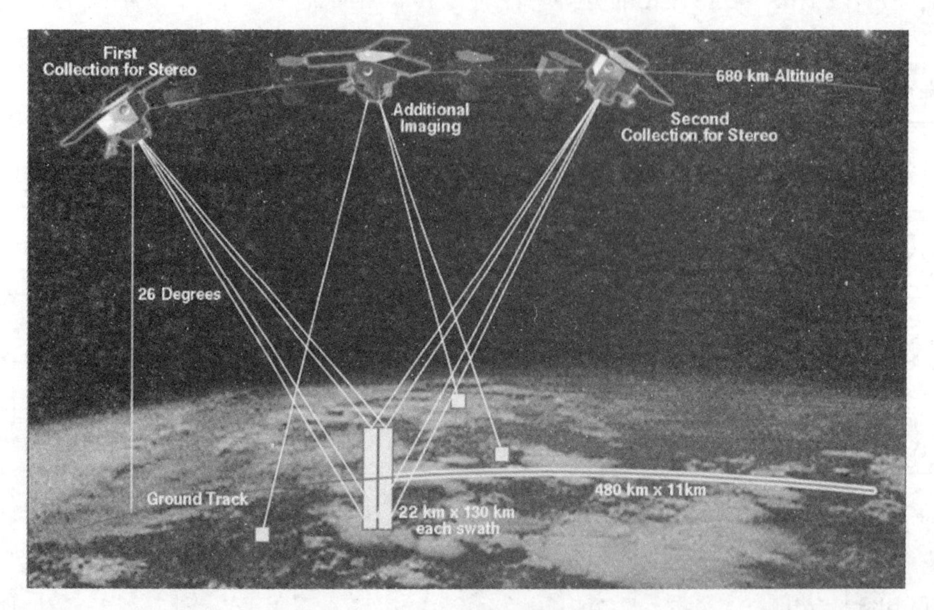

图6.18　IKONOS立体成像方式

③IRS-P5，又名Cartosat-1号卫星，是印度的首颗遥感制图卫星，它的特点是搭载有两个分辨率为2.5m的全色传感器，两个传感器具有两套独立的成像系统，可以同时在轨工作，这样就能构成一个连续条带的立体像对，在地面情况良好时，该条带长度可达数千千米。P5可以更新1∶25000和1∶50000比例尺地图，制作新的1∶25000的地形图，制作1∶10000比例尺的专题地图，地图等高线间距可以达到10m。可广泛应用于国土、海洋、矿产资源调查，林业和农业资源调查，水资源、水土流失调查，环境保护，城市规划等资源调查项目。其单片工作模式和立体模式如图6.19所示。

④GeoEye-1，立体影像获取方式与IKONOS相同，扫描宽度较宽，获取影像面积有较大的增加。无地面控制点情况下平面定位精度为2.5m，高程定位精度为3m，可满足国家1∶10000地图精度要求，立体像对经过处理可以满足1∶5000地图标准。

⑤WorldView系列卫星，立体影像获取方式与IKONOS相同，扫描宽度更宽，影像覆盖面积更大。WorldView-2卫星上搭载的设备除了获取4个行业标准的多光谱波段外，还包括海岸线波段、黄色波段、红边波段和近红外-2等4个波段，其中海岸线波段支持植物鉴定和分析，具有一定穿透海水的能力，也支持基于叶绿素的深海探测研究，但该波段易受大气散射的影响。

(3)卫星遥感影像的测图能力

由于海岛面积较小、像片控制点布测困难，因此在采用航天遥感测图技术进行海岛测

IRS-P5单片成像方式

IRS-P5立体成像方式

图 6.19 IRS-P5 成像方式

图时，一般采用具有较高卫星轨道姿态精度的高分辨率立体卫星影像，各卫星影像分辨率与测图比例尺关系见表 6.2。图 6.20 是几种典型卫星的影像判读能力比较。

表 6.2 **卫星分辨率与成图比例尺**

卫星影像名称	分辨率(m)	按规范规定 最大成图比例尺	仅用于一般判读的 成图比例尺
SPOT 1-4	多光谱 20，全色 10	1 : 5 万	1 : 2.5 万
SPOT 5	多光谱 10，全色 2.5	1 : 2.5 万	1 : 1 万
IRS-P 5	全色 2.5	1 : 2.5 万	1 : 1 万
资源 3 号	全色 2.1	1 : 2.5 万	1 : 1 万
IKONOS	多光谱 4， 全色 1	1 : 1 万	1 : 5000
Quickbird	多光谱 2.44， 全色 0.61	1 : 5000	1 : 2000
WorldView	全色 0.46	1 : 5000	1 : 2000
GeoEye	多光谱 1.65， 全色 0.41	1 : 5000	1 : 2000

6.3.2 外业像片控制测量与调绘

为了进行遥感影像海岛测图，首先需要外业像控测量与调绘。作业流程如图 6.21 所示。

图 6. 20　几种典型卫星影像判读能力的比较

6. 3. 2. 1　像片控制点布设

像片控制点布设方案在区域网划分基础上完成，主要内容包括：数学基础，精度指标要求；像片控制点的数量、概略坐标、分布略图，并提供一套以像片控制点概略点位为中心的控制像片及相应的数字影像等。控制像片比例尺约为成图比例尺 1. 3 倍。像片控制点的概略坐标，从用立体像对及其定位参数恢复的立体模型上量取(或经自由网平差的立体模型上量取)。

(1)航空影像控制点布设

航空摄影测量像片控制测量的布点方案分为全野外布点方案、非全野外布点方案和特殊情况布点方案等几种。海岛礁影像存在大量的像主点和标准点位落水，属于典型的特殊

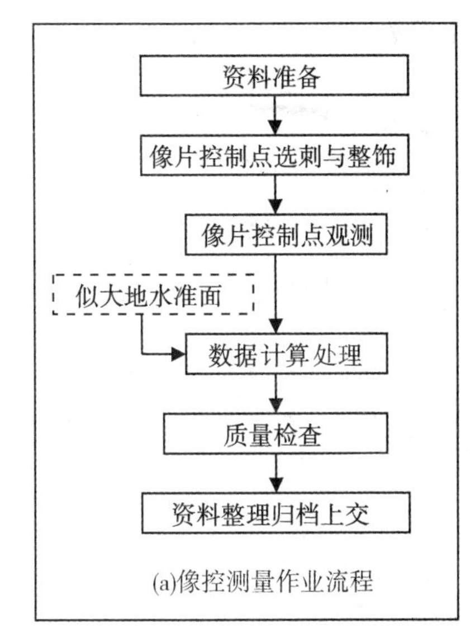

(a)像控测量作业流程

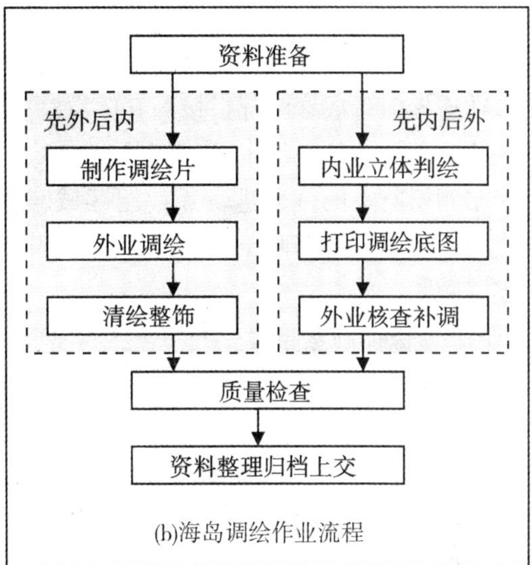

(b)海岛调绘作业流程

图 6.21 外业像控测量与海岛调绘作业流程图

情况布点范畴。海岛礁像片控制点的布测由其形状分布、植被分布以及是否具有登岛测量等客观条件决定。根据海岛礁的自然地理特性，在测图时常将海岛划分为常规区域和困难区域以及特殊区域。

常规区域为面积较大的单个海岛或可通过影像模型连接的多个海岛礁构成的区域网，区域网内海岛布控条件较好，且满足区域网拐角处均匀布点的要求区域。常规区域布点要求如下：

①当单立体像对或区域网内包含一个或若干个可登岛布设像控的海岛时，以最大限度控制测绘范围为原则，于单立体像对或区域网拐点处布设不少于 4 个像片控制点，并于区域网内布设不少于 2 个检查点。

②对面积较大、类似陆地的海岛(如南澳岛)，像片控制点布设方法与传统陆地像控布测方法一致。

困难区域为面积较小的单个海岛或可通过影像模型连接的多个海岛礁构成的区域网，区域网内虽有可登海岛，但由于岛上特征稀少或区域网拐点处海岛无法登岛布控，以致区域网内像片控制点布设的数量与分布无法满足常规区域布设条件的区域。困难区域布点要求如下：

①当单立体像对或区域网内包含单个或若干个可登岛布设像片控制点的海岛时，依据单立体像对或区域网形状、模型数量，尽量于单立体像对或区域网对角或“品”字形区域布设不少于 2 个像片控制点；

②当单立体像对或区域网内海岛面积较小、特征稀少时，则于单立体像对或区域网内布设不少于 1 个检查点；否则布设不少于 2 个检查点。

特殊区域为海岛礁分布零散、远离大陆、像片控制点布测困难等原因造成单立体像对或区域网内完全无像片控制点的区域。海岛礁测图区域网划分主要依据立体像对间连接条件等因素确定，存在连接条件的立体像对均应规划在一个区域网内，一般不进行分区作业。不存在连接条件或在海部拼接的立体像对独立分区。

一般情况下，特殊区域可采用无控制 IMU/GNSS 辅助区域网平差方法，但需选择同架次易于布测检查点的区域进行无控制区域网平差精度检测。对于无法实施区域网平差的，则先通过相对定向消除上下视差，再采用 IMU/GNSS 测得的每张像片外方位元素进行直接安置测图。

(2)航天影像控制点布设

像片控制点布设应满足有理函数模型区域网平差的需求。一般情况下，区域网内布设像片控制点可采用像对单点法(图 6.22(a))或五点法(图 6.22(b))。

像对单点法为，在区域网内的每个像对内(像对中心区域为像片控制点首选位置)布设 1 个平高控制点；五点法为，当规则区域网由多个(大于 5 个)像对组成时，在区域网四角及中心各布设 1 个平高控制点。

若区域网为长条带立体像对构成时，则在条带两端各布设 1 个以上平高控制点(图 6.22(c))。独立像对作业，应最少布设 1 个平高控制点(图 6.22(d))。同时，还需根据区域网(岛屿)面积大小在海岸线上布设 2 个以上合理分布的高程控制点，以满足海岛置平和海岸线测绘的需要。

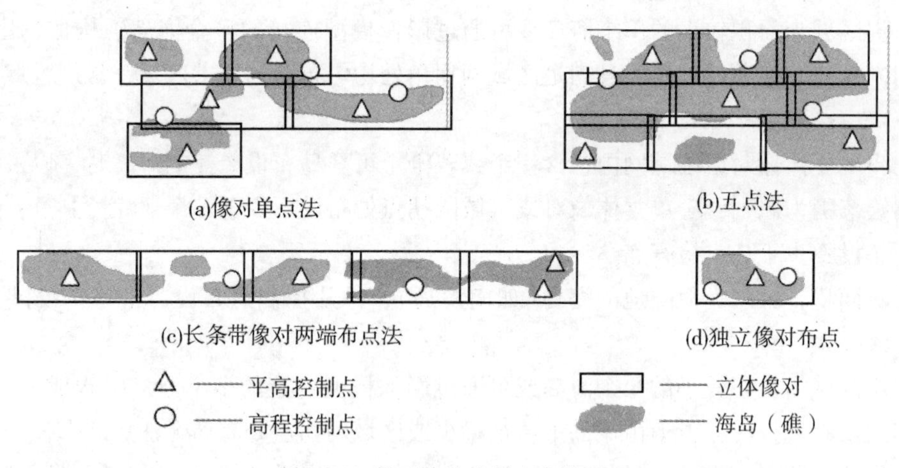

图 6.22　航天像片控制点布设要求

由于海岛地理特点造成布点困难时，对控制点在像对内的分布可根据实际情况确定。像片控制点应选择交通便利、便于观测、地面标志明确、影像特征易判的目标，如道路交叉点、码头上各类标志线交叉点、拐角点等。

像片控制点一般以点组构成，1 个点组由 2~3 个像片控制点组成，并应独立观测。根据海岛上基础控制点稀少的特点，可从同一基础控制点同时引出点组内的像片控制点。在满足区域网平差的基础上，一个区域网内(含独立像对作业)，外业应实测一定数量的检查点，用于对成果平面位置和高程精度的检查。

6.3.2.2 像片控制测量

像片控制测量方法有很多，在平面测量中有 GNSS 静态或快速静态定位、GNSS RTK 或网络 RTK 测量以及 GNSS 精密单点定位方法等，在高程测量中有 GNSS 水准高程拟合、GNSS 高程测量以及 GNSS RTK 测量方法。

GNSS RTK 即 GNSS 实时动态测量技术，以载波相位观测量为依据的实时差分 GNSS 测量技术，它能够实时地获得测站点在指定坐标系中的三维定位结果，能达到厘米级精度。GNSS 单点定位是根据卫星星历以及一台 GNSS 接收机的观测值来独立确定该接收机在地球坐标系中的绝对坐标的方法。精密单点定位是利用载波相位观测值以及由 IGS 等组织提供的高精度的卫星星历及卫星钟差来进行高精度单点定位的方法。

(1)像片控制点选刺要求

像片控制点应选在明显地物点上，如道路、田埂、水渠的相交处，实地交角良好(30°~150°)且像片影像清晰，用文字和略图准确描述刺点位置。绘刺点略图时点位的指向及说明要有确定的唯一性，明确说明刺在道路或田埂的哪一边。当点状目标特别清晰且在像片上的影像小于 0.2mm 时，也可作为刺点目标。

卫片像片控制点的位置必须是地物点，山头、鞍部、倾斜变换处等地形点不能作为像片控制点。野外像片控制点位要在点位附近照两张近景和远景数码像片，以方便内业判别点位时使用。在像片控制点位置有疑问的区域应增加布设像片控制点以确保精度。在作业中遇到的疑问、难点、软件异常、数据异常等情况，作业人员应及时上报各单位业务部门，经批准后方可进行处理。

(2)像片控制点测量

①仪器检定：用于外业像片控制测量的 GNSS 接收机、GNSS RTK 等测量仪器在施测前须经有关部门检定合格后再投入使用。

②像片控制点联测方法：像片控制点平面坐标和高程联测以测区内基础控制点为起算点，联测方法采用 GNSS 快速静态测定或 GNSS-RTK 动态快速测定方法。采用基于 CORS 站模式进行卫星定位测量时，静态连续观测不少于 30 分钟。

③GNSS 测量：用 GNSS 快速静态测定时，GNSS 网应由一个或若干个独立观测环构成，也可采用附合路线形式构成，每个闭合环或附合线路中的边数应不大于 10 条。

采用 GNSS-RTK 作业模式联测像片控制点时，要求在固定站上对流动站先进行已知点的检测校核。并在取用已有的基础控制点成果基础上，直接得到像片控制点的三维坐标。

④GNSS 观测与计算：用双频 GNSS 接收机相对定位，取独立观测基线构成网状或环状，每条基线观测一般航片 30 分钟，卫片 60 分钟，根据实际情况可调整选择观测时间，图形闭合差 $W \leqslant 3^{*} \sqrt{N}\sigma$ 。

用 GNSS 已知点平差计算，求得像片控制点的大地高，并进行高程异常改正，计算求出像片控制点的正常高。

观测前后要用测高标尺严格量取天线高，并按规范要求格式进行外业记录表现场填写工作。

6.3.2.3 像片调绘

像片调绘方法主要有先内后外、先外后内以及综合判绘技术。目前，大多采用先室内判绘，再野外检查补绘的办法来完成。

先内后外：采用“先内后外”调绘法时，调绘用全要素工作底图(以下简称“底图”)制作采用数字正射影像套合内业采集地形要素，按成图比例尺打印输出；当底图中海岛分布不满幅时，则以完整覆盖海岛为单元制作底图；否则，以相应成图比例尺的图幅为单元制作底图。

先外后内：当采用“先外后内”时，调绘用影像图可采用航向隔2张像片、旁向隔1条航带抽片制作；根据比例尺和地物复杂程度，调绘影像图一般不小于成图比例尺1.5倍，地物复杂地区应适当放大；调绘影像图应覆盖全测区、无漏洞。外业核查和补绘是先实地进行调查，再把补绘内容在调绘底图上进行修改，图幅内外接边后形成最后的调绘原图。由于测区自然地理条件和气候条件的特殊性，因此需要充分利用基于PDA的影像调绘系统等软硬件系统，影像调绘判译采用全野外、野外和室内相结合调判译方法进行。

(1)调绘基本过程

在外业调绘时要进行综合取舍，综合取舍的过程就是对地物地貌进行选择和概括的过程。综合取舍的目的就是通过综合和选择使地面物体在地形图上得以合理的表示，具有主次分明的特点，保证重要地物的准确描绘和突出显示，反映地区的真实形态。

像片调绘的基本作业过程如下：

①准备工作：包括划分调绘面积，准备调绘工具，做好调绘计划等内容。

②像片判读：应用像片对照实地判读各种地形要素。

③综合取舍：在像片判读的基础上对地形元素进行合理的概括和选择。

④着铅：用铅笔将需要表示的地形元素准确、细致地描绘在像片或透明纸上。

⑤询问、调查：向当地群众询问地名和其他有关情况，调查政区界线。

⑥量测：量测陡坎、冲沟等需要量测的比高。

⑦补测新增地物：摄影后地面上新出现的地物根据与其相邻地物影像的相对位置补绘。

⑧清绘：根据实地判绘的结果，在室内着墨整饰。

⑨复查：清绘中不清楚的地方以及其他问题，应再到实地查实补绘。

⑩接边：将调绘面积线处与邻幅或邻片调绘的内容进行衔接。

(2)海岛调绘注意事项

对海岛外业调绘，要根据不同情况采取不同方法。对可登临海岛可采用“先外后内”或“先内后外”调绘方法；对无法登临的海岛，应依据解译样本等参考资料，采取室内综合判绘法。海岛调绘与常规作业方式基本相同，但须注重海岛要素特征的表示，归纳如下：

1)海岸线调绘原则

①海岸线：外业应参照大潮时海陆分界痕迹线调绘，可根据海岸的植物边线、土壤和

植被的颜色、湿度、硬度以及流木、水草、贝壳等冲积物，尽量调绘，最终由内业通过平均大潮高潮的85高程在立体模型上测定；

②调绘时应区分海岸线性质：岩石岸、磊石岸、砾质岸、沙质岸、陡岸、岩石陡岸、加固岸、垄岸等；

③与海岸线相连的码头、道头、防波堤、船坞、堰坝、输水槽及其他水工建筑物等均须调绘；

④加固岸两头符号表示起止准确位置，中间适当加绘符号即可。加固岸与海岸线重合时，海岸线无须表示。

2)干出滩及滩涂调绘原则

①干出滩及滩涂调绘范围为调绘时刻水涯线以上区域；

②调绘时刻尽量选择低潮时进行；

③干出滩及滩涂按其性质区分为：岩石滩、珊瑚滩、泥滩、沙滩、砾滩、泥沙混合滩、沙泥混合滩、沙砾混合滩以及芦苇滩、丛草滩、红树滩等；

④各种干出滩及滩涂的性质及其范围，干出滩上的地物、地貌和干出高度点(从深度基准面算起)，调绘按图式规定符号表示，干出滩及滩涂的宽度在图上小于3mm时可不表示；

⑤干出滩上的潮水沟，除固定的和较大的潮水沟外，均应尽量调绘。

3)礁石调绘原则

凡在测量区域内的明礁、干出礁、较大的岬角头等，均应表示。

4)人工养殖调绘原则

①按不同品种分别测定其范围，按相应图式的表示并注记养殖品种名称；

②野生品种一般不表示，季节性的养殖品种，以测图时间为准，有则表示。

5)独立地物调绘原则

①沿海的助航标志(如灯塔、灯桩、船桩等)按相应符号表示；

②水塔、独立树、宝塔、碉堡、独立石等具有方位意义的独立地物，按相应符号表示；

③跨海架空电缆、桥梁等，按相应符号表示。

6)地理名称和注记调绘原则

①测区内海岛礁应注记当地常用自然名称；

②居民地应注记当地常用的自然名称，较大的居民地，应根据实地情况调注总名和分名，并以不同的字迹注于像片上；

③市镇街巷、工矿企业、机关学校、医院、农(林)场、大型文化体育建筑、名胜古迹等应注记正式名称；

④山岭、沟谷、河流、湖泊、海港等水系、山脉地理名称，只调注远近知名的统一固定名称，当称呼不统一时，一般不注记；

⑤当调查名称与地理注记名称不一致时，应以实际调查的名称为准注记；

⑥图幅名称应选择该图幅内著名的地理名称或企事业单位名称，同一测区内不得有相同的图名，如图幅内确无名称时，可只注记图幅编号。

6.3.3　区域网空中三角测量

6.3.3.1　解析空中三角测量

解析摄影测量就是利用解析计算的方法处理影像信息，在室内模型上测点，代替野外测量，从而获得地面的基础空间信息，确定资源与环境信息的空间位置，重点解决影像信息中的几何信息，建立地面数字模型。解析摄影测量分为双像解析摄影测量和解析空中三角测量。双像解析摄影测量中的每个像对需要4个地面控制点，外业工作量大、效率低。解析空中三角测量则通过若干个像对构成的航带、几条航带构成的区域网，仅需测量少量外业控制点，在内业用解析摄影测量方法加密出每个像对所要求的控制点，然后用于测量。

解析空中三角测量可采用3种方法：航带法、独立模型法、光束法。其中，光束法解析空中三角测量理论最严密，精度最高，在数字摄影测量时代得到普遍采用。光束法区域网空中三角测量方法是以一幅影像所组成的一束光线作为平差基本单元，以中心投影的共线方程作为平差的基础方程。通过各光线束在空间的旋转和平移，使模型之间公共点的光线实现最佳的交会，并使整个区域最佳地纳入到已知控制点坐标系统中。图6.23为光束法解析空中三角测量原理示意图。

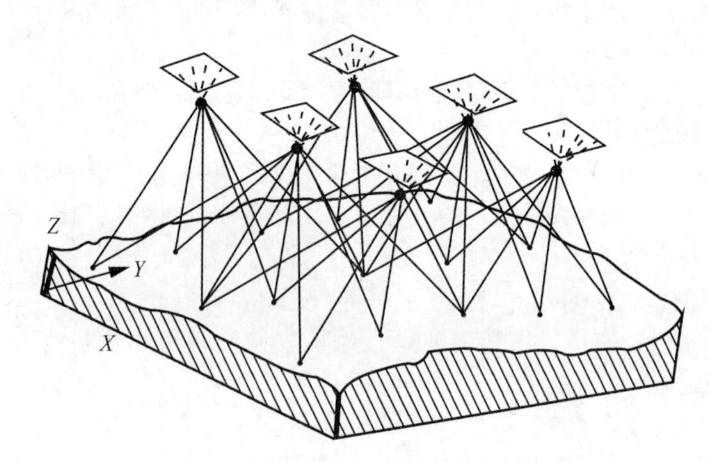

图6.23　光束法解析空中三角测量示意图

由于光束法解析空中三角测量中采取了粗差检测、自检校法消除系统误差等措施，使点位加密精度可以达到厘米级。光束法解析空中三角测量的基本流程为：

①获取像片内方位元素、像点坐标和地面控制点坐标；

②确定像片外方位元素和加密点地面坐标近似值；

③逐点建立误差方程式并法化；

④建立改化法方程式；

⑤采用循环分块法解求改化法方程；

⑥求出像片的外方位元素。

海岛测图中，因像片控制点较少，航摄时要求采用IMU/GNSS辅助(或只有GNSS辅助)航空影像获取，因此在海岛测图几何模型处理时，结合 IMU、GNSS 高精度定位定姿性能以及光束法解析空中三角测量优势，下面将重点介绍 GNSS 辅助光束法空中三角测量以及 IMU/GNSS 辅助光束法空中三角测量技术方法。海岛影像空中三角测量作业流程如图 6.24 所示。

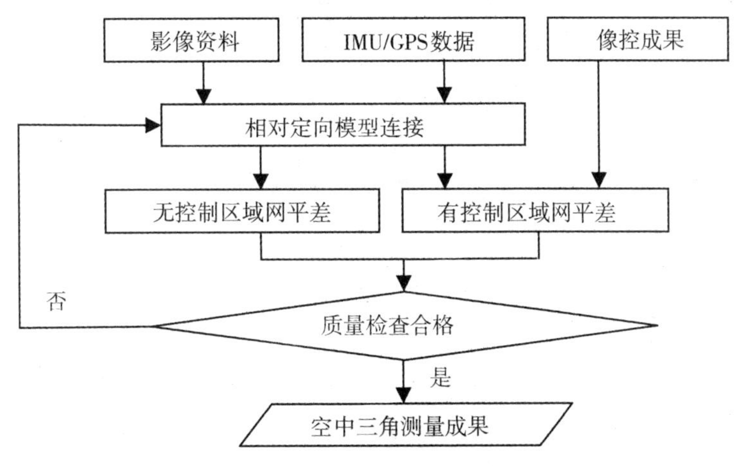

图 6.24 海岛空中三角测量作业流程

6.3.3.2 GNSS 辅助光束法空中三角测量

(1)GNSS 辅助空中三角测量概念

GNSS 辅助空中三角测量方法是指利用机载 GNSS 接收机与地面基准点的 GNSS 接收机同时快速连续地记录相同的 GNSS 卫星信号，通过相对定位技术的离线数据后处理获取航摄仪曝光时刻摄站的高精度三维坐标，将其作为区域网平差中的附加非摄影测量观测值，以空中控制取代(或减少)地面控制；经采用统一的数学模型和算法，整体确定点位对并对其质量进行评定的理论、技术和方法(袁修孝，2001)。图 6.25 表示利用空中、地面两台 GNSS 接收机的航摄系统。

由此可获得飞机上天线相位中心 A 和摄影中心 S 在以 O 为原点的地面坐标系中，利用像片姿态角得到变换关系式：

$$\begin{pmatrix} X_A \\ Y_A \\ Z_A \end{pmatrix} = \begin{pmatrix} X_S \\ Y_S \\ Z_S \end{pmatrix} + \boldsymbol{R} \begin{pmatrix} u \\ v \\ w \end{pmatrix}$$

式中，$\boldsymbol{R}$ 为由像片姿态角所表示的正交旋转矩阵。u、v、w 为 GNSS 天线相位中心 A 在像空间辅助坐标系中的坐标。

由上式出发，顾及 GNSS 观测值中的系统误差(主要为漂移误差)，即可获得摄站坐标的线性化方程式。将其与常规的光束法区域网空中三角测量的误差方程式联立，整体解求所有未知数。

(2)GNSS 辅助光束法区域网平差

GNSS 辅助光束法区域网平差的数学模型是在自检校光束法区域网平差基础上顾及

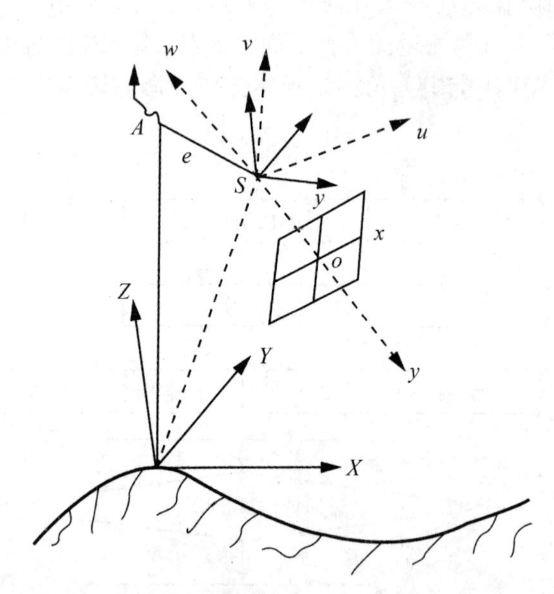

图 6.25　利用空-地两台 GNSS 接收机的航摄系统

GNSS 摄站坐标与航摄仪投影中心坐标间的几何关系并考虑各种系统误差的改正模型后所获得的一个基础误差方程，其矩阵形式可写成：

$$\begin{pmatrix} V_X \\ V_C \\ V_S \\ V_G \end{pmatrix} = \begin{pmatrix} A & B & C & & \\ & E_X & & & \\ & & E_C & & \\ \bar{A} & & & R & D \end{pmatrix} \begin{pmatrix} \boldsymbol{t} \\ \boldsymbol{X} \\ c \\ \boldsymbol{r} \\ \boldsymbol{d} \end{pmatrix} - \begin{pmatrix} \boldsymbol{L}_X \\ \boldsymbol{L}_C \\ \boldsymbol{L}_S \\ \boldsymbol{L}_G \end{pmatrix}，权矩阵 \boldsymbol{P} = \begin{pmatrix} 1 & & & \\ & P_C & & \\ & & P_S & \\ & & & P_G \end{pmatrix}$$

式中，V_X、V_C、V_S、V_G 分别为像点坐标、地面控制点坐标、虚拟自检校参数和 GNSS 摄站坐标观测值改正数向量，其中 V_G 方程就是将 GNSS 摄站坐标引入摄影测量区域网平差后新增的误差方程式，含新增偏心分量未知数增量向量 $\boldsymbol{r}$ 和漂移误差改正参数向量 $\boldsymbol{d}$。

1）变量阵

① $\boldsymbol{t} = [\mathrm{d}\varphi \quad \mathrm{d}\omega \quad \mathrm{d}\kappa \quad \mathrm{d}Xs \quad \mathrm{d}Ys \quad \mathrm{d}Zs]^{\mathrm{T}}$ 为像片外方位元素未知数增量；

② $\boldsymbol{X} = [\mathrm{d}X \quad \mathrm{d}Y \quad \mathrm{d}Z]^{\mathrm{T}}$ 为加密点坐标未知数增量；

③ $\boldsymbol{c}$ 为自检校附加参数；$\boldsymbol{C}$ 为相应于未知数的系数矩阵，随选用像点坐标系统误差改正模型的不同变化，如 3 个附加参数的 Bauer 模型、12 个附加参数的 Ebner 模型、18 个附加参数的 Brown 模型。

④ $\boldsymbol{r} = [\mathrm{d}u \quad \mathrm{d}v \quad \mathrm{d}w]^{\mathrm{T}}$ 为 GNSS 天线-相机偏移向量未知数增量；

⑤ $\boldsymbol{d} = [a_X \quad a_Y \quad a_Z \quad b_X \quad b_Y \quad b_Z]^{\mathrm{T}}$ 为漂移改正参数。

2）系数阵

① $\boldsymbol{A}$，$\bar{\boldsymbol{A}}$ 为未知数 t 的系数矩阵；

② $\boldsymbol{B}$，$\boldsymbol{E}_X$ 为未知数 X 的系数矩阵，其中 E_X 为单位矩阵；

③C，E_C 为相应于未知数的系数矩阵，E_C 为单位矩阵；

④R 为未知数 r 的系数矩阵，由像片外方位角元素 φ，ω，κ 组成的旋转矩阵；$\boldsymbol{D}$ 为未知数 $\boldsymbol{d}$ 的系统矩阵。

3)常数阵

① $\boldsymbol{L}_X = \begin{pmatrix} x - x_0 \\ y - y_0 \end{pmatrix}$

式中，(x, y) 为像点坐标；(x_0, y_0) 为由未知数的近似值按共线方程计算的像点坐标；

②$\boldsymbol{L}_C$ 为控制点坐标观测值向量，将控制点坐标已知值当作近似值为零；

③$\boldsymbol{L}_S$ 为附加参数观测值向量，只有当附加参数预先测定时才不为零。

$$\boldsymbol{L}_G = \begin{pmatrix} X_A - X_A{}^0 \\ Y_A - Y_A{}^0 \\ Z_A - Z_A{}^0 \end{pmatrix}$$

式中，$\boldsymbol{L}_G$ 为 GPS 确定摄站坐标对应的观测值向量。

$$\begin{pmatrix} X_A \\ Y_A \\ Z_A \end{pmatrix} = \begin{pmatrix} X_S \\ Y_S \\ Z_S \end{pmatrix} + R\begin{pmatrix} u \\ v \\ w \end{pmatrix}, \begin{pmatrix} \widetilde{X_A} \\ \widetilde{Y_A} \\ \widetilde{Z_A} \end{pmatrix} = \begin{pmatrix} X_A \\ Y_A \\ Z_A \end{pmatrix} + \begin{pmatrix} a_x \\ a_y \\ a_z \end{pmatrix} + \begin{pmatrix} b_x \\ b_y \\ b_z \end{pmatrix} \cdot (t - t_0)$$

式中，$(\widetilde{X_A}, \widetilde{Y_A}, \widetilde{Z_A})$ 为 GNSS 天线相位中心坐标；(X_A, Y_A, Z_A) 为 GNSS 测定的天线相位中心坐标；$a_x, a_y, a_z, b_x, b_y, b_z$ 为漂移参数；t 为航摄仪曝光时刻；t_0 为参考时刻。

4)权阵

①$\boldsymbol{P}_C$ 为控制点坐标观测值的权，$P_C = \dfrac{\sigma_0{}^2}{\sigma_C{}^2} I$；

②$\boldsymbol{P}_S$ 为附加参数虚拟观测值权矩阵，可根据像点坐标观测值的信噪比确定；

③ P_G 为由 GNSS 确定的摄站坐标的权，$P_G = \dfrac{\sigma_0{}^2}{\sigma_{\text{GPS}}^2} I$。

GNSS 辅助光束法区域网平差与常规自检校光束法区域网平差法方程相比，其系数矩阵还增加了 5 个非零子矩阵，加大了镶边带状矩阵边宽，但原法方程的良好稀疏带状结构并没有破坏，可采用传统的边法化边消元的循环分块解法对改化法方程求解未知数向量 $\boldsymbol{t}$、$\boldsymbol{c}$、$\boldsymbol{r}$、$\boldsymbol{d}$。然而，在区域网平差中一并解求系统漂移误差改正参数 d 可能会引起法方程解的不稳定，此时，在区域的两端必须布设足够的地面控制点或航空摄影时采用特殊的像片覆盖图。在海岛测图中，无布设足够地面控制点条件，在摄影时可选择大重叠航空摄影，并在摄区两端加摄构架航线，以提高方程解的稳定性。

(3)GNSS 辅助光束法区域网平差在海岛测图中应用

GNSS 辅助光束法区域网平差技术已成熟应用于实际生产，在海岛测图中也已逐步开展应用，当前主要用于低空无人机 GNSS 辅助航空摄影测量，当然利用 IMU/GNSS 辅助航摄的海岛影像也可单独采用 GNSS 摄站参数，进行 GNSS 辅助光束法区域网平差。

经过大量海岛测图试验表明：

① GNSS 差分定位技术可获取亚米级精度的三维摄站坐标，有效用于区域网平差。解算出的加密点坐标精度优于 GNSS 摄站坐标自身的精度，可满足各种比例尺测图的加密规范。

② 加入摄站中心 GNSS 位置参数可改善高程精度，明显减少控制点数量与分布。在一个区域中，如 GNSS 观测值没有失锁、周跳等信号间断情况下，在无须考虑基准的情况下，GNSS 摄站坐标可完全取代地面控制点用于区域网平差。

③ 在海岛航摄过程中，需加飞构架航线或加入少量地面控制点，以解决基准问题及有效地改正由于周跳、失锁等导致的 GNSS 系统误差。

④ GNSS 辅助空中三角测量方法能用于不同像片比例尺、不同区域大小的联合平差，完全可以生产实用化。

6.3.3.3　IMU/GNSS 辅助定向

随着技术的发展，目前 GNSS 辅助空中三角测量方法已进一步发展为集 GNSS 和 IMU 为一体的 IMU/GNSS 辅助定向技术。随着无地面控制航空摄影测量技术越来越受关注，IMU、GNSS 组合量测的重要性也日益突出。IMU/GNSS 辅助航空摄影测量方法主要包括直接地理定位(国际上称为 Direct Georeferencing，DG，也可称为“直接定向法”)和 IMU/GNSS 辅助空中三角测量(国际上称 Integrated Sensor Orientation，ISO，也可称为“辅助定向法”)两种方法。

(1)直接定向法

直接定向法是利用 IMU/GNSS 数据直接进行传感器定向。当 GNSS 天线相位中心、IMU 与航摄仪投影中心三者之间空间关系已知时，可直接对 IMU/GNSS 系统获取的 GNSS 天线相位中心的空间坐标 (X，Y，Z) 及 IMU 系统获取的俯仰角、侧滚角和偏航角进行数据处理，进而获取航空影像曝光瞬间的摄站中心的空间坐标 (X_S，Y_S，Z_S) 及 3 个姿态角 (φ，ω，κ)，从而实现在无地面控制条件下直接恢复航空摄影。

该方法具有很明显的优点：整个测区不需要进行空中三角测量，不需要地面控制点。这不仅使处理时间大大缩短，在费用上也较传统空中三角测量以及 GNSS 辅助控制空中三角测量大大降低。但由于该方法缺少多余观测，计算过程中出现的问题都将影响最终结果。相关研究表明，采用直接定向法测图时必须每架次飞行检校场，而且检校场应与摄区同高度飞行，检校场空中三角测量需要考虑纠正所需的所有辅助参数，尽量采用当地坐标系进行。

(2)辅助定向法

辅助定向法是将基于 IMU/GNSS 组合系统直接获取的每张像片的外方位元素，作为带权观测值参与摄影测量区域网平差，获得更高精度的像片外方位元素成果，再进行定向测图的航空摄影测量方法。

将 IMU/GNSS 组合系统直接获取的外方位元素作为初始带权观测值参与摄影测量区域网平差，这时可以同时获得高精度的内、外方位元素成果，实现更精确的像片定向。传

统自检校区域网光束法空中三角测量的共线方程数学模型为:

$$\begin{cases} x' + v_{x'} = (x'_0 + d_{x'_0}) - (f + d_f) \cdot \dfrac{r_{11}(X - X_0) + r_{21}(Y - Y_0) + r_{31}(Z - Z_0)}{r_{13}(X - X_0) + r_{23}(Y - Y_0) + r_{33}(Z - Z_0)} + d_{x'} \\ y' + v_{y'} = (y'_0 + d_{y'_0}) - (f + d_f) \cdot \dfrac{r_{12}(X - X_0) + r_{22}(Y - Y_0) + r_{32}(Z - Z_0)}{r_{13}(X - X_0) + r_{23}(Y - Y_0) + r_{33}(Z - Z_0)} + d_{y'} \end{cases} \tag{6-3}$$

式中，x'，y'，$v_{x'}$，$v_{y'}$ 为像点的像平面坐标和相应的改正数；

X，Y，Z 为物点在地面坐标系中的物方空间坐标；

X_0，Y_0，Z_0 为航摄仪投影中心在地面坐标系中的位置；

r_{ik} 为像空间坐标系相对于无空间坐标系的旋转矩阵 $\boldsymbol{R}(\omega, \varphi, \kappa)$ 的各元素；

X_0'，Y_0' 为像主点的像平面坐标；

$d_{x'_0}$，$d_{y'_0}$ 为像主点的改正数；

f 为检校过的相机焦距；

d_f 为焦距的改正数；

$d_{x'}$，$d_{y'}$ 为附加参数的影响。

通过量测连接点，并观测足够数量的控制点进行自检校区域网光束法空中三角测量，可以通过上式同时获得精确的航摄仪内方位元素和像片的外方位元素。在近似垂直摄影条件下，由于 x' 与 Y_s 、y 与 X_s 、f 与 Z_s 之间均存在强相关，因此实际应用中内方位元素一般直接采用仪器生产厂家(或者检验机构)在实验室采用物理方法测定的值，视为已知值使用。因此空中三角测量的过程也就是解算外方位元素的过程。

考虑到 IMU/GNSS 测得外方位元素与摄站外方位元素转换，式(6-3)可以表述成:

$$\begin{cases} x' + v_{x'} = f(X, Y, Z, X_0, Y_0, Z_0, \omega, \varphi, \kappa, x'_0, d_{x'_0}, f, d_f, d_{x'}) \\ y' + v_{y'} = f(X, Y, Z, X_0, Y_0, Z_0, \omega, \varphi, \kappa, y'_0, d_{y'_0}, f, d_f, d_{y'}) \end{cases} \tag{6-4}$$

其中，代入 IMU/GNSS 位置测量值:

$$\begin{bmatrix} X_{\mathrm{IMU}} \\ Y_{\mathrm{IMU}} \\ Z_{\mathrm{IMU}} \end{bmatrix} + \begin{bmatrix} v_{X_{\mathrm{IMU}}} \\ v_{Y_{\mathrm{IMU}}} \\ v_{Z_{\mathrm{IMU}}} \end{bmatrix} = \begin{bmatrix} X_0 \\ Y_0 \\ Z_0 \end{bmatrix} + R_c^m(\omega, \varphi, \kappa) \begin{bmatrix} d_{x\,\mathrm{IMU}\atop\mathrm{camera}} \\ d_{y\,\mathrm{IMU}\atop\mathrm{camera}} \\ d_{z\,\mathrm{IMU}\atop\mathrm{camera}} \end{bmatrix} \tag{6-5}$$

代入 IMU/GNSS 姿态测量值:

$$\begin{bmatrix} \mathrm{roll}_{b\,j}^m \\ \mathrm{pitch}_{b\,j}^m \\ \mathrm{yaw}_{b\,j}^m \end{bmatrix} + \begin{bmatrix} v_{\mathrm{roll}_{bj}^m} \\ v_{\mathrm{pitch}_{bj}^m} \\ v_{\mathrm{yaw}_{bj}^m} \end{bmatrix} = \boldsymbol{T}[D\{R_c^m(\omega_j, \varphi_j, \kappa_j)\} R_c^b(d_{\mathrm{roll}}, d_{\mathrm{pitch}}, d_{\mathrm{yaw}})^{-1}] \tag{6-6}$$

式中，x'，y'，$v_{x'}$，$v_{y'}$ 为像点的像平面坐标和相应改正数；

X_{IMU}，Y_{IMU}，Z_{IMU}，$v_{X_{\mathrm{IMU}}}$，$v_{Y_{\mathrm{IMU}}}$，$v_{Z_{\mathrm{IMU}}}$ 为 IMU 中心在地面坐标系中物方空间坐标及改正数；

roll_{bj}^{m}，pitch_{bj}^{m}，yaw_{bj}^{m}，$v_{\mathrm{roll}_{bj}^{m}}$，$v_{\mathrm{pitch}_{bj}^{m}}$，$v_{\mathrm{yaw}_{bj}^{m}}$ 为载体坐标系与地面坐标系间旋转矩阵元素及改正数；

X，Y，Z 为物方空间坐标；X_0，Y_0，Z_0 为航摄仪投影中心在地面坐标系中的位置；

ω，φ，κ 为航摄仪投影中心在地面坐标系中的姿态；

$\boldsymbol{R}_c^m(\omega, \varphi, \kappa)$ 为相机坐标系与地面坐标系统的旋转矩阵；

$\boldsymbol{D}$ 为(ω，φ，κ)到(roll，pitch，raw)转换的旋转矩阵；

$\boldsymbol{T}$ 为从旋转矩阵中提取单个角度的转换；

$d_{x_{\mathrm{camera}}^{\mathrm{IMU}}}$，$d_{y_{\mathrm{camera}}^{\mathrm{IMU}}}$，$d_{z_{\mathrm{camera}}^{\mathrm{IMU}}}$ 为 IMU 中心到航摄仪投影中心的偏心分量；

d_{roll}，d_{pitch}，d_{yaw} 为偏心角；

$\boldsymbol{R}_c^b(d_{\mathrm{roll}}, d_{\mathrm{pitch}}, d_{\mathrm{yaw}})$ 为从相机坐标系到载体坐标系的偏心角转换旋转矩阵。

IMU/GNSS 辅助空中三角测量实际使用时，将 IMU/GNSS 的结果代入到空中三角测量运算中，利用像片匹配的连接点和地面控制点等辅助数据，可以获得更高精度的结果。

(3)IMU/GNSS 辅助定向技术在海岛测图中的应用

在海岛测图中，IMU/GNSS 辅助定向技术已普遍采用，因加入了 IMU 测得的航摄像片的角元素，因此应用更广泛。相关研究和海岛测图试验表明：

①对无法布测像片控制点且两张像片即可覆盖的单立体模型海岛，可采用直接定向法测图，但必须每架次飞行检校场，而且检校场应与摄区同高度飞行，检校场空中三角测量需要考虑纠正所需的所有辅助参数，尽量采用当地坐标系进行。而且在测图前宜先进行相对定向消除上下视差，再进行安置定向测图，但当前的该技术仍无法满足大比例尺测图精度。

②对无法布测像控、能构成区域网内海岛，可采用无控制的 IMU/GNSS 辅助光束法区域网平差，即使仅用像片连接点，而不用地面控制点进行联合平差，也能大大提高 IMU/GNSS 获得的外方位元素的精度，尤其是高程的精度和稳定性。如果再加入地面控制点，则整个模型非常稳健，计算结果的精度接近于常规空中三角测量结果。

③实验结果表明，仅用 1 个地面控制点就达到很高的精度，使用 2 个地面控制点精度进一步提高，当加到 3 个、4 个地面控制点时，精度虽有提高但已不明显，因此考虑到粗差的检测以及整体的稳定性，一般尽量在海岛测区四周加入地面控制点。

6.3.4　海岛测图

利用空中三角测量区域网平差获得高精度遥感影像的外方位元素等加密成果，在全数字摄影测量系统上恢复立体模型，基于立体模型进行各种产品的立体测图。立体测图生产 DOM、DEM、DLG、DGM 数据成果，总体流程框图如图 6.26 所示。

6.3.4.1　数字高程模型(DEM)数据生成

(1)DEM 数据生产作业流程

利用数字摄影测量工作站生产 DEM 数据，常采用的作业流程如图 6.27 所示。

(2)DEM 数据生产

利用航空影像生产海岛礁 DEM 数据，可以采用以下方法：

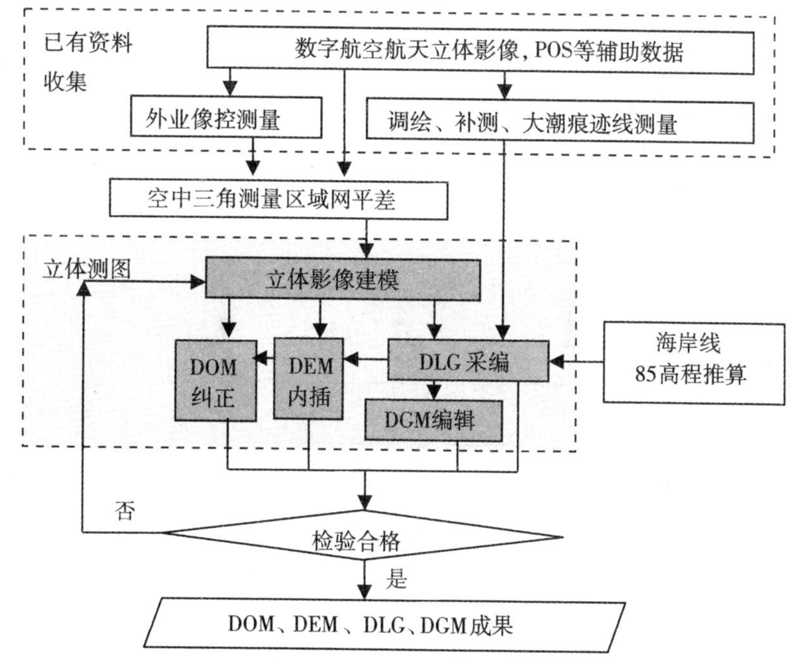

图6.26 海岛礁航空航天立体测图总体流程框图

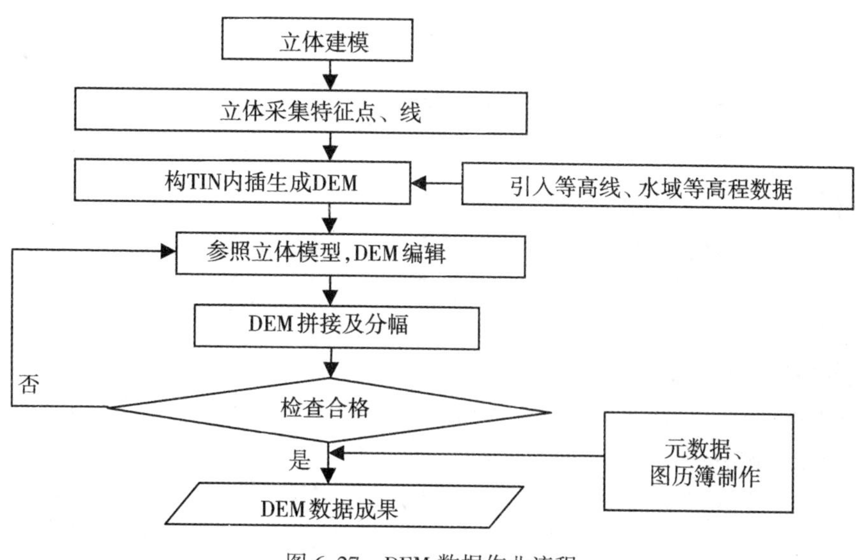

图6.27 DEM数据作业流程

①在单机数字摄影测量工作站上建立立体模型，对局部复杂的地貌进行地形特征点、线采集并作模型接边处理，引入DLG数据中的等高线、高程注记点，构TIN内插生成DEM数据。

②自动化获取方式。利用遥感数据集群与协同处理平台，进行航天、航空多传感器遥感影像数据一体化快速处理，自动提取任意大测区范围内数字地表模型DSM、数字地形

模型 DTM，获得分类滤波编辑后的数字高程模型 DEM。

6.3.4.2 数字正射影像(DOM)数据制作

利用遥感影像制作 DOM，都采用数字微分纠正的技术方法。

(1)航空影像制作 DOM

①作业流程：具体如图 6.28 所示。

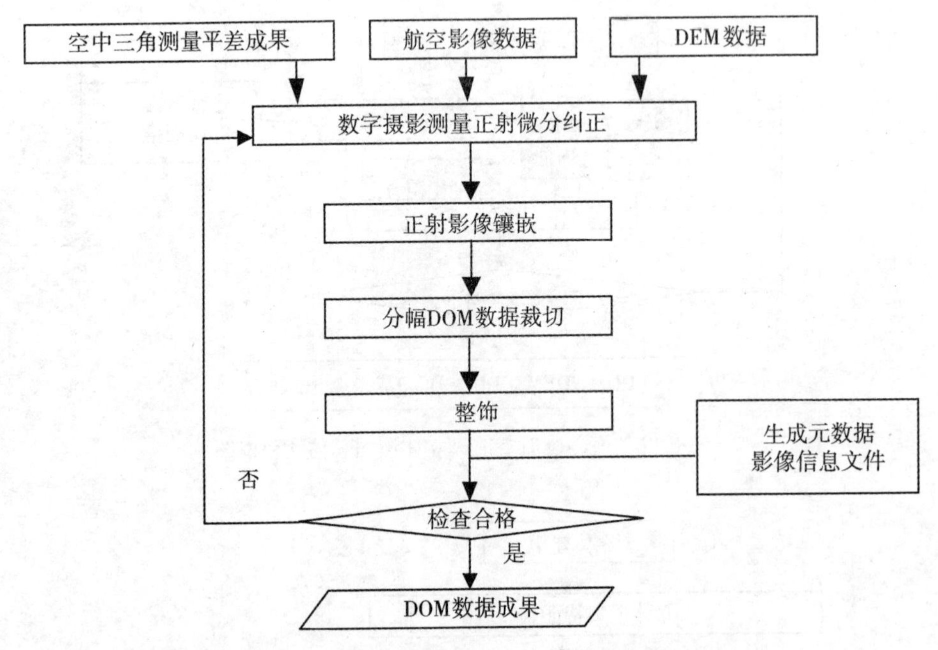

图 6.28 航空影像制作 DOM 作业流程

②技术方法：传统上采用人工操作单机作业，依次完成图幅范围内所有单张像片的正射纠正，再镶嵌裁切编辑，制作成一幅数字正射影像图。

a. 设置正射影像参数。设置影像地面分辨率、成图比例尺，选择影像重采样方法，一般采用双三次卷积内插法。

b. 数字正射纠正。基于共线方程，利用像片内外方位元素定向参数以及 DEM，对遥感影像进行数字微分纠正、重采样。

目前，遥感影像自动化处理技术有了很大提高，在空中三角测量区域网平差后，由计算机自动进行影像正射纠正、镶嵌、裁切，仅需在过程中适当进行人机交互即可制作成 DOM。

(2)航天影像制作 DOM

利用航天影像资料、控制点成果、DEM 成果，结合卫星影像获取实时的轨道/RPC 参数，解算外参数，进行立体像对纠正或单片微分纠正，经影像融合、镶嵌、裁切，色彩处理，图面整饰，便得到数字正射影像。具体作业流程如图 6.29 所示。

主要技术要点有：

①采用全色与多光谱影像纠正，应根据地区光谱特性，通过试验选择合适的光谱波段

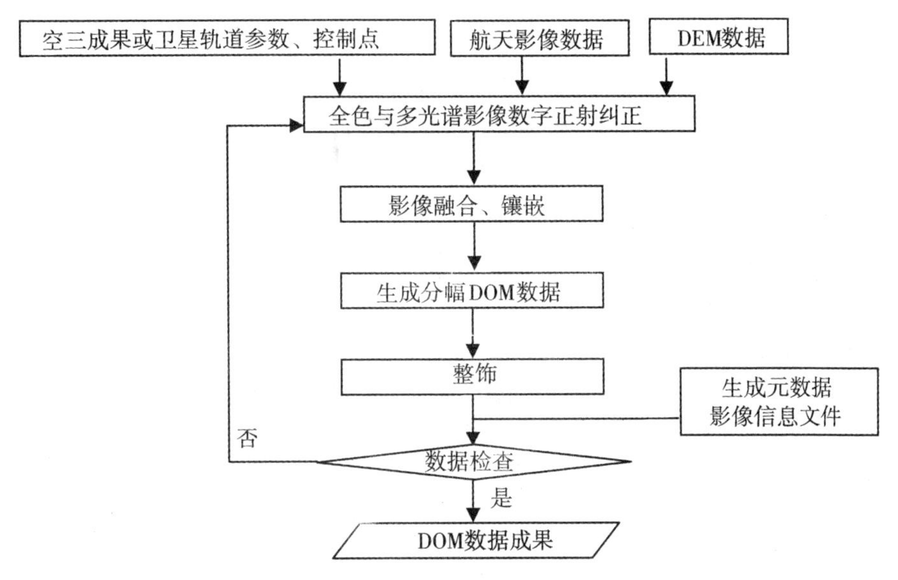

图 6.29 航天影像制作 DOM 作业流程

组合，分别对全色与多光谱影像进行正射纠正。

②针对不同地形选择纠正方法，对于高山地、山地，应采用严密物理模型或有理函数模型，利用影像控制点、DEM 数据进行几何纠正、影像重采样，获取正射影像。对于丘陵地，则可根据情况利用低等级的 DEM 进行正射纠正。对于平地，可不利用 DEM 而直接采用多项式拟合进行纠正。

6.3.4.3 数字线划图(DLG)数据采集与编辑

(1)数字线划图(DLG)技术流程

利用航空影像立体测图的技术流程如图 6.30 所示。

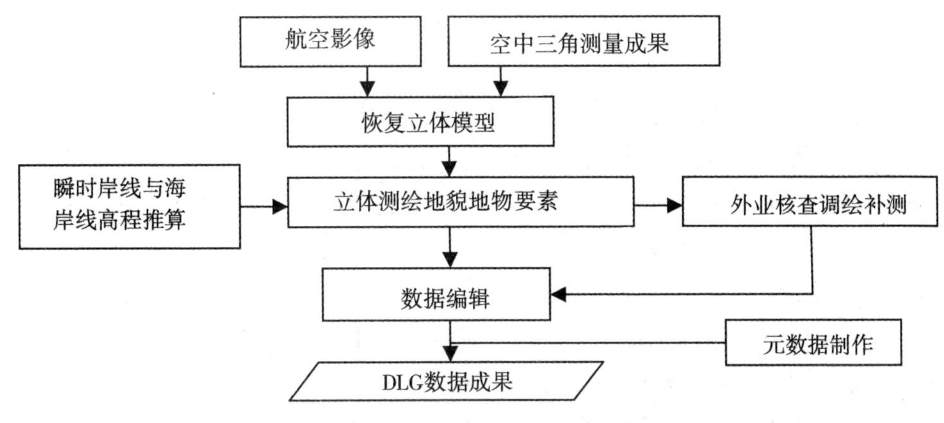

图 6.30 航空影像立体测图的技术流程

(2)瞬时岸线与海岸线 85 高程的推算

海岛礁立体测图的技术方法及过程与常规航空影像立体测图基本相同。最大的区别是要进行瞬时岸线与海岸线的 85 高程的推算。为了在立体模型上测绘海岸线，首先必须知道所在地平均大潮高潮位的 85 高程，然后依据该高程在立体模型上测绘等高线，该等高线就是海岸线在当地的所在位置。

航空摄影拍摄瞬间，影像上的海水岸线称为瞬时岸线。根据我国海域的潮汐预报模型、海岛岸线所在位置的地理坐标以及拍摄时间，可推算出瞬时岸线的 85 高程，同样也可推算出当地平均大潮高潮位的 85 高程。通过潮汐模型可得到 1 个推算的海岸线 85 高程，通过控制测量测得的瞬时岸线高程加上推算的海岸线与瞬时岸线高差又得到 1 个实测加推算高差的海岸线 85 高程，两者对比验证，一般相差不应大于 0. 3m，最大不超过 0. 6m。每幅图(1：5000)不同曝光时刻的平均大潮高潮位 85 高程互差不得大于 0. 5m，相邻图幅平均大潮高潮位 85 高程互差不大于 0. 3m。若符合要求，按实测加推算高差得到的 85 高程进行海岸线测绘。岸线推算 85 高程的技术流程如图 6. 31 所示。

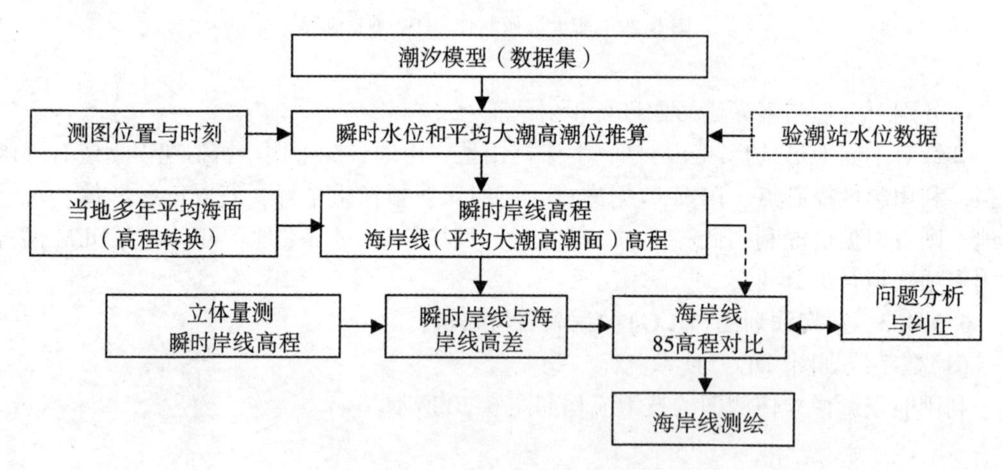

图 6. 31　岸线高程推算技术流程

(3)航空影像 DLG 数据采集与编辑

按常规航空影像立体测图方法进行 DLG 数据采集。

①所用的数据资料包括：航空影像、空中三角测量成果、外业调绘资料、已有的地形图等。

②在数字摄影测量工作站上，采用以人工作业为主的三维跟踪的立体测图方法，具体可采用先外后内或先内后外的调绘方式，实施内外一体化、采编一体化，在立体模型下采集地物、地貌要素，按要求赋代码等属性内容，再采用上述的平均大潮高潮位 85 高程测绘海岸线等海洋要素，最后经过编辑、检查修改，形成数字线划图 DLG 数据。

(4)航天影像测量法

利用航天影像立体测图的技术方法及流程与航空影像立体测图基本相同。航天影像是采用 IKONOS、WorldView 等地面分辨率优于 1m 的立体卫星影像数据和稀少外业控制进行多源遥感数据联合区域网平差加密，在数字摄影测量系统上建立体模型，参照野外调绘资料，采集地物、地貌要素，判绘海岛平均大潮高潮线(海岸线)；采用“先外后内”测图方法并经数据编辑制作成 1∶10000 DLG。

(5)数字线划图缩编法

在同一个地区，如已经进行过大比例尺(1∶2000)DLG 测图，若还需小比例尺(1∶5000)DLG 数据，则不必重测，而是采用 DLG 缩编法。一般按有利于要素关系协调的顺序进行，如地貌、水系、道路、居民地与建(构)筑物、管线、境界、植被和土质、其他要素等。按要求对采集的要素进行分层，赋代码、属性，构建拓扑关系，根据缩编数据与产品数据的对比分析建立相应的数据模板用于继承、转换或编辑处理等操作。

6.3.4.4 数字地形图(DGM)制作

数字地形图就是符号化的地形图，供打印或印刷出版用。利用计算机专用图形软件，将 DLG 数据代码按图式要求自动进行符号化转换，并配以图廓整饰，再通过人工编辑，将不符合图式要求的符号、线划、注记等进行编辑修改，最终制作成一幅符合标准要求的数字地形图。

数字地形图 DGM 数据制作流程如图 6.32 所示。

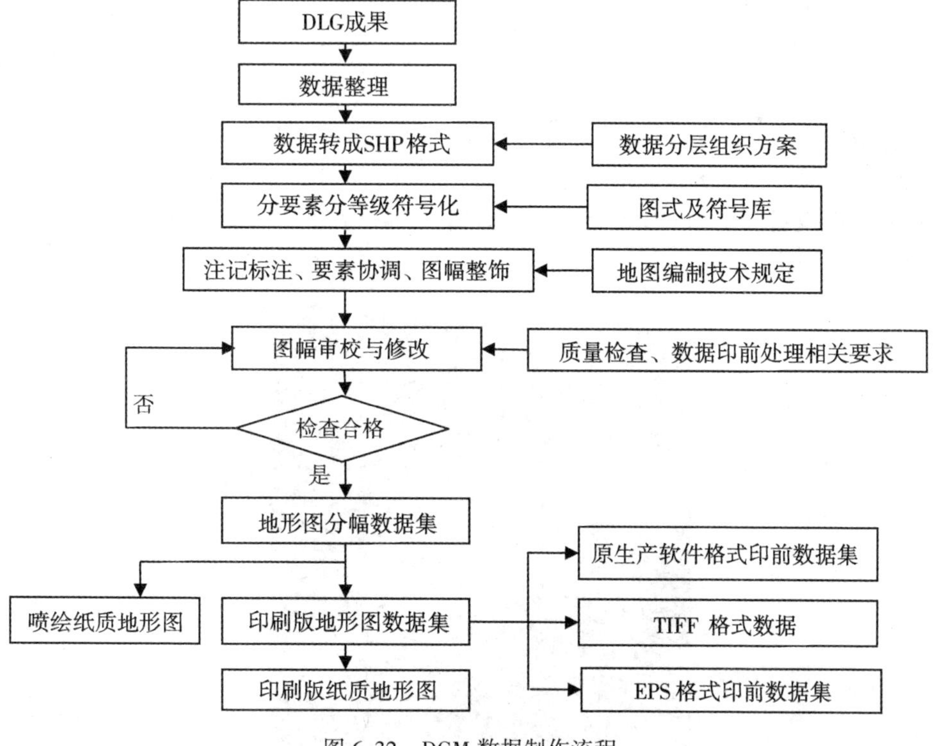

图 6.32 DGM 数据制作流程

6.4 海岛测图应用案例

6.4.1 航空影像测图

由于海岛形态及分布的特殊性，航摄影像通常有大面积落水区域，在标准点位无明显纹理特征，不能满足常规空中三角测量方法中，在标准点位采集特征点进行影像匹配，构建立体模型的要求。在海岛航空摄影测量中，要求：

①海岛航空摄影：通过顾及海岛特征的航摄设计，增大海岛航向和旁向重叠度来减少影像落水面积，提高立体模型连通性。

②像片控制点布设：利用航摄影像、已有控制分析野外测量条件，合理划分加密分区，根据需要布测一定数量的像片控制点。

③内业空中三角测量加密：需要根据加密分区内的控制点数量和成图精度要求，开展无控制 IMU/GNSS 直接定向或少量控制的 IMU/GNSS 辅助的区域网平差定向方法及精度指标。

④立体测图：传统航空影像测图需要必要的实地调绘，确定地物要素的分类及其属性。由于绝大部分海岛无登岛条件，需要研究试验海岛地物要素的影像判绘位置精度及属性精度。

(1)玉环摄区内资料

①已有控制资料：摄区内有5个大地控制点，部分海岛1：10000地形图。

②航摄资料：玉环摄区摄影时间为2007年12月30日，摄影比例尺1：16000，航高1833m，地面分辨率0.18m。采用UCD相机，其主距：105.2mm；主点坐标：PPAX＝−0.360mm，PPAY＝0.000mm；畸变差改正数据：0000；采用德国IGI公司生产的CCNS4+AEROcontrol IId导航定位系统进行导航飞行以及IMU/DGNSS数据获取。

③地面辅助设备：基站GNSS接收机选用Trimble 5700高精度双频GNSS接收机。图6.33为试验海岛像片控制点布设。

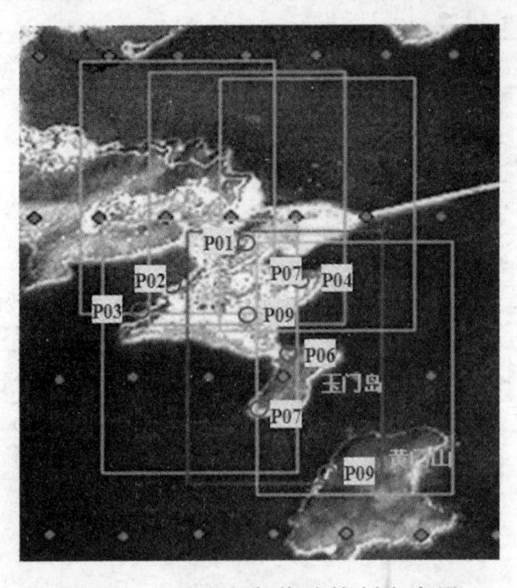

图6.33 试验海岛像片控制点布设

④检校场资料：此次航飞数据的检校场位于永嘉境内，与玉环实验区相距约 30km。航空摄影所采用的基站，为 C 级控制点。试验基站概略分布图如图 6.34 所示。

图 6.34 实验基站概略分布图

(2)海岛礁制图成果

玉门岛的 DOM 是由单点 5 号点空中三角测量加密成果在 JX-4 中构建立体模型，采集岛上主要特征地物、地貌，生成 DEM 并经精细编辑后生成。利用多余控制点，在 DOM 中量测出控制点位并参照实地测量坐标作精度分析，检查点误差统计如下：

中误差(m)：$M_{jx}=0.464$　　$M_{jy}=0.158$　　$M_{js}=0.493$

最大误差(m)：$\mathrm{Max}_{jx}=0.466$　　$\mathrm{Max}_{jy}=0.153$　　$\mathrm{Max}_{js}=0.468$

表 6.3 为检查点不符值与 1：2000 DOM 规范要求的对比。

表 6.3 **检查点不符值与 1：2000 DOM 规范要求对比**

平面精度	平地、丘陵地	山地、高山地	检查点数	超限点数
规范要求(限差)	1.2m	1.6m		
中误差(最大值)	0.493m(0.468m)		4	0

参照 1：2000 地形图山地精度，DOM 产品精度可满足要求。由于当地各点的潮汐处于动态变化，因此海岛的 DLG 在水涯线上各点高程值并不相同。据国家测绘局有关资料记载，实验区平均海面高程较国家 1985 高程基准高 0.18m，同时检测到海平面高程为 -0.7m，说明摄影像瞬间为当地低潮位，还须运用潮汐改正模型加以修正。

实验采用 IMU/GNSS 辅助的 5 号控制点加密成果，精度满足 1：2000 地形图中山地加密精度要求(检查点平面精度 0.39m，高程-0.37m)。将加密成果导入 JX-4 中恢复立体，利用多余控制点检查模型精度，检查点误差统计如下：

中误差(m)：　$M_{js}=0.290$　　$M_{jz}=0.220$

最大误差(m)：　$\mathrm{Max}_{js}=0.412$　　$\mathrm{Max}_{jz}=0.355$

表 6.4 为检查点不符值与 1：2000 地形图规范要求的对比。

表 6.4　　**检查点不符值与 1∶2000 地形图规范要求对比**

<table>
<tr><td>平面精度</td><td colspan="2">平地、丘陵地</td><td colspan="2">山地、高山地</td><td rowspan="2">检查点数</td><td rowspan="2">超限点数</td></tr>
<tr><td>规范要求(限差)</td><td colspan="2">1.2m</td><td colspan="2">1.6m</td></tr>
<tr><td>中误差(最大值)</td><td colspan="4">0.290m(0.412m)</td><td>8</td><td>0</td></tr>
<tr><td>高程精度</td><td>平地</td><td>丘陵地</td><td>山地</td><td>高山地</td><td rowspan="2">检查点数</td><td rowspan="2">超限点数</td></tr>
<tr><td>规范要求(限差)</td><td>—</td><td>0.35</td><td>0.8</td><td>1.2</td></tr>
<tr><td>中误差(最大值)</td><td colspan="4">0.220m(0.355m)</td><td>8</td><td>0</td></tr>
</table>

参照 1∶2000 地形图山地精度要求，5 号控制点加密成果达到相应比例尺精度要求。

按照 1∶500，1∶1000，1∶2000 地形图航空摄影测量内业规范，参考已有 1∶10000 地形图资料(2006 年 12 月份航摄，2007 年 4 月修测，2007 年出版)中实际地物、地貌要素进行 1∶2000 比例尺的海岛测图实验，以评价海岛航空影像在海岛区域的地物(信息)识别和提取方面的能力。利用海岛航空立体模型测制的 1∶2000 数字线划图如图 6.35 所示。

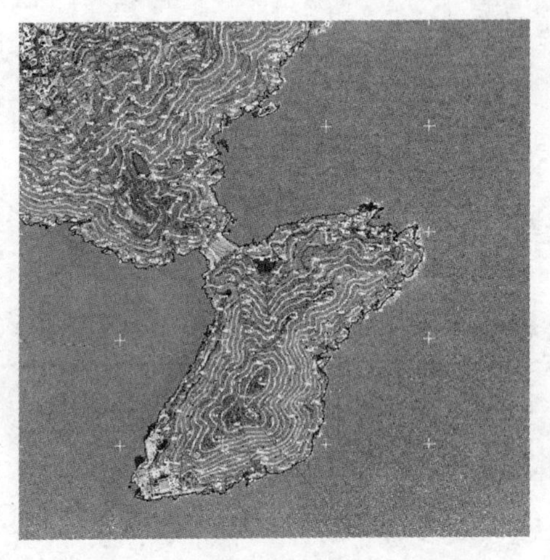

图 6.35　海岛航空立体测图结果

(3)海岛航空测图实验结论

①基于 IMU/GNSS 的无控制空中三角测量加密精度可满足丘陵平面 1∶5000、高程 1∶50000 精度要求，山地 1∶5000 测图精度要求(丘陵地：1∶5000 平面精度 1.75m、1∶50000高程精度 3m；山地：1∶5000 平面精度 2.0m、高程精度 2.5m)。

②IMU/GNSS 辅助的 1 个控制点加密，模型高程精度有了明显提高，可满足海岛丘陵 1∶2000~1∶5000 测图精度要求。位于模型标准点位附近具有 3 度以上重叠的控制点可满足丘陵 1∶2000 测图精度要求。IMU/GNSS 辅助的 2 个控制点位于模型标准点位附近具有 3 度以上重叠的控制点组合，加密精度能满足丘陵地 1∶1000 测图精度要求；2 度重叠分

布时，可满足 1：5000 测图精度要求；IMU/GNSS 辅助的 3 个以上控制点任意分布都能满足1：2000测图精度要求。

③1：1000～1：2000 成图时，IMU/GNSS 联合解算精度应满足平面位置偏差 0.1m，高程位置偏差 0.2m，速度偏差 0.3m/s 的精度要求。1：5000 成图时，IMU/GNSS 联合解算精度应满足平面位置偏差 0.15m，高程位置偏差 0.3m，速度偏差 0.5m/s 的精度要求。

④由于我国海岛分布零散，面积通常较小，面积小于 $1km^2$ 的海岛占据了我国海岛总数的 94.8%，若采用常用 UCD、DMC 等相机进行测图海岛 1：1000～1：5000 成图比例尺航摄，航片中存在着大幅面的影像落水情况，给传统软件的影像匹配、空三加密等常规处理带来很大难题。海岛大比例尺测图要求航空影像中影像落水面积较小，多度重叠区内有明显特征点，可构成稳定的区域网模型。

⑤基于 IMU/GNSS 的稀少控制海岛航空立体测图是可行的，测图几何精度可满足相应比例尺测图精度；地物要素，除海岛上特殊的地物外(岛上民风建筑需要实地调绘，如实验海岛中的独立坟等)，在立体影像中可判别出绝大部分常见地类地物几何及属性信息。

⑥DLG 及 DEM 在海上的高程值为负值，说明摄影像瞬间为低潮位，还须运用潮汐改正模型加以修正。

6.4.2 航天遥感测图

航天遥感测图中，区域网平差是关键，不同传感器影像混合区域网平差技术可以取长补短充分发挥不同航天卫星影像的优势，同时整体区域网平差可以消除卫星轨道间的系统误差，提高无(少)控制高分辨率卫星影像定位精度。通过试验不同传感器影像的通用几何模型(有理多项式模型)及其联合区域网平差算法，进行不同卫星影像之间的混合区域网平差，实现高精度对地目标定位和识别。

(1)测区资料概况

为试验高分辨率立体卫星的几何定位精度及测图能力，采用 P5 立体影像和 WorldView-1 高分辨率卫星影像联合平差，对海岛进行测图试验。试验区位于浙江舟山群岛附近的一个海岛，共有 4 景 P5 立体像对和 1 景 WorldView-1 立体像对，卫星影像相对位置如图 6.36 所示，其中正方形区域为 WorldView-1 影像分布范围，平行四边形区域为 P5 影像分布范围。

按照 1：10000 外业像控规范，在试验区范围内采用 GNSS 量测 7 个像片控制点，具体分布见图 6.36 三角形所示，像片控制点主要用于卫星影像外参数解算和区域网平差过程中像片控制试验和几何定位精度检查。

(2)像控测量

由于海岛上已有地面基站很少，因此，在进行海岛像片控制测量时，采用了基于连续运行基准站的观测方式。采用同测区周边的上海、泰安、厦门、武汉 4 个国内 GNSS 卫星定位基准站作为框架控制站，基站观测数据与运行站观测数据一起处理，将其结果纳入到高精度的国家框架基准控制体系中。

基线解算采用美国麻省理工学院(MIT)和 SIO 的 GAMIT10.21 版软件，卫星轨道采用

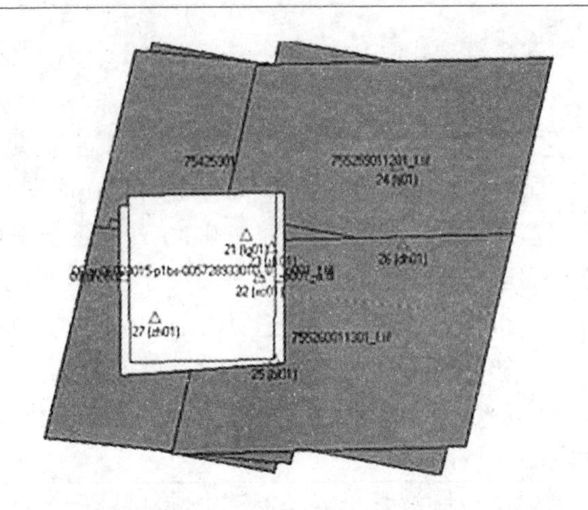

图 6.36　影像分布范围和像片控制点分布示意图

IGS 最终精密星历。平差采用美国麻省理工学院(MIT)和 SIO 的 GLOBK5.11 版软件计算，获得 WGS-84 地心坐标成果。各个时段先进行 GAMIT 基线数据处理，最后利用 GLOBK 做平差处理。经基线解算和平差，各像片控制点平面、高程精度均达到了厘米级，可以满足海岛测图的像控精度。

(3)区域网平差

由于 WorldView-1 和 P5 影像都具有 RPC 参数，本试验采用 RPC 模型进行参数解算和区域网平差模型，试验所选软件平台为：Leica Geosystems—LPS。

根据已有的影像资料和控制资料情况，分别设计了三种试验方案：

方案一：WorldView-1 和 P5 影像单景卫星影像外参数解算精度试验；

方案二：P5 卫星影像区域网平差精度试验；

方案三：WorldView-1 和 P5 不同传感器的卫星影像区域网联合平差精度试验。

1)试验精度

①对于 WorldView-1 立体影像，无控制情况下，平面达到 5~7m 精度，高程约 2m 精度，增加少量控制点后，平面可以达到 3m 以内精度；

②对于 P5 立体影像，无控制情况下，平面达到 80~100m 精度，高程约 7m 精度，增加少量控制点后，平面可以达到 15m 以内精度；

③P5 立体影像区域网平差可以提高平面定位精度，无控制情况下，平面达到 50m 精度，增加少量控制点后，平面可以达到 10m 以内精度；

④WorldView-1 和 P5 立体影像区域网联合平差可以明显提高 P5 影像平面定位精度，无控制情况平面达到 10m 左右精度，增加少量控制点平面可以达到 5~7m 以内精度，高程精度提高到 5m 以内。

2)实验结论

①高分辨率卫星影像的无控制定位精度越来越高，目前最高分辨率卫星影像(WorldView-1)无控制情况下可以满足 1：10000 测图需要；

②大部分高分辨率卫星影像的内部几何稳定性较好，虽然无控制定位精度不能满足

1：50000以上比例尺测图和更新的需要，增加少量控制点(2~3个，工程项目中为了保证可靠性需要4~6个)，根据分辨率高低可以满足1：10000~1：50000比例尺测图和更新的需要；

③高分辨率卫星影像区域网平差精度高于单景影像定位精度，特别是不同轨道影像之间，区域网平差可以提高总体定位精度，减小邻景影像之间的接边误差；

④WorldView-1和P5立体影像区域网联合平差可以明显提高P5影像平面定位精度，在P5影像区域网中增加少量WorldView-1影像(WorldView-1和P5重叠覆盖更佳)，可以使P5影像在无控制情况下达到10m以内的平面精度，高程精度在5m左右。

(4)测图成果

试验选取浙江舟山群岛附近一个岛屿的P5立体像对一幅(地面分辨率2.5m)以及WorldView-I全色立体像对(地面分辨率0.5m)，按1：10000成图指标进行单片测图(为减少工作量不作外业调绘)，然后把测图试验结果和已有的1：10000地形图(2002年航摄，2004年修测，2005年出版)进行比较，同时利用外业采集点作为检查点，评价定向精度。测图试验所选择的软件平台为：武汉适普公司VirtuoZoSeri。两种卫星的测图结果如图6.37所示，WorldView-I全色立体像对(地面分辨率0.5m)比P5立体像对(地面分辨率2.5m)的地物判读能力更强，地物地貌要素表达得更丰富、更精细。

为了比较不同地面分辨率卫星影像的立体判读能力，试验按要素的采集方式分为三种情况：可以直接判读、借助资料判读和不能判读。分别对WorldView-I和P5全色立体像对的立体观测判读能力进行比较：

(a) WorldView-I测图套合结果

(b) P5测图套合结果

图6.37 不同卫星分辨率测图结果比较

1) WorldView-I立体采集情况

①可直接判读的有：街区、机耕路、小路、乡村路、独立房、池塘、海岸线、沙滩、

植被、沟渠(双线)、体育场、客运站、码头、水库、堤、围墙、门柱等特征比较明显的地物。

②借助资料判读的有：街区房屋区内部道路不易分辨，需借助 1∶10000 地形图进行判读。

③不能判读的有：管道、通信线、电线、篱笆、栅栏、电杆、水闸、滚水坝等很难从影像上判读的附管线设施，需实地调绘或参考已有资料进行室内综合判读。

2)P5 立体采集情况

①可以直接判读的有：街区、乡村路、独立房屋、池塘、海岸线、沙滩、码头、水库、堤等特征比较明显的地物可以清楚地判读出来。

②借助资料判读的有：机耕路、小路、植被、时令河、沟渠(双线)、体育场、客运站、街道内部道路、某些独立房屋等不易分辨，需要借助 1∶10000 地形图进行判读。

③不能判读的有：围墙、门柱、管道、通信线、电线、篱笆、栅栏、电杆、水闸、滚水坝等地物都很难从影像上判读。

(5)试验结论

通过测图对比实验，WorldView-1 影像可以满足 1∶10000 地形图的相关地物(道路、水系、居民地等)的测图和更新的需要，可以清晰识别独立房屋、部分围墙、沟渠(双线)、体育场、客运站、码头、堤、部分门柱等地物。

P5 影像可以满足 1∶10000 地形图的部分地物(道路、水系、较明显的居民地等)的测图和更新的需要，对于一些较小的独立地物无法识别和量测。结合测图试验，该卫星影像基本能够满足 1∶50000 地形图测图和更新需要，能够满足 1∶10000 地形图部分地物更新需要。

参 考 文 献

[1]暴景阳．海图深度基准面的定义、标定与维持[J]．海洋测绘，2000，204：4-8.

[2]暴景阳，黄辰虎，刘雁春，肖付民．海图深度基准面的算法研究[J]．海洋测绘，2003，231：8-12.

[3]暴景阳，刘雁春．海道测量水位控制方法研究[J]．测绘科学，2006，316：49-51.

[4]暴景阳，刘雁春，晁定波，肖付民．中国沿岸主要验潮站海图深度基准面的计算与分析[J]．武汉大学学报(信息科学版)，2006，213：224-228.

[5]暴景阳，章传银．关于海洋垂直基准的讨论[J]．测绘通报，2001，6：10-11.

[6]常本义．双介质摄影测量基本公式[J]．测绘学报，1991，204：288-294.

[7]陈俊勇．关于改善和更新国家大地测量基准的思考[J]．测绘工程，1999，8(3)：7-9.

[8]陈俊勇．永久性潮汐与大地测量基准[J]．测绘学报，2000，291：12-16.

[9]陈俊勇．关于中国采用地心3维坐标系统的探讨[J]．测绘学报，2003，32(4)：283-288.

[10]陈俊勇．空间大地测量技术对确定地面坐标框架、地形变与地球重力场的贡献和进展[J]．地球科学进展，2005，20(10)：1053-1058.

[11]陈俊勇，党亚民．全球导航卫星系统的新进展[J]．测绘科学，2005，30(2)：9-12.

[12]陈俊勇，杨元喜，王敏，等．2000国家大地控制网的构建和它的技术进步[G]//测绘学报，2007，36(1)：1-8.

[13]陈俊勇．我国建立现代大地基准的思考[C]//中国科协2002年学术年会测绘，2001：1-4.

[14]陈俊勇．关于在中国构建全球导航卫星国家级连续运行站系统的思考[J]．测绘学报，2007，36(4)：366-369.

[15]成英燕，程鹏飞，顾旦生，等．联合平差中的方差分量估计问题的探讨[J]．测绘科学，2005，2：51-54.

[16]成英燕，程鹏飞，顾旦生，等．天文大地网与GPS2000网联合平差数据处理方法[J]．武测学报，2007，2：148-151.

[17]程鹏飞，文汉江，成英燕，等．2000国家大地坐标系统椭球参数与GRS 80和WGS-84的比较[J]．测绘学报，2009(3).

[18]程鹏飞，杨元喜，孙海燕，等．我国大地测量工作的新进展[G]//中国科学技术出版社，2003：361.

[19]程鹏飞，成英燕，文汉江，等．2000国家大地坐标系统实用宝典[M]．北京：测绘出版社，2008.

[20]党亚民，陈俊勇，刘经南，等．利用国家 GPS A 级网资料对中国大陆现今水平形变场的初步分析[J]．测绘学报，1998，273：267-273.
[21]党亚民，陈俊勇，张燕平．利用 GPS 资料分析南天山地区的地壳形变特征[J]．测绘科学，2002，274：13-15.
[22]党亚民，陈俊勇．国际大地测量参考框架技术进展[J]．测绘科学，2008，33(1)：33-36.
[23]党亚民，程传录，陈俊勇，等．2005 珠峰测高 GPS 测量及其数据处理[J]．武汉大学学报(信息科学版)，2006，314：297-300.
[24]党亚民，郭英，卢秀山．GALILEO 系统完备性法研究[J]．武汉大学学报(信息科学版)，2007，322：145-147.
[25]党亚民．广域差分 GPS 测量及其实现[J]．测绘科学，1995，204：20-23.
[26]党亚民．GPS 和地球动力学进展[J]．测绘科学，2004，292：77-79.
[27]党亚民，章传银，陈俊勇，等．现代大地测量基准[M]．北京：测绘出版社，2015.
[28]党亚民，程鹏飞，章传银，等．海岛礁测绘技术与方法[M]．北京：测绘出版社，2012.
[29]丁海燕，姜艳媛，项慧丽．海底地形数据处理与 DEM 生成 [J]．地理空间信息，2009，7(5)：23-31.
[30]杜国庆，史照良，龚越新，等．LiDAR 技术在江苏沿海滩涂测绘中的应用研究[J]．城市勘测，2007(5)：23-26.
[31]范亚兵，黄桂平，范亚洲，等．水下摄影测量技术研究与实践[J]．测绘科学技术学报，2011，284：266-269.
[32]冯士筰，李凤岐，李少箐．海洋科学导论[M]．北京：高等教育出版社，1999.
[33]高金耀，金翔龙，吴自银．多波束数据的海底数字地形模型构建[J]．海洋通报，2003，221：30-38.
[34]巩淑楠，陈云，徐敏．机载激光雷达数据处理方法的研究与应用[J]．测绘与空间地理信息，2010，335：165-167.
[35]管伟光．体视化技术及其应用[M]．北京：电子工业出版社，1998.
[36]郭黎．空间矢量数据融合问题的研究[D]．郑州：中国人民解放军信息工程大学，2003.
[37]何海波．高精度 GPS 动态测量及质量控制[D]．郑州：中国人民解放军信息工程大学，2002.
[38]侯世喜，黄辰虎，陆秀平．基于余水位配置的海洋潮汐推算研究[J]．海洋测绘，2005，256：29-33.
[39]胡景．卫星高度计数据提取海洋潮汐信息及气候变化研究[D]．青岛：中国海洋大学，2007.
[40]黄劲松，李征航．GPS 快速静态定位技术[J]．武测科技，1996(2)：40-44.
[41]黄谟涛，翟国君，欧阳永忠，等．多波束与单波束测深数据的融合技术[J]．测绘学报，2001(304)：299-303.

[42]黄谟涛，翟国君，欧阳永忠，等. 海洋测量技术的研究进展与展望[J]. 海洋测绘，2008，285：77-82.
[43]黄裕霞，柯正谊，何建邦，等. 面向 GIS 语义共享的地理单元及其模型[J]. 计算机工程与应用，2002，38(11)：118-122.
[44]贾永红. 多源遥感影像数据融合技术[M]. 北京：测绘出版社，2005.
[45]姜璐，朱海，李松. 机载激光雷达最大探测深度同海水透明度的关系[J]. 激光与红外，2005，356：397-399.
[46]姜璐，朱海，李松. 可见光条件下探测水下目标影响因素分析[J]. 中国航海，2006，661：56-63.
[47]孔祥元，郭际明，刘宗泉. 大地测量学基础[M]. 武汉：武汉大学出版社，2001.
[48]李标芳. GPS 在航空物探导航定位中的应用[C]. 中国测绘学会成立拼年学术研讨会，1989.
[49]李德仁. 摄影测量与遥感概论[M]. 北京：测绘出版社，2008.
[50]李德仁. 误差处理和可靠性理论[M]. 北京：测绘出版社，1988.
[51]李斐. 应用 GPS/重力数据确定(似)大地水准面[J]. 地球物理学报，2005，482：294-298.
[52]李建成，陈俊勇，宁津生，等. 地球重力场逼近理论与中国 2000 似大地水准面的确定[M]. 武汉：武汉大学出版社，2003.
[53]李建文，郝金明，张建军，等. GLONASS 卫星导航系统的导航电文[J]. 测绘学院学报，2001，18：4-7.
[54]李庆海，崔春芳. 卫星大地测量原理[M]. 北京：测绘出版社，1989.
[55]李志林，朱庆. 数字高程模型(第二版)[M]. 武汉：武汉大学出版社，2000.
[56]刘根友. GAMIT/GLOBK 软件使用的坐标系及其相互转换[J]. 测绘工程，2003，12(3)：21-23.
[57]刘基余，李静年，陈小明. GPS 动态定位的初步研究[J]. 武汉大学学报(信息科学版)，1993，(18)2：23-30.
[58]刘基余，李征航，王跃虎，等. 全球定位系统原理及其应用[M]. 北京：测绘出版社，1993.
[59]刘基余. GPS 卫星在航海中的应用[J]. 导航，1995(311)：91-98.
[60]刘基余. GPS 卫星导航定位原理与方法[M]. 北京：科学出版社，2003.
[61]刘经南，陈俊勇，等. 广域差分 GPS 原理和方法[M]. 北京：测绘出版社，1999.
[62]刘经南，叶世榕. GPS 非差相位精密单点定位技术探讨[J]. 武汉大学学报(信息科学版)，2002，27(3)：234-240.
[63]刘军. 高分辨率卫星 CCD 立体影像定位技术研究[D]. 郑州：中国人民解放军信息工程大学，2003.
[64]刘善磊，赵银娣，李英成，等. POS 数据用于双介质水下地形摄影测量的研究[J]. 测绘科学，2011，36(6)：42-45.
[65]刘智敏，林文介. GPS 非差相位精密单点定位技术的发展[J]. 桂林工学院学报，

2004，24(3)：340-344.
[66]马建林，金菁，刘勤，等．多波束与侧扫声呐海底目标探测的比较分析[J]．海洋测绘，2006，26(3)：10-12.
[67]马劲松，朱大奎．海岸海洋潮流模拟可视化与虚拟现实建模[J]．测绘学报，2002，31(1)：49-53.
[68]秘金钟，李毓麟，张鹏，等．GPS 基准站坐标与速度场精度及随时间变化规律的探讨[J]．武汉大学学报，2004，29(9)：763-766.
[69]秘金钟，李毓麟．卫星导航完备性监测的最新进展[J]．测绘科学，2004(1)：64-67.
[70]宁津生．测绘学概论[M]．武汉：武汉大学出版社，2004.
[71]欧阳永忠，黄谟涛，翟国君，等．机载激光测深中的深度归算技术[J]．海洋测绘，2003，23(1)：1-5.
[72]申家双，郭海涛，宋瑞丽，等．海岸带水边线等高条件控制下的航空影像外部定向[J]．海洋测绘，2011，31(4)：22-25.
[73]申家双，翟京生，翟国君．海岸带地形图及其测量方法研究[J]．测绘通报，2007(8)：29-32.
[74]申家双，张晓森，冯伍法，等．海岸带地区陆海图的差异分析[J]．测绘科学技术学报，2006，23(6)：400-403.
[75]申家双，张晓森，冯伍法．海岸带地区陆海图的差异分析[J]．测绘科学技术学报，2007，12.
[76]舒宁．模式识别的理论与方法[M]．武汉：武汉大学出版社，2004.
[77]孙伟富，马毅，张杰，等．不同类型海岸线遥感解译标志建立和提取方法研究[J]．测绘通报，2011，3：41-44.
[78]王斌．由卫星测高资料确定海洋潮汐模型的研究[D]．武汉：武汉大学，2003.
[79]王洪华．基于遥感图像的目标识别与定位技术的研究与实践[D]．郑州：中国人民解放军信息工程大学，2002.
[80]王俊，朱战霞，贾国华，等．基于视觉系统的双介质下目标定位[J]．科学技术与工程，2010，10(31)：7665-7669.
[81]王之卓．摄影测量原理[M]．武汉：武汉大学出版社，2007.
[82]魏子卿．我国大地坐标系统的换代问题[J]．武汉大学学报(信息科学版)，2003，28(2)：138-143.
[83]伍岳．第二代导航卫星系统多频数据处理理论及应用[D]．武汉：武汉大学，2005.
[84]熊显名，刘爱，滕惠忠，等．基于视差自相关特征水深反演[J]．光学技术，2007，33(增)：80-83.
[85]许才军，申文斌，晁定波．地球物理大地测量学原理与方法[M]．武汉：武汉大学出版社，2006.
[86]许厚泽．我国精化大地水准面工作中若干问题的讨论[J]．地理空间信息，2006，45：1-3.
[87]许厚泽．固体地球潮汐[M]．武汉：湖北科技出版社，2010.

[88]许家琨，刘雁春，许希启，等．平均大潮高潮面的科学定位和现实描述[J]．海洋测绘，2007，27(6)：19-24.
[89]许军，暴景阳．以T/P卫星沿迹分析结果为开边界条件的边值解算[J]．海洋测绘，2005，25(6)：9-11.
[90]许军，暴景阳，刘雁春．以相邻点海面高度差为观测量的沿迹调和分析新方法[J]．武汉大学学报(信息科学版)，2006，31(11)：1003-1006.
[91]杨文鹤．中国海岛[M]．北京：海军出版社，2000.
[92]杨元喜，曾安敏，吴富梅．基于欧拉矢量的中国大陆地壳水平运动自适应拟合推估模型[J]．中国科学：地球科学，2011a(8)：1116-1125.
[93]杨元喜．2000中国大地坐标系统[J]．科学通报，2009(16)：2271-2275.
[94]杨元喜．中国大地坐标系统建设主要进展[J]．测绘通报，2005(1)：6-9.
[95]杨元喜，徐天河，薛树强．我国海洋大地测量基准与海洋导航技术研究进展与展望[J]．测绘学报，2017，46(1)：1-8.
[96]杨元喜，吴富梅，聂建亮，等．中国大地测量数据处理进展[J]．测绘科学与工程，2007：1-7.
[97]杨元喜，李金龙，徐君毅，等．中国北斗卫星导航系统对全球PNT用户的贡献[J]．科学通报，2011b(21)：1734-1740.
[98]叶修松，王耿峰，黄谟涛，等．航空激光测深仪海面和海底激光入射点分布[J]．测绘科学技术学报，2010，27(2)：88-91.
[99]叶修松，张传定，王爱兵，等．机载激光水深测量误差分析[J]．测绘科学技术学报，2008，25(6)：400-402.
[100]袁修孝．GPS辅助空中三角测量原理及应用[M]．北京：测绘出版社，2001.
[101]袁修孝．缺少控制点的卫星遥感对地目标定位[J]．武汉大学学报(信息科学版)，2003，28(5)：505-509.
[102]袁修孝．缺少控制点的卫星遥感影像外推定位[J]．武汉大学学报(信息科学版)，2005，30(7)：575-579.
[103]袁修孝．缺少控制点的星载SAR遥感影像对地目标定位[J]．武汉大学学报(信息科学版)，2010，35(1)：88-91.
[104]张过．缺少控制点的高分辨率卫星遥感影像几何纠正[D]．武汉：武汉大学，2005.
[105]张涵璐，吴振森，曹运华，等．目标激光散射特性测量及分析[J]．电波科学学报，2008，23(5)：973-976.
[106]张剑清．摄影测量学[M]．武汉：武汉大学出版社，2003.
[107]张利明，李斐，章传银．GPS/重力边值问题实用公式推导及分析[J]．地球物理学进展，2008，23(6)：96-100.
[108]章传银，晁定波，丁剑，等．厘米级高程异常地形影响的算法及特征分析[J]．测绘学报，2006，35(4)：308-314.
[109]章传银，晁定波，丁剑，等．球近似下地球外空间任意类型场元的地形影响[J]．测绘学报，2009，38(1)：28-34.

[110]章传银，党亚民，晁定波. 似大地水准面误差分析与抑制技术[J]. 测绘科学，2006，31(6)：26-29.

[111]章传银，丁剑，晁定波. 局部重力场最小二乘配置通用表示技术[J]. 武汉大学学报(信息科学版)，2007，32(5)：431-434.

[112]章传银，郭春喜，陈俊勇，等. EGM2008 地球重力场模型在中国大陆适用性分析[J]. 测绘学报，2009，38(4)：283-289.

[113]赵建虎 . 现代海洋测绘[M]. 武汉：武汉大学出版社，2007.

[114]赵英时 . 遥感应用分析原理与方法[M]. 北京：科学出版社，2007.

[115]郑沛楠，宋军，张芳苒，等 . 常用海洋数值模式简介[J]. 海洋预报，2008，25(4)：108-120.

[116]钟晓春，李源慧. 激光在海水中的衰减特性[J]. 电子科技大学学报，2010，39(4)：574-577.

[117]周成虎 . 高分辨率卫星遥感影像地学计算[M]. 北京：科学出版社，2009.

[118]周梦维，柳钦火，刘强，等. 全波形激光雷达和航空影像联合的地物分类[J]. 遥感技术与应用，2010，25(6)：821-827.

[119]周忠谟，易杰军，周琪 . GPS 测量原理与应用[M]. 北京：测绘出版社，1997.

[120]朱文耀，熊福文，宋淑丽 . ITRF2005 简介和评析[J]. 天文学进展，2008，26(1)：1-14.

[121]邹乐君 . 基于光学遥感的海岛识别及算法研究[D]. 杭州：浙江大学，2010.

[122]Gripp A E，Gordon R G. Current Plate Velocities Related to Hotspot Incorporating Plate Motion Model NUVEL-1[J]. GeoPhys. Res. Lett. 1990，17.

[123]Featherstone W. E，Kirby J. F. The reduction of aliasing in gravity anomalies and geoid heights using digital terrain data[J]. Geophys. J. Int. 2000，141：204-212.

[124]Gary C. G，Mark W. B，Paul E. New Capabilities of the “SHOAL” Airborne Lidar Bathymetry[J]. ISPRS. Photog. Rem. Sens. 2000，73：247-255.

[125]Heiskanen W. A.，Moritz H. Physical Geodesy [M]. Beijing：Publishing House of Surveying and Mapping(in Chinese)，1980.

[126]Heroux P.，Kouba J.，Collins P.，et al. GPS Carrier-phase Point Positioning with Precise Orbit Products [C]. The International Symposium on Kinematic Systems in Geodesy，Geomatics and Navigation，Calgary，2001.

[127]Hopfield. H. Two-quartic Tropospheric Refractivity Profile for Correction Satellite Data[J]. Journal of Geophysical Research，1969，74(18)：4487-4499.

[128]Irish J. L.，White T. E. Coastal Engineering Applications of High-Resolution Lidar Bathymetry[J]. Coastal Engineering，1998，35：47-71.

[129]Jennifer L. I.，Lillycrop W. J. Scanning Laser Mapping of the Coastal Zone：The SHOALS System[J]. ISPRS. Photog. Rem. Sens，1999，54：123-129.

[130]John R. Jensen. 遥感数字影像处理导论[M]. 陈晓玲，等，译. 北京：机械工业出版社，2007.

[131] Li R, Ma R , Di K. Digital Tide-coordinated Shore line [J]. Journal of Marine Geodesy, 2002, 25(1): 27-36.

[132] Martinec Z, Vaníĉek P. Direct Topographical Effect of Helmert's Condensation for a Spherical Approximation of the Geoid[J]. Manuscr Geod, 1994, 19: 257-268.

[133] Sansò F, Rummel R. Geodetic Boundary Value Problems in View of the One Centimeter Geoid[J]. Springer-Verlag, 1997: 241-268.

[134] Sjöberg L. E. Topographical Effects by the Stokes-Helmert Method of Geoid and Quasi-geoid Determination[J]. Journal of Geodesy, 2000, 742: 255-268.

[135] Teunissen P. J. G. , P. J. de Jonge, C. C. J. M. Tiberius. The least-squares ambiguity decorrelation adjustment: its performance on short GPS baselines and short observation spans[J]. Journal of Geodesy, 1997b, 71: 589-602.

[136] Teunissen, P. J. G. . The least-squares ambiguity decorrelation adjustment: a method for fast GPS integer ambiguity estimation[J]. Journal of Geodesy, 1995b, 70: 65-82.

[137] Teunissen, P. J. G. , D. Odijk. Ambiguity Dilution of Precision: definition, properties and application[J]. Proceedings of ION GPS-97, Kansas City, USA, 1997, September, 16-19, 891-899.

[138] Tralli, D. M. , S. M. Lichte, Stochastic estimation of tropospheric path delays in Global Positioning System Geodetic measurement [J] . Bulletin Geodesique, 1990, 64, pp. 127-159.

[139] Vaníček P, Huang J, Novák P. et al. Determination of the Boundary Values for the Stokes-Helmert Problem[J]. Journal of Geodesy, 1999, 73: 180-192.

[140] YANG Y, XU T. Combined Method of Datum Transformation between Different Coordinate Systems[J]. Geo-spatial Information Science, 2002, 5(4): 5-9.

[141] Yang, Y. . Robust estimation of geodetic datum transformation[J]. Journal of Geodesy, 1999, 73(5): 268-274.